VON GUTEN ABSICHTEN ZU MESSBAREN ERFOLGEN

Marc-René Faerber
Hans-Joachim Grabow
Benjamin Niethammer
Erik Strauß

VON GUTEN ABSICHTEN ZU MESSBAREN ERFOLGEN

Wirksames Umsetzungsmanagement im Mittelstand

Campus Verlag
Frankfurt/New York

ISBN 978-3-593-51859-6 Print
ISBN 978-3-593-45721-5 E-Book (PDF)
ISBN 978-3-593-45720-8 E-Book (EPUB)

Umschlaggestaltung: studioheyhey, Frankfurt am Main
Umschlagmotiv: © Illustration studioheyhey.com
Redaktion: Diana Schmid (www.schmid-text.de)
Layout und Satz: Oliver Schmitt, Mainz
Gesetzt aus der Minion und Din Next
Druck und Bindung: Beltz Grafische Betriebe GmbH, Bad Langensalza
Beltz Grafische Betriebe ist ein Unternehmen mit finanziellem Klimabeitrag (ID 15985–2104-1001).
Printed in Germany

www.campus.de

Inhalt

Vorwort

Sehr geehrte Leserinnen und Leser,

warum verfehlen so viele Unternehmen, die eine Transformation oder einen Turnaround durchlaufen, ihre Ziele? Welche Faktoren tragen dazu bei, dass eine neue Strategie, ein digitales Geschäftsmodell oder ein beliebiges anderes Großprojekt tatsächlich Realität werden? Und wie gelingt es Führungskräften im Alltag, das gut durchdachte Konzept, die schicke Präsentation auch erfolgreich in die Tat umzusetzen?

Es ist ein betrüblicher Fakt, dass der Weg von den guten Absichten zum messbaren Erfolg häufig ein sehr steiniger ist. Das legen nicht nur unsere lust- und leidvollen Erfahrungen in der Praxis, sondern auch etliche Studien nahe. Die Zahlen, wie viele Transformationen, Turnarounds oder Change-Initiativen von Unternehmen ihre Ziele erreichen, schwanken. Doch in den vorliegenden Erhebungen bewegen sie sich häufig nur zwischen 10 und 30 Prozent. Diese Tatsache ist umso erschreckender, als dass sie vielen Führungskräften nicht einmal bewusst ist. Immer wieder erleben wir es, dass Manager dem Glauben anheimfallen, ihr Problem schon zu 90 Prozent gelöst zu haben, nur weil sie ein Konzept haben. Ein gewaltiger Irrtum – der im schlimmsten Fall die Existenz des Unternehmens gefährdet!

Konzepte zu entwickeln, ähnelt einem intellektuellen Sprint. Diesen bewältigt meist ein kleines Team binnen weniger Wochen, dies auf Basis einer Analyse aus Zahlen, Daten und Fakten. Anders bei einer Umsetzung, die einem mühsamen Marathon ähnelt, der ohne Weiteres schon einmal 6 bis 18 Monate dauern kann. Zudem gleicht dieser Prozess einem Hindernislauf im sozialen System des Unternehmens. So müssen viele Akteure auf ein Ziel eingeschworen werden, die unterschiedliche Hintergründe, widersprüchliche Interessen, hohe oder niedrige Motivation, viel oder wenig Vorwissen sowie wechselnde emotionale Zugänge zum Umsetzungsvorhaben einbringen. Daraus ein Miteinander zu kreieren, ja, ein absichtsvolles Zusammenspiel zu orchestrieren, ist die eigentliche Führungsleistung in einer Transformation. Zumal auch weitere Stakeholder wie Gesellschafter oder Banken überzeugt werden wollen.

Ein Haken vieler bisheriger Publikationen besteht darin, dass sie vor allem den angelsächsischen Raum sowie Konzerne im Blick haben – somit nicht

Deutschland, nicht den Mittelstand. So haben wir in einer Kooperation zwischen Struktur Management Partner (SMP) und dem Lehrstuhl für Controlling und Unternehmenssteuerung der Universität Witten/Herdecke eine Untersuchung gestartet. Sie fokussierte Praxis, Erfolgsfaktoren und Herausforderungen des Umsetzungsmanagements im Mittelstand der DACH-Region und trug Erfahrungswerte von 139 Führungskräften mit Umsetzungsverantwortung zusammen. Unsere Erkenntnisse veröffentlichten wir erst in einem Artikel für den *Harvard Business manager* und dann in einer eigenen Studie (Faerber et al. 2023a, 2023b).

Das wichtigste Resultat: Mittelständler sind bei der Umsetzung von Transformationen im Durchschnitt erfolgreicher als internationale Konzerne. Aber eben auch nicht richtig gut. Nur 28 Prozent der Befragten gaben an, dass Mittelständler mehr als 70 Prozent ihrer Ziele erreichen.

»Wir sind Erkenntnisriesen und Umsetzungszwerge.« Diesen Satz bekam einmal ein Kollege von uns zu hören – und der, der sein eigenes Unternehmen derart charakterisierte, war Geschäftsführer eines Mittelständlers mit immerhin mehreren Hundert Millionen Euro Umsatz im Jahr. So treffend seine Analyse, so wenig können und wollen wir sie stehen lassen.

Die Frage lautet somit: Wie geht es besser? Und das Buch, das Sie in Händen halten, ist unsere Antwort darauf.

Eine Transformation oder einen Turnaround wirksam umzusetzen, zählt zu den wichtigsten Aufgaben einer Unternehmensführung – gerade in den turbulenten Zeiten von heute. Wie ein ganzheitliches wertorientiertes Redesign von Geschäftsmodellen aussieht, das Kern jeder Transformation sein sollte, haben Kollegen von uns bereits 2022 beschrieben (Michailov/Stange 2022). Mit diesem Buch nun möchten wir Ihnen griffige Ansätze vermitteln, wie Sie Ihre Pläne in der Praxis umsetzen. Dabei greifen wir auf wissenschaftliche Forschungsergebnisse und die sorgfältige Analyse der Fachliteratur ebenso zurück wie auf eine große Erfahrung in der erfolgreichen Umsetzung von Transformationen, gesammelt in mehr als 800 Projekten in über 40 Jahren.

Kern dieses wissenschaftlich fundierten Praxisbuches ist ein neues Modell des Umsetzungsmanagements – der Dreiklang bestehend aus den Dimensionen Struktur, Menschen und Performance sowie deren konsequentem Zusammenspiel. Wir werden diesen Ansatz vorstellen und in eine Methodik überführen. Dabei wollen wir insbesondere zeigen, wie Sie die Wirksamkeit von Umsetzungen im Mittelstand steigern können, wie Sie die Umsetzungsorganisation mittelstandsgerecht ausgestalten und welche Herausforderungen insbesondere Führungskräfte meistern müssen, die für Umsetzungsvorhaben verantwortlich sind.

Selten war der Handlungsdruck auf das Management so groß wie heute, ob in Konzernen oder im Mittelstand. Daher hoffen wir, Ihnen mit diesem Buch, mit unserer Methodik und unserem gebündelten Know-how wertvolle Impulse für die Umsetzungspraxis Ihres Unternehmens liefern zu können.

Erfolgreiche Transformationen beginnen mit einem Ja zur Veränderung. Das erfordert Mut, Präzision und ein reifes Urteilsvermögen. Wir sind überzeugt, dass Sie nach der Lektüre dieses Buches nicht nur die Chancen und Risiken Ihres Unternehmens besser reflektieren, sondern auch relevante Hebel identifizieren sowie nötige Maßnahmen erfolgreicher realisieren werden – und dass Sie ferner Umsetzung in letzter Konsequenz zu einer nachhaltigen Fähigkeit in Ihrer Organisation weiterentwickeln werden.

In diesem Sinne wünschen wir Ihnen künftig (mehr) große Erfolge in der Umsetzung.

Herzliche Grüße
Ihre
Marc-René Faerber, Dr. Hans-Joachim Grabow,
Benjamin Niethammer, Prof. Dr. Erik Strauß

Hinweis: In diesem Buch verwenden wir mal die männliche, mal die weibliche, dann wieder die allgemeine Form. Der beiläufige Wechsel scheint uns die eleganteste Form, um deutlich zu machen, dass selbstverständlich immer alle gemeint sind – und ganz gewiss alle Menschen, die sich für Transformationen in der Wirtschaft und ihre erfolgreiche Umsetzung interessieren.

Kapitel 1

Umsetzungsmanagement: Schlüsselkompetenz in Transformationen

Viele Unternehmer, Geschäftsführerinnen, Vorstände und Managerinnen gehen ihrer Arbeit mit Begeisterung, Engagement und Kreativität nach: Sie erschließen neue Märkte, entwickeln fortschrittliche Technologien, bringen innovative Produkte heraus, suchen nach Chancen, investieren oder kaufen Firmen hinzu. Häufig setzen sie hierbei die Existenz ihres eigenen Unternehmens als selbstverständlich voraus. Dabei ist sie alles andere als das:

- Von den 30 Unternehmen, die am 1. Juli 1988 erstmals den Deutschen Aktienindex bildeten, haben 13 aufgehört, als eigenständige Unternehmen zu existieren. Sie gingen bankrott, wurden übernommen, vom Wandel überrollt. Das sind 43 Prozent in nur 35 Jahren.
- Im US-Aktienindex S&P 500 lag die Verweildauer von Unternehmen um 1980 herum laut Daten der US-Unternehmensberatung Innosight bei 35 Jahren, heute beträgt sie nur noch rund 20 Jahre (Viguerie et al. 2021). McKinsey & Company erwartet, dass sie weiter absinken wird, auf nur noch 15 Jahre bis zum Ende dieses Jahrzehnts (Hillenbrand et al. 2019).
- In einer Studie unter 2000 deutschen KMU zeigte sich, dass die Hälfte der Unternehmen weniger als 30 Jahre alt war. Das Durchschnittsalter betrug 44 Jahre (Commerzbank 2017).
- Laut des Instituts für Mittelstandsforschung (IfM) existierten von den Unternehmen, die 2015 in Deutschland gegründet wurden, nach fünf Jahren nur noch 37,1 Prozent (IfM 2022). Und in einer Studie über diejenigen Unternehmen, in denen 2022 bis 2026 eine Übergabe ansteht, schreibt es, dass von den 3,3 Millionen Familienunternehmen hierzulande nur 0,8 Millionen genug Gewinn erzielen, um »übernahmewürdig« zu sein (Fels et al. 2021).

Die 500 größten deutschen Familienunternehmen sind im Schnitt rund 100 Jahre alt (Hauer/Ahrens 2022). Doch die größte Herausforderung für das Gros der Unternehmen besteht darin, mehrere Jahre oder gar Jahrzehnte zu überdauern. Primäres Ziel der Führung sollte daher immer das Überleben des Unternehmens sein. Dafür muss sie immer wieder umfassende Transformationen stemmen, denn wie heißt es so treffend: »Wer nicht mit der Zeit geht, geht mit der Zeit.«

Entscheidend dabei ist, was bei den Strategien und Konzepten, die Unternehmen ständig verfassen, allzu gern untergeht: die Umsetzung. Die Rede ist von den Mühen, die Veränderungen erst möglich machen, und den Komplexitäten jenseits des Tagesgeschäfts. Ergo von der Schwierigkeit, die als richtig erkannten Schritte zu realisieren, somit die Theorie in die Praxis zu überführen. Viele Transformationen scheitern genau daran.

Behalten Sie eines stets im Hinterkopf: Bestand hat heute nur der Wandel. Transformation ist längst kein einzelnes Event mehr, sondern zu einer Daueraufgabe der Unternehmensführung geworden. Die Zeiten, in denen Sie ein Großprojekt aufgesetzt haben und irgendwann wieder für eine ganze Weile zum Alltag übergehen konnten, sind vorbei. Und selbst wenn Sie noch so gute Ideen haben, es gilt immer der Grundsatz: Der Wert eines guten Konzepts entfaltet sich erst in seiner erfolgreichen Umsetzung!

In diesem einleitenden Kapitel verdeutlichen wir Ihnen zunächst, dass viele Unternehmen mehr **Umsetzungskompetenz** aufbauen müssen – wegen der besonderen Herausforderungen, vor denen die Wirtschaft heute steht, aber auch wegen des Defizits, das sie bis heute allgemein an den Tag legt bei der Umsetzung von Transformationen, Turnarounds oder Großprojekten (Unterkapitel 1.1).

Wir erläutern Ihnen mit **zentralen Begriffen,** was wir unter Umsetzungsmanagement verstehen (Unterkapitel 1.2).

Danach beschreiben wir Ihnen die **Phasen des Transformationsmanagements** – wie sich Umsetzungsmanagement in den Prozess des strategischen Managements einfügt (Unterkapitel 1.3).

Zum Schluss erhalten Sie einen **Überblick, was Sie in diesem Buch erwartet** und wie Sie es – je nach Interessen und Situation – nutzen können (Unterkapitel 1.4).

1.1 Umsetzungskompetenz: Ein Muss im Zeitalter der Umbrüche – und ein großer Mangel

Nach mehreren Jahrzehnten des Wirtschaftswachstums stehen die Führungskräfte heute vor wahrlich großen Herausforderungen. Die jüngsten Jahre mit ihren vielen dramatischen Krisen haben uns allen vor Augen geführt, dass Unternehmen in einem höchst dynamischen Umfeld agieren: erst die Pandemie, dann Russlands Überfall auf die Ukraine und in der Folge der drastische Anstieg der Energiepreise, der Inflationsraten und der Notenbankzinsen, zusätzlich der rapide Aufstieg der künstlichen Intelligenz (KI), zuletzt der Krieg im Nahen Osten sowie eine ständige Zunahme der Wetterextreme. Die geopolitischen Spannungen weltweit, die Herausforderung des Klimawandels und die Digitalisierung sorgen für enorme Komplexität, in deren Folge Strategie- und Performancezyklen immer kürzer werden. Alle Verantwortlichen in den Unternehmen müssen heute Liquidität sichern und Profitabilität gewährleisten, sie müssen neu denken und häufig schnell entscheiden.

Um diese Wirren und die vielen Schwierigkeiten, die sie für Unternehmen und Manager mit sich bringen, auf einen griffigen Nenner zu bringen, haben sich in den vergangenen Jahren mehrere Kürzel eingebürgert. Das einst vom amerikanischen Militär geprägte Akronym VUCA (für »Volatilität, Unsicherheit, Komplexität und Ambiguität« (Mehrdeutigkeit)) ist in der Managementliteratur bis heute weitverbreitet, zuletzt gesellten sich weitere Kürzel hinzu, beispielsweise TUNA (für »turbulent, uncertain, novel, ambiguous«) oder BANI (für »brittle, anxious, non-linear, incomprehensible«, was so viel wie »zerbrechlich, beunruhigend, nicht-linear und unbegreiflich« bedeutet). Der Fokus ist stets ein wenig anders, doch gemein ist allen Begriffen der Versuch, die vielen Umbrüche und ihren heftigen, alles durcheinander wirbelnden, teils unberechenbaren Charakter in Worte zu fassen.

Wenn Führungskräfte die Zukunftsfähigkeit ihres Unternehmens absichern wollen, müssen sie den Wandel annehmen. Unternehmen müssen Phasen stürmischen Wachstums meistern, stets mit dem Wettbewerb – der längst globaler Natur ist – mithalten (oder diesem gar voraus sein) und bisweilen Restrukturierungen oder Turnarounds stemmen. Sie müssen sich der Herausforderung durch Digitalisierung und KI stellen und dann auch noch der größten Veränderung von allen – weg von einer Industriegesellschaft, die primär durch fossile Energien befeuert wird, hin zu einer ökonomisch, ökologisch und sozial nachhaltigen Wirtschaft. Dies verlangt neue Geschäftsmodelle, neue Energiekonzepte, neue Produktionsprozesse, kurz: neue Strategien und umfassende Transformationen. Diese wollen entwickelt, vor allem aber in die Tat umgesetzt werden.

Das Überleben des Unternehmens sicherzustellen, ist schon in »normalen« Jahren eine große Herausforderung, doch diese wächst exponentiell, wenn der äußere Druck so rapide stark zunimmt wie zurzeit. Dies verlangt neue Lösungen. Solche, die unter hoher Unsicherheit und enormer Komplexität entwickelt werden müssen, und zwar nicht in einem entspannten Workshop, sondern im laufenden Betrieb. Wir sehen es bei unseren Kunden, die wir beraten, aber auch an der öffentlichen Debatte – dass sich das Management heute eben allzu häufig in einem Schachspiel wähnt, bei dem ein Großteil der Figuren in einem Nebel liegt.

Zur Wahrheit gehört ferner, dass es um die Fähigkeit von Unternehmen eher schlecht bestellt ist, große Herausforderungen zu meistern und umfassende Transformationen (welcher Art auch immer) zielgerichtet, konsequent und erfolgreich umzusetzen. Zumindest legen Studien nahe, dass in vielen Unternehmen eine tiefe Kluft besteht zwischen den guten Absichten, den klugen

Konzepten, den ambitionierten Worten einerseits sowie den Taten und Resultaten andererseits. Nicht umsonst heißt es in einem berühmten Zitat des Managementvordenkers Peter F. Drucker: »Strategy is a commodity, execution is an art.«

Geradezu legendär und bis heute weitverbreitet ist die Aussage, dass rund 70 Prozent aller Change-Initiativen in Unternehmen scheitern würden. Fast selbstverständlich wurde sie über viele Jahre verwendet, ganz so, als handele es sich um eine Gewissheit. Doch heute, nach einem jahrelangen Streit um ihre empirische Grundlage, scheint klar: Ihre Wurzeln lassen sich zwar zu mehreren Autoren und Publikationen zurückverfolgen (Kotter 2008, Nohria/Beer 2000, Hammer/Champy 2006), doch sprachen diese nur von Schätzungen oder präsentierten die Zahl schlicht als Fakt – ohne sie durch Untersuchungen zu belegen oder durch eigene Daten zu untermauern (ten Have et al. 2016).

In der Debatte, wie gut (oder schlecht) Unternehmen darin sind, Transformationen, Turnarounds und Strategien in die Tat umzusetzen, kam etwas Licht ins Dunkel durch einige neuere Studien, doch diese haben die Sorgen nur weiter genährt. Vor allem große, internationale Unternehmensberatungen haben dazu Daten produziert und erschreckend niedrige Erfolgsquoten von Transformations- und anderen Umsetzungsvorhaben zutage gefördert. Ein paar Beispiele:

Nur 31 Prozent aller Transformationen seien erfolgreich, schrieb die Strategieberatung **McKinsey & Company** auf Basis einer globalen Onlinebefragung von 1034 transformationserfahrenen Managern diverser Industrien. Zudem konnten der Studie zufolge selbst bei den erfolgreichen Projekten nur zwei Drittel des finanziellen Potenzials realisiert werden (Bucy et al. 2021).

In zwei Umfragen von **Bain & Company** mit je 300 bis 400 Unternehmen, die größere Transformationen durchliefen, gaben beide Male nur 12 Prozent der Befragten an, die gesetzten Ziele seien erreicht oder gar übertroffen worden. In der ersten Erhebung aus dem Jahr 2013 brachten 38 Prozent der Transformationen weniger als die Hälfte des erwarteten Erfolgs, in der zweiten Umfrage fünf Jahre später sank dieser Anteil immerhin auf 20 Prozent (Litré et al. 2018).

Gemischt fallen die Zahlen der Strategieberatung **Boston Consulting Group** (BCG) aus. Diese befragt seit einiger Zeit jährlich rund 1000 Unternehmen und legt mit wechselndem Fokus ihre Erkenntnisse vor. Ende 2020 schrieb die BCG, dass die Erfolgsquote von Transformationen nur noch 27 Prozent betrage, nach 37 Prozent im Vorjahr. Ende 2021 konstatierten die Experten dann eine Rate des Scheiterns von »nur« 57 Prozent – was auf eine höhere Erfolgsquote in jenem Jahr schließen lässt. Anfang 2023 erschien ein Drei-Jahres-Vergleich, laut dem Transformationen 2020 noch 73 Prozent des erhofften finanziellen Werts realisierten, im Jahr 2022 nur noch 45 Prozent. Parallel sei das Engagement der

Führung von 53 Prozent auf 38 Prozent gefallen (Messenböck et al. 2023, 2020; Jahn 2021).

Bridges Business Consultancy, die Beratung des Implementierungsexperten Robin Speculand, meldet Verbesserungen. Sie erhebt alle vier Jahre eine Umfrage über Transformationen – mit steigenden Erfolgsquoten, von nur 10 Prozent (2008) über 27 Prozent (2012) und 33 Prozent (2016) bis auf 52 Prozent (2020). Allerdings besagt »Erfolg« in ihrer Definition nur, dass mehr als die Hälfte der Ziele eines Umsetzungsvorhabens erreicht wurden. Hätte die Schwelle zwei Drittel der Ziele betragen, hätte die Erfolgsquote im Jahr 2020 bei gerade einmal 15 Prozent gelegen (Bridges 2020).

Auch abseits der Welt von Unternehmensberatungen deutet die Forschung auf Probleme hin. In einer globalen Studie von **Brightline,** einer Initiative des amerikanischen Project Management Institute, fielen 2020 nur 21 Prozent von mehr als 1000 befragten CEOs, Vorständen und Managern, die für Planung und Umsetzung von Strategien verantwortlich waren, in die Gruppe der High-Performer – definiert als Manager, deren Organisation mindestens 80 Prozent der Change-Initiativen erfolgreich umsetzt. Hingegen fielen 67 Prozent in die Gruppe der Average-Performer, deren Unternehmen nur 40 bis 79 Prozent ihrer Initiativen erfolgreich zu Ende brachten (Brightline 2020a, 2020b).

Das Gros dieser Daten wurde weltweit erhoben. Wie aber schneiden deutsche Unternehmen ab, wenn es um Umsetzungserfolge geht? Und wie sieht es speziell im deutschen Mittelstand aus?

Eine der wenigen Studien zu Transformationserfolgen auf dem deutschen Markt stammt von **Porsche Consulting.** Die Beratung hat 2020 und 2022 jeweils um die 100 Verantwortliche aus Deutschlands größten Unternehmen befragt. Die erste Studie kam zu dem Ergebnis, dass 80 Prozent aller Initiativen nicht das angestrebte Ergebnis erreichen. In der zweiten Studie sank dieser Anteil, aber er betrug immer noch 69 Prozent. Die Zahlen variierten nach Branche, blieben unterm Strich aber niederschmetternd (Zacherl et al. 2022, 2020).

Auch Daten des PMO-Spezialisten **Nordantech,** der für seine Studie »#Shifthappens« jährlich mehrere Hundert Teilnehmer zu Transformationen befragt, sind ernüchternd: In der Studie 2022 gaben nur 25 Prozent der Befragten an, mehr als 70 Prozent der geplanten Einsparungseffekte erreicht zu haben. Der Durchschnittswert lag bei 57 von 100 Euro. In der Studie 2023 gaben dann sogar insgesamt nur rund 20 Prozent der Befragten an, Maßnahmen durchschnittlich zu mehr als 70 Prozent zu realisieren. Und nur 5 Prozent gingen so weit zu sagen, Maßnahmen hätten eine durchschnittliche Realisierungsrate von mehr als 80 Prozent (Nordantech 2023, 2022).

Fast eine Langzeitstudie bildeten Umfragen, die die Change-Beratung **Mutaree** in Kooperation mit der Professorin Sonja Sackmann vom Lehrstuhl für Arbeits- und Organisationspsychologie der Universität der Bundeswehr München von 2010 an alle zwei Jahre erhoben hat, dies über zehn Jahre hinweg. Sie befragte dafür insgesamt 1803 Personen aus diversen Branchen und Unternehmen aller Größen zum Erfolg von Change-Projekten. In ihrer Studie 2020/21 ermittelt sie dabei eine Erfolgsquote – eine Zielerreichung von 75 bis 100 Prozent unterstellt – von nur 16 Prozent, der schwächste Wert in diesen zehn Jahren. Aber auch über die gesamte Dauer des Forschungsprojekts betrug die durchschnittliche Erfolgsquote gerade einmal 22,16 Prozent (Mutaree 2022, 2020/21).

Was auffällt: Während für Großkonzerne eine gewisse Datenfülle besteht, gerade auch für solche aus dem angelsächsischen Raum, ist der Transformationserfolg des deutschen Mittelstands bisher kaum untersucht. Diese Lücke ist signifikant, weil der Mittelstand das Rückgrat der deutschen Volkswirtschaft darstellt und sich mittelständische Unternehmen erheblich von Großkonzernen unterscheiden, ob in Bezug auf verfügbare Ressourcen, Organisationsstrukturen oder Strategien.

Um diese Lücke zu füllen, haben wir in einer gemeinsamen Studie von Struktur Management Partner (SMP) und dem Lehrstuhl für Controlling und Unternehmenssteuerung der Universität Witten/Herdecke 139 Führungsverantwortliche mit Umsetzungsverantwortung aus der DACH-Region nach ihren Erfahrungswerten befragt – unseres Wissens die erste Umfrage dieser Art. Die Antworten spiegelten vor allem das Geschehen in Unternehmen mit 50 bis 500 Millionen Euro Umsatz wider, allerdings verfügten viele Befragte auch über Erfahrungen in kleineren oder größeren Unternehmen, in denen sie zuvor tätig gewesen waren. 78 Prozent der Teilnehmerinnen und Teilnehmer hatten Erfahrungen auf C-Level (Vorstand, Geschäftsführung und andere), 62 Prozent besaßen zehn Jahre oder mehr an Erfahrung im Umsetzungsmanagement, ein Drittel sogar 20 Jahre und mehr. Zusammen vereinten die Befragten Kenntnisse aus 21 Branchen, und in ihre Antworten flossen Eindrücke aus insgesamt mehreren Hundert Unternehmen ein.

Das zentrale Ergebnis unserer Studie: Nur 28 Prozent der Befragten gehörten zu den sogenannten High-Performern, die – gefragt nach ihrer Einschätzung der durchschnittlichen Erfolgsquote von Umsetzungsvorhaben im Mittelstand – einen Wert von mehr als 70 Prozent angaben (wobei wir »Erfolgsquote« als den Zielerreichungsgrad der geplanten Effekte im festgelegten Zeitraum definiert hatten). 55 Prozent der Teilnehmer nannten immerhin noch eine Erfolgsquote zwischen 50 bis 70 Prozent (weshalb wir sie als Middle-Performer bezeichnen),

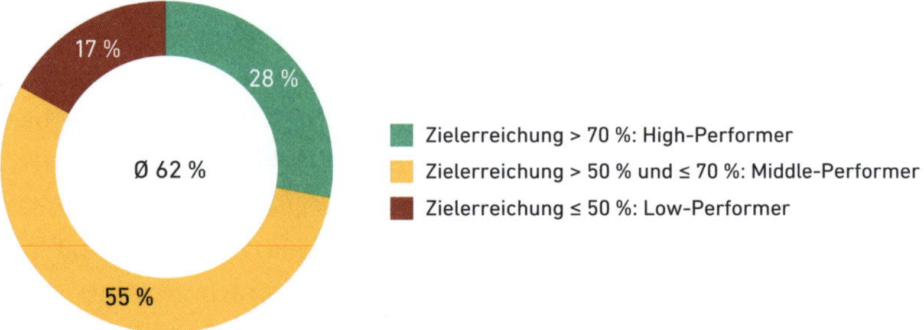

Abbildung 1: Durchschnittliche Zielerreichungsquote von Umsetzungsvorhaben im Mittelstand (Faerber et al. 2023a).

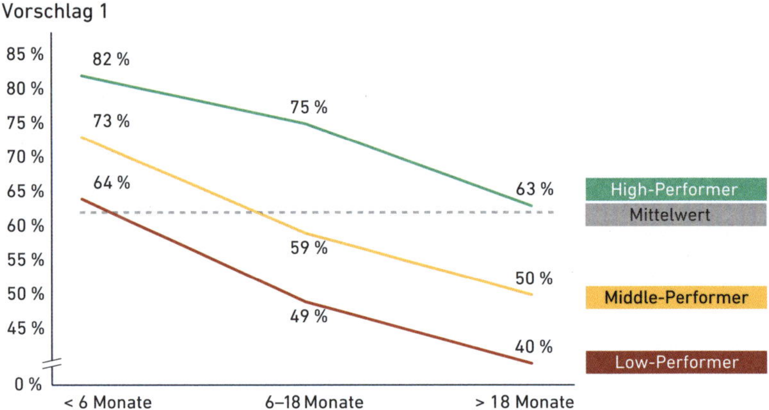

Abbildung 2: Erfolgsquote von Umsetzungsvorhaben nach Umsetzungsdauer (Faerber et al. 2023a).

während 17 Prozent der Befragten – die Low-Performer – sagten, dass Umsetzungsvorhaben weniger als die Hälfte ihrer Ziele erreichen würden (Abbildung 1). Über alle Gruppen hinweg kommt das durchschnittliche Mittelstandsunternehmen der DACH-Region auf eine Erfolgsquote von 62 Prozent (Faerber et al. 2023a). Dieser Wert ist besser als in den anderen Studien, aber aus Sicht von Eigentümern, Investoren, Banken und anderen Stakeholdern alles andere als ausreichend. Rund 40 Prozent aller Ziele zu verfehlen, ist ein massives Problem für jeden, der den Fortbestand eines Unternehmens gesichert wissen will.

Hervorheben wollen wir zudem das Ergebnis, dass der Zeithorizont einen enormen Effekt auf den Erfolg eines Projekts hat (Faerber et al. 2023a): So nimmt die Erfolgsquote von Umsetzungsvorhaben im Mittelstand mit zunehmender Dauer einer Initiative in allen drei Gruppen konstant ab, mit der Folge, dass bei Projekten mit mehr als 18 Monaten Laufzeit nur die Gruppe der High-Performer – mit einer Zielerreichungsquote von 63 Prozent – einen Wert erreicht, der noch halbwegs akzeptabel scheint (Abbildung 2). Just bei Projekten mit 6 bis 18 Monaten Laufzeit, die in Unternehmen besonders häufig anzutreffen sind, gehen die Werte am weitesten auseinander, mit einer Differenz von 26 Prozentpunkten zwischen High-Performern (75 Prozent) und Low-Performern (49 Prozent).

Gewiss: Unsere Studie beruht, wie alle anderen, auf einer Umfrage, nicht auf objektiven Messungen oder auf betriebswirtschaftlichen Daten zu einzelnen Umsetzungsvorhaben. Und generell bleiben in der Debatte häufig wichtige Fragen offen, etwa ab wann eine Transformation als erfolgreich einzustufen ist, wie weit unterschieden wird zwischen zentralen Elementen und nebensächlichen Zielen oder auch, ob ein Ziel, das nicht zum Zieltermin, dafür aber sechs Monate später erreicht wurde, als verfehlt oder erfüllt zu betrachten ist. Trotzdem lässt sich konstatieren, dass die Erfolge von Umsetzungsvorhaben insgesamt ziemlich bescheiden ausfallen.

Was die Erfolgsfaktoren sind und wie es besser geht, wollen wir im Laufe der folgenden Kapitel beschreiben. Zuvor wollen wir noch Klarheit schaffen im terminologischen Durcheinander der Debatte.

1.2 Transformationen und ihre Umsetzung: Begriffe, Definitionen, Erklärungen

In der für dieses Buch relevanten Managementliteratur werden viele Schlagworte verwendet: Da ist von »Transformationen« die Rede, von »Change-Management«, von »Strategie«, von »Umsetzung«, »Implementierung«, »Execution« und vielem mehr. Das Feld ist in seiner Fülle schnell verwirrend. Daher scheint es uns notwendig, für einige Begriffe verständliche und für den Managementalltag brauchbare Definitionen vorzustellen, auch um sie voneinander abzugrenzen. Allzu leicht und viel zu häufig werden im Diskurs über erfolgreiche Umsetzungen viele Begriffe synonym benutzt, die aber sehr unterschiedliche Bedeutungen haben.

Der für uns zentrale Begriff der **Transformation** beschreibt ein ganzes Set von Entscheidungen, Vorgehens- und Verhaltensweisen, ein Muster, das eine absichtsvolle und tiefgreifende Veränderung ermöglicht und die Zukunftsfähigkeit von Organisationen als ökonomische und soziale Systeme erhöht. Besonders betonen möchten wir das Wort »tiefgreifend«, denn eine Transformation stellt in unserem Verständnis nicht eine punktuelle, sondern eine ganzheitliche Veränderung dar, die viele Kompetenzen erfordert und kulturelle Aspekte miteinschließt. Eine Transformation ist somit nicht nur ein kurzfristiger Akt, sondern ein langfristiger Prozess. Inhaltlich geht es nicht um inkrementelle Veränderungen wie Kostensenkungsmaßnahmen, sondern um umfassende Themen – etwa ein Redesign des Geschäftsmodells oder eine Repositionierung des Unternehmens.

Häufig werden Transformationen mit dem Begriff der Digitalisierung assoziiert, wie beispielsweise Ergebnisse einer Studie zeigen, die in Kooperation mit der Frankfurt School of Finance & Management erstellt wurde (CPMC/SMP 2023). Zum einen ist Digitalisierung ein wesentlicher Treiber tiefgreifender Transformationen, zum anderen werden Transformationen durch Digitalisierung und künstliche Intelligenz (KI) erleichtert. Weder aber ist Digitalisierung die einzige Herausforderung, vor der Unternehmen stehen, noch löst sie alle Probleme, die diese in Transformationen bewältigen müssen.

Während Transformationen meist proaktiv angegangen werden, ausgehend von der Einsicht in ihre Notwendigkeit sowie tendenziell aus einer (noch) stabilen wirtschaftlichen Position heraus, verstehen wir unter einem **Turnaround** die konsequente Umkehr eines negativen Trends. Ein Unternehmen hat vielleicht Signale in Markt und Wettbewerb nicht erkannt oder sich nur halbherzig an einer Restrukturierung versucht, nun steckt es in der Krise: Es rutscht in die Verlustzone, es fehlt ihm an Cash, an Vertrauen bei Kunden, Lieferanten und Partnern, und so muss es um sein Überleben kämpfen. Im Kern handelt es sich somit um ein Unterfangen mit eher kurzfristiger Orientierung, auch wenn ein guter Turnaround stets grundlegende Fragen bereits in den Blick nimmt.

Unter **Umsetzungsvorhaben** – auch bekannt als *Maßnahmenprogramm*, *Change-Programm* oder *Change-Initiative* – verstehen wir ein Bündel aus Projekten, Teilprojekten oder Maßnahmen, mit denen eine Transformation oder ein Turnaround umgesetzt werden sollen. Ziel ist es, durch diese Projekte und Maßnahmen den angestrebten Sollzustand zu erreichen. Das **Umsetzungsmanagement** umfasst die gewählten Vorgehens- und Verhaltensweisen zur Steuerung des Umsetzungsvorhabens unter Einsatz aller relevanten Prozesse, Methoden und Werkzeuge, die dabei helfen, das Ziel Realität werden zu lassen. Als **Umsetzungskompetenz** verstehen wir die Kenntnis der Methoden für die Steuerung der Umsetzung und die Fähigkeit, diese Methoden im Alltag wirksam anzuwenden.

Unter einer **Strategie** – oder einem *Konzept* – verstehen wir eine knappe, klare Zusammenfassung von Festlegungen, wie das Unternehmen neu auszurichten ist. So beschreibt ein Konzept zum Beispiel den Rahmen und die Handlungsschwerpunkte einer Transformation oder eines Turnarounds. Von einer Analyse ausgehend zeigt es einen angestrebten Sollzustand in der Zukunft auf – inklusive der Maßnahmen und Wege, mit denen dieser Sollzustand erreicht werden kann.

Strategie darf nicht mit dem **Geschäftsmodell** verwechselt werden. Das Geschäftsmodell beschreibt den Istzustand eines Unternehmens entlang von Wertpositionierung, Wertangebot, Wertschöpfung, Wertabschöpfung und Wertdisziplin, während wir uns unter Strategie ein Konzept vorzustellen haben, das dieses Geschäftsmodell mittel- und langfristig weiterentwickelt.

Natürlich besteht ein enger Zusammenhang. Eine Strategie kann nur erfolgreich sein, wenn sie im Einklang mit dem Geschäftsmodell formuliert ist. Allerdings beinhaltet eine Wertstrategie – verstanden als Handlungsrahmen des Unternehmens, des Managements und der Belegschaft – ein klares Ziel, ein Leitbild, wo das Unternehmen in drei bis fünf Jahren stehen will. Eine Wertstrategie definiert den »Polarstern«, den Fixpunkt, der die Richtung vorgibt, in die sich das Unternehmen entwickeln soll. Bei schwierigen Entscheidungen bietet sie in turbulenten Zeiten stets die nötige Orientierung. Eine Wertstrategie zielt darauf ab, anders zu sein als der Markt, sich von der Konkurrenz zu differenzieren und damit Werte zu schaffen (Michailov/Stange 2022). Sie ist Ausdruck einer Wertorientierung, die das Fundament jedes zukunftsweisenden Geschäftsmodells bildet. Wir betonen das, weil Vorstände, Geschäftsführer und Manager gerade in schwierigen Situationen allzu oft reflexhaft zu einseitigen Lösungen wie dem klassischen »Cost Cutting« greifen. Dieses kann bei der Stabilisierung eines Unternehmens sehr wichtig sein. Nur muss klar sein, dass die Effekte kurzfristiger Natur sind und häufig an die Substanz des Unternehmens gehen!

Der Begriff des **Change-Managements** wird gern und häufig, aber sehr unterschiedlich verwendet. Nach John Kotter, einem Pionier dieser Managementdisziplin, beschreibt er den Prozess der Planung, Umsetzung und Überwachung von Veränderungen in einer Organisation, um sicherzustellen, dass die Veränderungen erfolgreich sind und die Organisation ihre Ziele erreicht. Dieser Prozess kann prinzipiell sowohl kleinere als auch größere Änderungen in einer Organisation betreffen, zum Beispiel in der Strategie, der Struktur, den Prozessen, der Technologie und der Kultur (Kotter 2011). Andere definieren Change-Management stärker als Veränderung des Verhaltens von Mitarbeitern (Hiatt/Creasey 2003). Weitere Stimmen beschreiben es als die Gestaltung der Lernfähigkeit einer Organisation mit strategischer Absicht (Wimmer 2011) oder als die Gestaltung und das Management von Veränderungen entlang verschiedener Prinzipien mit dem Ziel, die Zukunftsfähigkeit eines Unternehmens zu sichern (Doppler/Lauterburg 2019). Nach unserem Verständnis, welches unter anderem jenes von Wimmer und Doppler aufgreift, beschreibt Change-Management ganz prinzipiell die Fähigkeit oder Methode zur Gestaltung wirksamer Veränderungen.

Was ist nun der **Mittelstand,** den wir in unserem Buch immer wieder explizit in den Blick nehmen? Der Begriff ist schwer zu fassen, da keine einheitliche Definition existiert. Das Statistische Bundesamt definiert – ebenso wie die EU – »kleine und mittlere Unternehmen« (KMU) als Unternehmen mit bis zu 249 Mitarbeitern und bis zu 50 Millionen Euro Jahresumsatz. So gesehen, gab es 2022 in Deutschland rund 3,16 Millionen KMU, die 99,3 Prozent aller Unternehmen ausmachen und 54,7 Prozent aller Beschäftigten umfassen. Daneben gab es fast 20 700 Unternehmen, die diese Schwellenwerte überschritten, somit als »Großunternehmen« zählen, und die für 0,7 Prozent aller Unternehmen, 45,3 Prozent der Beschäftigten und 73,5 Prozent des Umsatzes stehen (Destatis 2024a, 2024b).

Andere Akteure wählen andere Grenzen und weitere Kriterien. Das IfM zum Beispiel stellt stärker darauf ab, dass Eigentum und Leitung zusammenfallen, die Mehrheit einer Familie gehört und Unabhängigkeit besteht. Aus seiner Sicht können auch Unternehmen mit mehr als 500 Mitarbeitern oder mehr als 50 Millionen Euro Jahresumsatz noch zum Mittelstand gehören (IfM 2024a, 2024b). Wenn wir vom »Mittelstand« sprechen, folgen wir eher diesem Verständnis. Ein Maschinenbauer, der 800 (oder 1200) Mitarbeiter beschäftigt, 400 Millionen Euro Umsatz im Jahr erzielt, fünf Standorte im Ausland unterhält und sich im Familienbesitz befindet, ist statistisch kein KMU mehr, aber für uns klassischer »gehobener« Mittelstand. Transformationen, Turnarounds und Umsetzungsinitiativen in dem Umfang und der Komplexität, wie wir sie in diesem Buch adressieren, sind schließlich auch erst in Unternehmen mit einer gewissen Größe denkbar und relevant.

1.3 Strategisches Management und Umsetzung: Phasen und Schritte der Transformation

Lassen Sie uns kurz vertiefen, wie sich die Umsetzung in den Prozess des strategischen Managements einfügt. Dieser umfasst die Entwicklung, Planung und Umsetzung inhaltlicher Ziele und Ausrichtungen von Organisationen zur Sicherung des langfristigen Unternehmenserfolgs. In der gängigen Fachliteratur liegt der Fokus allerdings regelmäßig auf der Strategiefindung; zum Element der

Umsetzung gibt es nur wenige Bücher oder Artikel. Unsere Erfahrung indes ist, dass die richtige Umsetzung einen hohen Stellenwert besitzt, ja für den Erfolg von Unternehmen entscheidend ist. Deshalb möchten wir diese Lücke in der Literatur verkleinern und uns auf die Umsetzung fokussieren.

Daran anknüpfend, möchten wir das bisherige Verständnis von Umsetzung erweitern. Typischerweise wird im strategischen Management gern von einer **Analyse- und Konzeptphase** sowie einer Umsetzungsphase (»execution«) gesprochen. Wir halten diese klassische Dichotomie für unzureichend und möchten in der Umsetzungsphase noch zwei Teilphasen unterscheiden – erstens die **Initialisierung der Umsetzung**, bei der es um die Operationalisierung und Konkretisierung der Maßnahmen und Vorgehensweisen geht, zweitens die **Implementierung der Umsetzung**, in deren Zentrum die konkreten inhaltlichen Aktivitäten zu ihrer Realisierung stehen. Wenn wir von »Implementierung« sprechen, meinen wir somit nur diese Zeit der faktischen Taten (während andere diesen Begriff häufig synonym für die Umsetzung als Ganzes verwenden). Aus unserer Sicht ist vor allem die Initialisierungsphase entscheidend für den Erfolg eines Umsetzungsvorhabens. Deshalb steht sie im Zentrum unserer Umsetzungsmethodik (siehe Kapitel 4).

Schauen wir uns das Management von Transformationen einmal näher an. Ein Transformations- oder Turnaroundprozess umfasst nach unserem Verständnis die erwähnten drei Phasen. Eine Ebene darunter lässt er sich in sieben Schritte gliedern. Im Folgenden erklären wir das von uns konzipierte zirkuläre Modell des Transformationsmanagements (Abbildung 3):

Der erste Schritt führt Sie **von den Ansichten zu den Einsichten.** Führungskräfte sollten Zeitpunkte, Handlungsbedarfe oder aufkommende Chancen und Risiken für Veränderungen früh erkennen. Je früher sie Transformationsbedarf angehen, desto größer sind Handlungsspielräume und Erfolgsaussichten.

Das Problem ist, dass diesem Schritt zu wenig Aufmerksamkeit gewidmet wird. Regelmäßig begegnen uns Unternehmen, denen es schwerfällt, aus dem Tagesgeschäft dahingehend Rückschlüsse zu ziehen, worin ihr eigener Transformationsbedarf besteht. Doch selbst Verantwortliche, die Geschäftszahlen, Kundenresonanz und Wettbewerb aufmerksam verfolgen, bleiben häufig auf halbem Wege stecken. Es reicht nicht, einmal im Jahr auf einem Offsite über die künftige Ausrichtung und Erfordernisse des Geschäfts nachzudenken. Aus internen Analysen und externen Beobachtungen einen sogenannten »Case for Action« abzuleiten, setzt eine systematische Auseinandersetzung mit der Zukunft voraus.

Selbstverständlich ist es schwierig, alle Dynamiken, Trends und Signale, die von außen und innen auf das Unternehmen einwirken, im Blick zu behalten

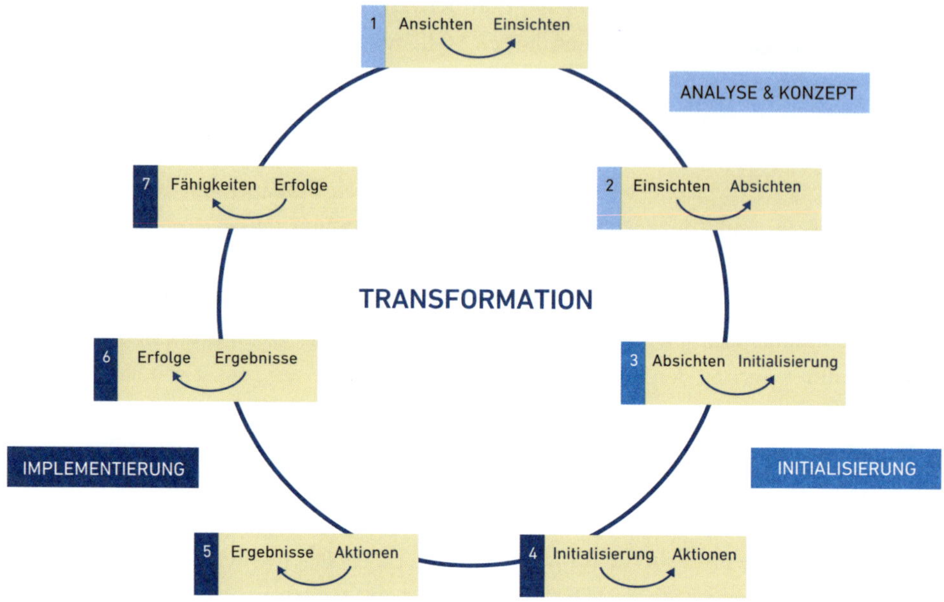

Abbildung 3: Zirkuläres Modell des Transformationsmanagements.

und sich daraus ergebende Chancen und Risiken zu bewerten. Schwieriger noch ist aber, dass Führungskräfte und Führungsteams häufig (unbewusst) Gefahr laufen, bestehende Muster, Paradigmen und Annahmen nicht mehr kritisch zu hinterfragen. Aus der Psychologie und Kognitionstheorie bekannte Mechanismen führen zum Ausblenden von Risiken, Verzerrungen in der Wahrnehmung der Realität sowie zur Überschätzung der eigenen Stärken, Kompetenzen und Fähigkeiten (Overconfidence-Bias). Vor allem deshalb reagieren so viele Unternehmen (zu) spät auf die schleichende Erosion der Geschäftsergebnisse oder auf bedrohliche Veränderungen im Umfeld. »Nicht das, was du nicht weißt, bringt dich in Schwierigkeiten. Sondern das, was du sicher zu wissen glaubst, obwohl es gar nicht wahr ist« – dieser Satz, der gern Mark Twain zugeschrieben wird (in Wahrheit aber niemandem eindeutig zugeordnet werden kann), ist ein passender Aphorismus über die Gefahren impliziter Annahmen (Grabow/Judt 2022, McGrath 2019).

Haben Sie diese Automatismen überwunden, sich systematisch mit der Frage nach Ihrem Transformationsbedarf befasst und erkannt, dass in Ihrem Unternehmen Handlungsbedarf besteht, geht es im nächsten Schritt – **von den Einsichten zu den Absichten** – darum, ein stimmiges Strategie- oder Zukunftskonzept zu entwickeln. Eine ganzheitliche Transformation setzt auf ein Bündel von Maßnahmen, die ineinandergreifen, aufeinander abgestimmt sind und die Strategie sowie das Geschäftsmodell im Blick haben. Solch ein Bündel umfasst fast immer kurz- und mittelfristige Maßnahmen, die Kosten und Umsatz beeinflussen, zugleich aber auch stets das Leitbild und die zu seiner Erreichung notwendigen, tiefer reichenden Veränderungen. Gut beraten sind Sie, wenn Sie bei der Entwicklung von Anfang an Ihre Führungsmannschaft einbeziehen.

Zusammen sind die zwei ersten Schritte des zirkulären Modells dem Prozess der Strategiefindung respektive der Analyse- und Konzeptphase zuzuordnen – sprich jenem Part, auf den sich die Literatur, viele Manager und zahllose Berater mit Vorliebe konzentrieren. Ist diese Phase erfolgreich abgeschlossen, beginnt die Umsetzung in einem übergreifenden Sinne, weil diese nach unserem Verständnis gleich mehrere Schritte umfasst.

Steht das Konzept, geht es im dritten Schritt darum, die Umsetzung einzuleiten – **von den Absichten zur Initialisierung** zu gelangen. Obwohl in der Praxis unterschätzt und häufig gar nicht erst als eigenständige Phase erkannt, schafft gerade dieser Zwischenschritt zwischen der Konzeptphase und der Implementierung erst die Voraussetzung für wirksame Umsetzungen. In der Initialisierungsphase werden Teams gebildet, Ziele formuliert, Meilensteine definiert, Verantwortlichkeiten festgelegt und Messgrößen klar vereinbart. Und das alles mit, durch und für die Beteiligten.

Die nächsten Schritte – **von der Initialisierung zu den Aktionen** sowie **von den Aktionen zu den Ergebnissen** – widmen sich der Umsetzung im engeren Sinne. Die Führung fungiert dabei als Coach, Sparringspartner und Treiber für das gesamte Unternehmen, gerade auch bei längeren Projekten. Hat sie die nötige Ausdauer, um alle zu Aufmerksamkeit und Zusammenarbeit anzuhalten, gelangen die Beteiligten **von den Ergebnissen zu den Erfolgen.** Dieser sechste Schritt kann insbesondere bei größeren Transformationen deutlich länger dauern als andere Schritte – ganz sicher Monate, manchmal ein bis zwei Jahre. Zusammen bilden die drei Schritte die Implementierung der Umsetzung.

Der siebte und letzte Schritt unseres zirkulären Modells – **von den Erfolgen zu den Fähigkeiten** – schließt sich direkt an die erfolgreiche Implementierung an. Entscheidend ist hier, alle Lehren und Erkenntnisse aus den davorliegenden Schritten aufzugreifen, diese festzuhalten und als Organisation den Gesamtprozess zu optimieren. Es ist wichtig, diesen im Sinne eines effektiven Lernens auch wirklich als zirkuläres Modell mit Wiederholungen zu verstehen. Transformation ist eine Daueraufgabe. Trainieren Sie daher regelmäßig Ihre Transformations- und Umsetzungskompetenz.

Sicher ist wenig bis nichts. Für ein wirksames Transformationsmanagement gibt es keine einfachen Lösungen, keine Zauberformeln, keine Patentrezepte. Vielmehr ist es eine höchst anspruchsvolle Aufgabe, die in aller Regel stark auf die individuelle Situation des Unternehmens und der Führung abgestimmt werden muss, und die zudem von vielen Irritationen, Komplexitäten sowie unvorhersehbaren Dynamiken geprägt ist. Unumgänglich für den Erfolg ist daher vor allem ein ganzheitlicher Blick. Unternehmen sind nur als kontextbezogene ökonomische und soziale Systeme zu verstehen. Das bedeutet: Berücksichtigen Sie für ein Zukunftskonzept nicht nur eine Analyse Ihrer Geschäftszahlen, sondern auch Entwicklungen im Markt sowie kulturelle Besonderheiten Ihres Hauses und der Branche. Es geht immer um viele Faktoren und deren Wechselspiel. Neben eines solchen Systemverständnisses bedarf es dann eines belastbaren Zukunftskonzepts, der Unterstützung aller relevanten Stakeholder, darüber hinaus einer Umsetzung, die die guten Ideen des Konzepts Realität werden lässt (im Alltag wie in den Zahlen) sowie einer adaptiven Führung. »Adaptiv« deshalb, weil sich das wirtschaftliche, politische und soziale Umfeld immer wieder – und häufig auf überraschende Weise – verändern kann. Führungskräfte müssen in der Lage sein, darauf angemessen zu reagieren: rasch, aber besonnen, und ohne die ursprünglichen Ziele aus den Augen zu verlieren.

1.4 Was Sie in diesem Buch erwartet

Es kommt nicht nur darauf an, gute Konzepte zu entwickeln, sondern auch – und vor allem – darauf, diese effektiv in die Praxis umzusetzen. Nur so werden aus guten Absichten zählbare Erfolge! Daher gibt Ihnen dieses Buch die Methoden und Werkzeuge an die Hand, die die Wahrscheinlichkeit einer erfolgreichen Umsetzung maximieren. Unsere Methodik basiert dabei auf einem neuen Modell des Umsetzungsmanagements, dem »Dreiklang« mit den drei Dimensionen Strukturen, Menschen und Performance sowie deren Zusammenspiel. Wir haben dafür ein eingängiges Symbol entwickelt, das Sie immer wieder dort erblicken werden, wo wir auf diesen Dreiklang Bezug nehmen.

Zunächst werden wir in **Kapitel 2** unser Framework wissenschaftlich fundieren und entwickeln. Grundlage dafür ist eine systematische Auswertung bisheriger Erkenntnisse über Umsetzungen. Im Überblick zeigt sich eine hohe Zahl relevanter Erfolgsfaktoren und damit die große Komplexität von Umsetzungsvorhaben (was die zentrale Erklärung dafür sein dürfte, warum so viele Transformationen scheitern). Wir haben dazu eine umfassende Analyse der Fachliteratur zum Thema unternommen und diese mit unseren eigenen praktischen Erfahrungen, gewonnen in mehr als 40 Jahren und mehr als 800 Beratungsprojekten, abgeglichen. Dabei werden Sie uns eine systemische Prägung anmerken. Wir sind davon überzeugt, dass die Menschen, ihr Verhalten und die Kultur eines Unternehmens weniger von Appellen des Managements geprägt werden, sondern vielmehr von den Strukturen und den Anreizen, die diese setzen. Da eine hohe Performance nur gelingt, wenn Sie die Menschen für Ihr neues Ziel gewinnen, heißt das, dass Sie auch bei den Strukturen ansetzen müssen.

In **Kapitel 3** geht es um eine strukturierte Würdigung existierender Denkschulen und Modelle aus Forschung, Literatur und Praxis. Wir stellen 20 weitverbreitete Methoden, Ansätze und Zugänge des Umsetzungsmanagements vor, und das vor dem Hintergrund unseres Ansatzes. Jeder dieser Zugänge bietet auf seine Art wichtige Impulse für eine wirksame Umsetzung. Eine wichtige Erkenntnis ist aber: Viele Methoden adressieren einzelne Dimensionen des Dreiklangs, aber häufig nur in Teilen, zudem selten in ihrem Zusammenspiel und in ihrer Operationalisierung.

Antworten wollen wir in **Kapitel 4** bieten – dem Kern des Buches. Darin geben wir Ihnen in der Praxis bewährte Vorgehensweisen für eine Umsetzung entlang des Dreiklangs »Strukturen, Menschen und Performance« mit auf den Weg (wobei wir am Ende vieler Unterkapitel die zentralen Punkte und den Bezug zum Dreiklang »auf einen Blick« zusammenfassen). Unsere Methodik behält in sämtlichen Phasen eines Umsetzungsvorhabens alle drei Dimensionen im Blick. Sie zeigt Ihnen detailliert, wie Sie eine Transformation, einen Turnaround oder eine Neuausrichtung erfolgreich herbeiführen. Wir adressieren vor allem die Initialisierungsphase und wie Sie dort mittels der ROADMAP klassische Stolpersteine überwinden können. In der Implementierungsphase hilft Ihnen unser »Performance-Radar«. Wir sagen Ihnen zudem, wie Teams die Umsetzung auch in langfristigen Projekten mit Disziplin verfolgen und welche Chancen Digitalisierung oder KI bieten. Und wir thematisieren die für alle Umsetzungsverantwortlichen so zentrale Frage, was all das für ihre Aufgaben und ihre Rolle bedeutet: Wie sieht Führung, wie sieht ein Führungssystem aus, das einerseits der höheren Komplexität, dem wachsenden Tempo und dem gestiegenen Druck gerecht wird, andererseits dem Anspruch genügt, die Zukunftsfähigkeit des Unternehmens zu sichern? Wurde in der Wirtschaft bis 2020 gern über »flache Hierarchien«

und »Agilität« diskutiert, so gewinnen seitdem schnelle und manchmal radikale Entscheidungen an Relevanz. Sicherlich auch für Sie!

Unser Buch richtet sich an Gesellschafter, Vorstände, Geschäftsführer und alle Führungskräfte mit Umsetzungsverantwortung, die vor einer konkreten Herausforderung stehen oder am möglichst einfachen Transfer der Theorie in die Praxis interessiert sind. Daher erhalten Sie in **Kapitel 5** zehn Handlungsempfehlungen und eine Toolbox mit den sieben zentralen Werkzeugen (samt Templates). Entscheidend ist am Ende, ob eine Umsetzung die Überlebensfähigkeit des Unternehmens gestärkt hat (womit wir wieder am Ausgangspunkt angelangt wären). Kriterien dafür sind eine zukunftsfähige Differenzierung im Markt, eine überdurchschnittliche Rendite, das Vertrauen der Stakeholder sowie eine stabile Liquidität und Finanzierung für die nächsten zwei bis drei Jahre, die auch Unerwartetes abfedern können.

Die kommenden Jahre werden Jahre der Transformation sein. Und es wird, wie wir abschließend erläutern, darauf ankommen, diese Transformation aktiv, mutig und kompetent zu gestalten.

Je nach Interessen und Situation legen wir Ihnen unterschiedliche »Lesarten« unseres Buches nahe. Wer sich die Welt des Umsetzungsmanagements systematisch (oder zum ersten Mal) erschließen will, dem empfehlen wir ein »klassisches« Vorgehen, also eine Lektüre entlang der vorliegenden Struktur mit den Kapiteln 2, 3 und 4 (und bei Bedarf Kapitel 5). Wer mit der Theorie und Praxis des Umsetzungsmanagements bereits punktuell in Berührung gekommen ist und sich zunächst einen Überblick über aktuelle Methoden wünscht, der kann mit Kapitel 3 zu den 20 wichtigsten, bisher bekannten Ansätzen beginnen, sich dann in Kapitel 2 der Herleitung des Dreiklangs widmen und anschließend Kapitel 4 über dessen Anwendung in der Praxis zuwenden. Wer indes in seinem Unternehmen akut vor einer konkreten Herausforderung steht, für die Theorie wenig Muße hat und gerne »in medias res« gehen würde, dem raten wir, von hier direkt in Kapitel 4 zu springen. Dort bieten zudem die Kästen mit dem Titel »Auf einen Blick« regelmäßig eine kurze Zusammenfassung und damit rasche Orientierung über die Inhalte der Unterkapitel und Abschnitte. Auch dürfte es in dieser Lage helfen, die Werkzeuge in Kapitel 5 kurz daraufhin zu prüfen, ob sie im eigenen Alltag, in der Praxis unmittelbar helfen können.

Kapitel 2

Erfolgsfaktoren des Umsetzungsmanagements: Der Dreiklang »Strukturen-Menschen-Performance«

Nachdem sich Kapitel 1 einerseits mit den Transformationserfordernissen von Unternehmen und andererseits mit den Defiziten und Schwierigkeiten bei der Umsetzung von Transformationen (sowie der Notwendigkeit ihrer Verbesserung) befasst hat, widmet sich dieses Kapitel den Erfolgsfaktoren des Umsetzungsmanagements. Diese lassen sich unseres Erachtens in drei Dimensionen gruppieren. Sie bilden die Grundlage für unseren eigenen Ansatz, wie sich selbst große, komplexe Umsetzungsvorhaben zum Erfolg führen lassen.

Zu diesem Zweck haben wir eine aufwendige Literaturrecherche betrieben und alle praxisorientierten empirischen Erhebungen und Beiträge zum Thema gesammelt, gelesen, analysiert und ausgewertet. Unser Ziel und Anspruch besteht aber vor allem darin, ein umfassendes Rahmenwerk für ein wirksames Umsetzungsmanagement zu entwickeln. Dabei bauen wir auf unseren eigenen Einsichten, Erfahrungen und Konzepten auf, aber eben auch auf den Erkenntnissen bereits existierender Publikationen und Ergebnisse. Dieses geballte Wissen wollen wir uns zunutze machen.

Das Kapitel bietet Ihnen zunächst eine kompakte Zusammenfassung der bisherigen Forschung und betrieblichen Praxis, mit einem Überblick über die Erfolgsfaktoren und Facetten, die in der bestehenden Literatur herausgearbeitet wurden und sich unseres Erachtens in **drei Dimensionen eines erfolgreichen Umsetzungsmanagements** zusammenfassen lassen (Unterkapitel 2.1).

Anschließend werden wir darauf aufbauend eine zentrale Erkenntnis beleuchten und explizit das **Zusammenspiel der drei Erfolgsdimensionen** betrachten (Unterkapitel 2.2).

Vor allem aus diesem Wechselspiel leiten wir unseren eigenen, neuen Ansatz ab, den Dreiklang des Erfolgs, den wir zum Schluss einer **Bewertung** unterziehen (Unterkapitel 2.3).

2.1 Die drei Dimensionen einer erfolgreichen Umsetzung: Bisheriger Erkenntnisstand in Forschung und Praxis

Obwohl der Großteil der bisherigen Forschung und Praxis sich primär auf die Entwicklung einer Strategie fokussiert, nicht auf deren Umsetzung, gibt es doch zahlreiche Bücher, Beiträge und Studien, die sich mit dem Thema Umsetzung direkt oder indirekt auseinandersetzen. Hier wollen wir uns auf die Veröffentlichungen konzentrieren, die wir als wesentlich erachten, die wissenschaftlich fundiert sind und die die Themen Transformation, Change oder Umsetzungsmanagement vor allem mit Blick auf praktische Relevanz untersucht haben, sprich mit den Erfolgsfaktoren im Vordergrund.

Bei der Auswahl der Quellen sind wir systematisch vorgegangen und haben im ersten Schritt die erfolgreichsten, also die meistverkauften Bücher über Transformationen, Change-Management und Umsetzungsmanagement in den Blick genommen. Entsprechend finden Sie in unserer Liste einschlägige Klassiker wie Kotter, Wimmer oder Beer. Diese Literatur haben wir ergänzt um Inhalte der weltweit führenden Business-Schools (ermittelt anhand einschlägiger Universitätsrankings) sowie komplettiert mit ausgewählten Studien etablierter, weltweit tätiger Beratungsunternehmen. Sie finden in unserer Übersicht somit auch gebündeltes Wissen von INSEAD oder IMD und die Essenz der Erfahrungen, die zum Beispiel die BCG oder McKinsey über die Jahre gesammelt haben.

Durch dieses Vorgehen ist eine umfassende Datenbasis entstanden, welche global gewonnene wissenschaftliche Erkenntnisse und zentrale Praxiserfahrungen bündelt. Sie stellt eine der umfangreichsten Übersichten zum Thema Umsetzungsmanagement dar und bietet eine solide Basis für die Herleitung unseres eigenen Ansatzes (Tabelle 1).

Zum Zweck der Analyse haben wir im zweiten Schritt alle Werke unserer Datenbasis auf ihre Gemeinsamkeiten und Unterschiede hin untersucht. Dafür haben wir jedes Buch und jede Studie mit besonderem Augenmerk auf die darin enthaltenen Erfolgsfaktoren gelesen. Selbstverständlich unterscheiden sich Begrifflichkeiten von Studie zur Studie, Schwerpunkte sind anders gesetzt und Maßnahmen variieren im Detail. Dennoch, so lautet das sowohl überraschende als auch eindeutige Ergebnis, finden sich in allen Studien zum Umsetzungsmanagement bei genauerem Hinsehen – zwar in unterschiedlicher Ausprägung und mit variierendem Fokus, aber doch klar erkennbar – drei Erfolgsdimensionen wieder:

1. Strukturen,
2. Menschen,
3. Performance.

Was genau sich hinter diesen drei Erfolgsdimensionen eines wirksamen Umsetzungsmanagements verbirgt, werden wir im Folgenden näher beschreiben und mit Beispielen illustrieren. Im ersten Abschnitt dieses Unterkapitels beginnen wir mit der Dimension Strukturen (2.1.1), widmen uns dann der Dimension Menschen (2.1.2) und schließen mit der Dimension Performance (2.1.3).

Tabelle 1: Übersicht relevanter Beiträge zum Umsetzungsmanagement

S	M		Anand/Barsoux 2017
S	M		Beer 2022
S	M		Bird/Lichtenau/Michels 2016
S	M		Birshan/Seth/Sternfels 2022
S	M		Brightline 2017
S		P	Büchel/Agamis/Khan 2023
S	M	P	Bucy/Finlayson/Kelly/Moye 2016
S	M		Bucy/Schaninger/VanAkin/Weddle 2021
S	M	P	Bungay 2011
S	M		Carucci/Lancefield 2023
S	M	P	Christensen/Marx/Stevenson 2006
	M		Dhar/Rafiq/Reeves/O'Dea 2022
	M		Drucker 2004
S	M		Duck 2008
	M	P	Grabow 2017
S		P	Grabow/Judt 2022
S	M	P	Hamel/Välikangas 2003
S	M	P	Hemerling/Bhalla/Dosik/Hurder 2016
S		P	Henderson/Litré/Wegener/Capeless 2023
S	M		Hipp/Bellm/Geck 2018
S	M	P	Hollister/Watkins 2018
S	M		Hückel 2019
S	M		Huy/Kanitz/Backmann/Hoegl 2021
S	M	P	Jacquemont/Maor/Reich 2015
S	M	P	Jahn/Messenböck/Dhar/Schneider/Rüther 2021
S	M	P	Keenan/Powell/Kurstjens/Shanahan/Lewis/Busetti 2012
	M		Kegan/Lahey 2001
S		P	Kolbusa/Martin 2021
S	M	P	Kottbauer/Müller-Pellet 2023
S	M		Kotter 1995
S	M		Kotter 2008
	M		Leinwand/Mainardi/Kleiner 2015
S	M		Michailov/Grabow 2020
S	M		Michels/Murphy 2021
S	M	P	Nagel/Wimmer 2014
S	M		Nieto-Rodriguez 2018
S	M	P	Nordantech 2022
S	M	P	Pryor/Anderson/Toombs/Humphreys 2007
S	M		Reeves/Deimler 2011
S	M		Sirkin/Keenan/Jackson 2005
S	M		Smet/Gagnon/Mygatt 2021
S	M	P	Speculand/Nieto-Rodriguez 2022
	M	P	Stalk 2007
	M	P	Stöger 2017
S	M		Sull 1999
S	M		Sull 2007
S	M	P	Sull/Homkes/Sull 2015
S	M		Sull/Turconi/Sull/Yoder 2017
S	M		Tawse/Tabesh 2021
S	M		ten Have/ten Have/Huijsmans/Otto 2016
S	M		Wimmer 2017
S	M		Wimmer/Glatzel/Lieckweg 2015
S	M		Wright/Zuhri 2022
S	M		Zacherl/Freibichler/Beger/Christiansen 2022

Literaturquelle beinhaltet Aussagen bezüglich folgender Dimensionen: **Strukturen, Menschen, Performance.**
Bei der Einordnung der Literaturbeiträge wurden die dominierenden Faktoren in den Vordergrund gestellt.

2.1.1 Strukturen

Die erste Dimension, unter der sich viele Faktoren und Einzelmaßnahmen für ein erfolgreiches Umsetzungsmanagement gut zusammenfassen lassen, nennen wir »Strukturen«. Alle untersuchten Studien enthalten Elemente, die sich dieser Oberkategorie zuordnen lassen. Im Folgenden wollen wir typische Maßnahmen und Aktivitäten aus diesem Bereich beschreiben.

Ein erster wesentlicher Aspekt ist die Formulierung von formalen und strukturell verankerten **Zielen** (z. B. Büchel et al. 2023, Kottbauer/Müller-Pellet 2023, Zacherl et al. 2022). Nur wenn die Menschen in einer Organisation wissen, was am Ende einer Umsetzung stehen soll, kann diese Umsetzung auch gelingen.

Folgerichtig sind von Anfang an eine unmissverständliche Marschrichtung sowie ein angestrebter Zielstatus zu definieren, damit involvierte Personen eigenverantwortlich entscheiden können, wie die Schritte auf dem Weg dorthin auszusehen haben und welche Anpassungen unter Umständen notwendig sind, um die Ziele zu erreichen. Die Ziele müssen hinreichend konkretisiert werden, denn nur dann entsteht bei den Beteiligten eine greifbare Vorstellung, wie der Zielstatus aussehen soll.

Daraus ergibt sich direkt ein zweiter wichtiger Aspekt, der in vielen Studien genannt wird: die **Klarheit** der Formulierungen (z. B. Hückel 2019, Nieto-Rodriguez 2018, Sull et al. 2017, Bungay 2011). Es reicht nicht aus, am Anfang eines Umsetzungsprojekts grobe Ziele zu formulieren und vage Visionen zu benennen. Vielmehr ist von höchster Relevanz, dass die Verantwortlichen bereits zu Beginn ein möglichst deutliches und für alle verständliches Bild des zu erreichenden Zustandes definieren können. Nur wer seine Ziele klar benennen kann, wird eine gute Chance haben, sein Umsetzungsprojekt mit Erfolg abzuschließen. Und nur derjenige kann seine Kräfte kanalisieren, Orientierung geben und Menschen begeistern.

Nur mit klar definierten Zielen lassen sich auch entsprechende Verantwortlichkeiten präzise bestimmen und übertragen. Damit kommen wir zum dritten wesentlichen Aspekt: **Verantwortung** (z. B. Henderson et al. 2023, Hemerling et al. 2016, Keenan et al. 2012). Zahlreiche Studien haben die Identifikation, Strukturierung und Delegation von Verantwortlichkeiten im Rahmen von Umsetzungsprojekten als zentral für ein erfolgreiches Umsetzungsmanagement herausgearbeitet. Im Rahmen der Organisation und damit der Strukturen eines Umsetzungsprojekts ist die klare Zuordnung von Verantwortlichkeiten elementar. Nur wenn für die Menschen strukturell transparent ist, wer für was, wann und wie verantwortlich ist, können sie erfolgreich zusammenarbeiten und eine Veränderung erreichen.

Eine klare Definition von Zielen und Verantwortlichkeiten ermöglicht auch die Vorbeugung einer in Umsetzungsprojekten allgegenwärtigen Gefahr – nämlich jener, sich zu verzetteln. Auch und gerade in Transformationsprojekten kommt es darauf an, einen **Fokus** auf die Veränderung zu legen und somit nicht zwingend notwendige Themen nachrangig zu priorisieren (z. B. Bucy et al. 2021, Hollister/Watkins 2018, Grabow 2017). Erst durch die Konzentration auf die wesentlichen Transformationsmaßnahmen wird es möglich, gemeinsam zielgerichtet zu arbeiten.

Die Konzentration auf wesentliche Maßnahmen ist zudem elementar für das **Zusammenspiel der Einzelmaßnahmen** eines Umsetzungsprogramms. Es ist nicht möglich, mit begrenzten Ressourcen eine unbegrenzte Zahl von Maßnahmen effektiv zu verwirklichen (z. B. Beer 2022, Huy et al. 2021, Stöger 2017, Bungay 2011). Wir können erneut den Leitsatz vom Anfang erweitern und sagen, dass klar formulierte und priorisierte Ziele mit der eindeutigen Zuordnung von Verantwortlichkeiten die Voraussetzung dafür sind, dass Menschen im Umsetzungsprojekt einen klaren Fokus haben und sich darauf konzentrieren können, welche Aufgaben sie zu erledigen haben. Dies ermöglicht ein funktionierendes, fruchtbares Zusammenspiel zwischen den Akteuren verschiedener Projekte.

Zum Gelingen der Zusammenarbeit ist neben einer Abstimmung und klaren Abgrenzungen zwischen den Akteuren auch dafür Sorge zu tragen, dass **Kommunikationsstrukturen** für die Umsetzung der Transformationsvorhaben etabliert werden (z. B. Beer 2022, Wimmer 2017, Keenan et al. 2012, Reeves/Deimler 2011). Dies kann wöchentliche oder monatliche Updates per E-Mail, die Nutzung des Intranets oder eigene Berichtsformate umfassen. Damit alle Beteiligten des Umsetzungsprojekts möglichst effektiv und effizient kommunizieren, kann es sich anbieten, spezifische Strukturen und Kanäle abseits der Regelkommunikation zu etablieren. So können etwa die Einrichtung separater Teams bei Microsoft Teams oder der Aufbau eigener Gruppen bei Slack helfen. Bei größeren Unterfangen kann sich zudem die Nutzung digitaler Tools lohnen, die eigens für Umsetzungsprojekte entwickelt wurden und es erlauben, der Komplexität Herr zu werden, Transparenz herzustellen und einen Single-Point-of-Truth für alle Beteiligten zu schaffen (siehe Kapitel 4.4). Denn eine Umsetzungskommunikation, die sich in zu vielen Kanälen verliert, kann zu einer Schattenkommunikation führen und eine Informationsasymmetrie zwischen Beteiligten aufbauen. Dies wäre von Nachteil für das gesamte Projekt und würde das Erreichen der Ziele gefährden.

Es scheint verständlich, warum viele bisher veröffentlichte Studien ein **Transformationsmanagement** – die Etablierung einer speziellen Organisationseinheit zur Koordination und Steuerung der Umsetzungsvorhaben – als elementaren Faktor für erfolgreiche Umsetzungsprojekte identifiziert haben (z. B. Jahn et al. 2021, Keenan et al. 2012, Kaplan/Norton 2008). Diese Einheit wird unterschiedlich benannt; weithin geläufig sind die Bezeichnungen PMO (Project Management Office), TMO (Transformation Management Office) oder SMO (Strategic Management Office). Der Zweck solcher Einheiten besteht in der Konzentration der Tätigkeiten und Verantwortlichkeiten. Häufig fordern Transformationsprojekte die volle Aufmerksamkeit der handelnden Akteure; wer glaubt, sie nur »nebenbei« zum laufenden Geschäft, sprich als eine Aufgabe unter vielen organisieren zu können, wird der Umsetzung zu wenig Beachtung schenken. Da kann es nötig sein, ein spezifisches Management zu etablieren, welches sich nur auf die

Transformation beziehungsweise ihre Umsetzung konzentriert. In welcher Beziehung das Transformationsmanagement zur eigentlichen Linienstruktur steht, hängt stark vom Projekt und vom Unternehmen ab. Es empfiehlt sich (gerade bei tiefgreifenden Transformationsprojekten), das Transformationsmanagement zwar neben der »normalen« Hierarchie anzusiedeln, es aber durch eine interdisziplinäre horizontale Besetzung genügend in der Organisation zu verankern und damit Unterstützung in der Linie sicherzustellen.

Als Teil dieses Transformationsmanagements oder auch als isolierter Aspekt betrachtet, schreibt die bisherige Forschung **ERP-Software, IT-Systemen oder eigens für Umsetzungen entwickelten Softwarelösungen**, die den Wandel strukturell begleiten, eine wesentliche Rolle beim Gelingen der Umsetzung zu (z. B. Nordantech 2022, Bucy et al. 2016, Hemerling et al. 2016). Hauptgrund dafür ist die daraus resultierende gute Datenlage. Umsetzungsprojekte werden meist in wirtschaftlich herausfordernden Situationen gestartet, etwa in Zeiten der Krise oder in Zeiten großen Wachstums. In diesen Phasen ist eine schnelle, genaue und möglichst zielgenaue Informationsbasis absolut unerlässlich. Das gilt für die handelnden Akteure auf der Projektebene, die zu jeder Zeit und bei jeder Entscheidung bestmöglich informiert sein müssen, aber auch für das Topmanagement zur Gesamtsteuerung der Umsetzungsinitiative. Dies bedeutet nicht, dass jeder jederzeit alles wissen müsste. Vielmehr geht es darum, einer Person – stets mit Blick auf ihr Ziel und ihren Fokus – eine möglichst gute Informationsgrundlage zu geben, sodass sie gute, fundierte Entscheidungen treffen kann. Dies kann es erforderlich machen, neben den für die Regelkommunikation bestehenden ERP- und IT-Systemen eine neue IT-Landschaft (oder Sublandschaft) zu etablieren.

Diese bisherigen, eher technischen Aspekte sind gemäß den Ergebnissen der bisherigen Studien um eher weiche, strukturelle Faktoren zu ergänzen. Darunter ist als Erstes die Etablierung einer **Feedbackkultur** zu verstehen (z. B. Büchel et al. 2023, ten Have et al. 2016, Bungay 2011, Reeves & Deimler 2011). Für ein erfolgreiches Umsetzungsprojekt ist es notwendig, über feste Managementrunden, neue Foren, Onlinetools und ähnliche Kanäle einen regelmäßigen Austausch der Beteiligten über Fortschritte und Probleme herzustellen. Dafür Strukturen zu schaffen, statt es dem Zufall und persönlichen Vorlieben zu überlassen, stellt sicher, dass der Umsetzungsfortschritt effizient verfolgt wird, dass neue Informationen zum Status quo (respektive den Entwicklungen) geteilt werden und ein Lernen sowie – bei Bedarf – ein Anpassen des ursprünglichen Umsetzungsplans stattfinden kann. Strukturen des Austauschs und Feedbacks schaffen die Grundlage dafür, dass die beteiligten Akteure (beziehungsweise die gesamte Belegschaft eines Unternehmens) sich in einem Umfeld bewegen, in dem sie sich trauen, neue Informationen möglichst schnell weiterzugeben und kritische Themen offen anzusprechen. Nur mit adäquaten Feedbackstrukturen kann die nötige »Kultur des Feedbacks und des Vertrauens« entstehen. Und nur dann können die Verantwortlichen davon ausgehen, dass sie alle wesentlichen Informationen und Einschätzungen erhalten. Ohne eine solche Kultur besteht die Gefahr, sinnvolle Veränderungen zu übersehen, den Vorteil eines Festhaltens am Status quo zu überschätzen oder negative Entwicklungen wie drohende Zielverfehlungen nicht zu erkennen. Diese Kultur kann noch weiter gefasst werden, im Sinne einer Kultur, die Veränderungen wertschätzt.

Solch eine Wertschätzung kann und sollte auch durch passende **Anreizstrukturen** unterstützt werden (z. B. Zacherl et al. 2022, Zacherl et al. 2021, Bird et al. 2016, Hemerling et al. 2016). Dies bedeutet, dass die verantwortlichen Akteure oder Teams eines Projekts – trotz einer hohen Ungewissheit in Bezug auf die Erfolgswahrscheinlichkeit – an ihrem Erfolg gemessen und primär, allerdings nicht ausschließlich, finanziell incentiviert werden sollten. Ergänzend dazu können nicht finanzielle Anreize (etwa in Form offizieller Belobigungen) einen hohen Anreiz darstellen.

Aus den bisherigen Ausführungen wird deutlich, warum wir für diese Dimension den Oberbegriff »Strukturen« gewählt haben. Gute, durchdachte Strukturen sind für ein erfolgreiches Umsetzungsmanagement aus mehreren Gründen von entscheidender Bedeutung:

- Sie bieten einen klaren organisationalen Rahmen für die Umsetzung von Projekten.
- Sie helfen, Aufgaben, Verantwortlichkeiten und Prozesse zu definieren, und stellen sicher, dass alle Beteiligten auf Leitungs- und Projektebene verstehen, wie die Umsetzung voranschreitet.
- Sie tragen dazu bei, Ressourcen effizienter zu nutzen und zu gewährleisten, dass Aktivitäten strikt ausgerichtet sind auf das Erreichen der Umsetzungsziele.
- Strukturen legen klare Zuständigkeiten fest, sodass die Teammitglieder wissen, wer für was verantwortlich ist. Dies fördert die Transparenz und Rechenschaftspflicht im Umsetzungsprozess. Damit erleichtern Strukturen die Koordination und Zusammenarbeit zwischen Teams, Abteilungen oder Stakeholdern. Sie definieren Schnittstellen und Kommunikationswege und garantieren damit eine effektive Kooperation aller Akteure. Dies hilft, Missverständnisse zu minimieren und relevante Informationen rechtzeitig zu teilen.

- Strukturen erleichtern es, Fortschritte besser nachzuverfolgen und Berichte oder Dashboards zu erstellen, die den Entscheidungsträgern eine klare Sicht auf den Projektstatus bieten – und das möglichst live, in Echtzeit.
- *Last, but not least* helfen Strukturen bei der Identifizierung, Bewertung und Bewältigung von Risiken. Sie ermöglichen die Implementierung von Maßnahmen zur Reduzierung von Risiken und die Einrichtung von Kontrollen, um Probleme frühzeitig zu erkennen.

Bei all dem gilt es zu beachten, dass Strukturen an die Größe und Komplexität des Projekts angepasst werden können und müssen. Denn das ermöglicht eine bessere Skalierbarkeit. Und nur richtig angepasste Strukturen erlauben es, die Umsetzung in angemessener Weise zu organisieren – unabhängig davon, ob es sich um ein kleines oder großes Umsetzungsvorhaben handelt (siehe Kapitel 4.1.2.7 und 4.3.6).

2.1.2 Menschen

Kommen wir nun zur zweiten Erfolgsdimension, die wir aus der bisherigen Forschung ableiten konnten – »Menschen«. So unterschiedlich die Studien und die darin identifizierten Faktoren für ein erfolgreiches Umsetzungsmanagement waren, so einig sind sie sich in diesem Aspekt. Kein anderer Erfolgsfaktor hat sich so häufig, ja beinahe schon in allen Studien wiedergefunden.

Da sind zum einen das Topmanagement und die Führungskräfte eines Unternehmens, die für ein erfolgreiches Umsetzungsmanagement eine herausragende Rolle spielen. Zugleich ist das mittlere Management samt aller Mitarbeiter im Unternehmen zu berücksichtigen, da ebenfalls zentral für den Erfolg. Entsprechend gliedert sich dieser Abschnitt in die zwei Gruppen »Topmanagement und Führungskräfte« sowie »Mitarbeiterinnen und Mitarbeiter«.

Topmanagement und Führungskräfte

Zu Beginn eines Umsetzungsprojekts obliegt dem Topmanagement die **Definition des konkreten Problems,** welches mithilfe des Umsetzungsprojekts adressiert werden soll (z. B. Dhar et al. 2022, Grabow 2017, Hemerling et al. 2016, Jacquemont et al. 2015). Ohne eine klare Problemdefinition (den »Case for Action«) und daraus abgeleiteten Zielen ist es nicht möglich, relevante Strukturen und Performancemaßstäbe zur Beurteilung des Umsetzungserfolgs zu identifizieren.

Insofern sollte am Anfang jeder Transformation, jedes Change-Projekts, jedes Turnarounds eine ausführliche Analyse des Status quo erfolgen, um die Ursachen für die Notwendigkeit der Veränderung zu ermitteln. Dies gilt auch und insbesondere für Transformationen oder Projekte, die in Krisensituationen und daher unter großem Zeitdruck initiiert werden. Da die Balance zwischen Wichtigkeit und Dringlichkeit schnell kippen und das sehr kostspielige Konsequenzen zeitigen kann, sollte das Topmanagement die Problemdefinition und das Generieren von Lösungen als vergemeinschaftete Führungsaufgabe verstehen.

Die zweite wesentliche Aufgabe des Managements ist es, für eine Veränderung zum einen das entsprechende Mindset im Unternehmen zu etablieren (die grundsätzliche Einstellung der Menschen) und zum anderen den passenden »Approach« der Mitarbeiter in der Umsetzung (bezogen auf ihr konkretes Handeln) zu stärken (hier und im Folgenden z. B. Birshan et al. 2022, Dhar et al. 2022, Pryor et al. 2007). Lassen Sie uns diesen Unterschied noch etwas näher erläutern.

Mit dem Begriff **Mindset** wird ein sehr vielschichtiges Thema der Forschung angesprochen. Es umfasst sowohl die Notwendigkeit, *Andersdenken* zuzulassen, als auch die Fähigkeit, *Feedback* zum Projektverlauf offen zu empfangen und anzunehmen (zudem wird auch gern zwischen einem »Growth Mindset« und »Fixed Mindset« unterschieden, siehe Kapitel 4.1.3.2).

Mit *Andersdenken* ist gemeint, dass zur Überwindung organisationaler und individueller Bequemlichkeit Impulse entstehen, die Veränderungen ermöglichen. Voraussetzung dafür ist, dass die Akteure alte Denkmuster und Handlungsweisen hinter sich lassen.

Damit sich Entscheidungen und Handlungen verändern, ist ein andersartiges Denken Voraussetzung. So simpel dieser von der bisherigen Forschung identifizierte Erfolgsfaktor klingt, so selten ist er in der Realität vorzufinden und so schwierig ist er in der Praxis zu verankern. Gerade das Durchbrechen von alten Denkmustern ist im unternehmerischen Alltag eine große Herausforderung. Vor allem die Sorge vor Neuartigkeit und die damit einhergehende, nicht für jeden einschätzbare Unsicherheit führt bei vielen Beteiligten zu einer ablehnenden Haltung. Häufig führt genau dieses Zaudern zu einer verspäteten Anpassung – die dann weit radikalere Maßnahmen nötig macht.

Eine sehr ähnliche Argumentation findet sich in den Studien, welche das Zulassen und aktive Fördern von *Feedback* als weiteren wesentlichen Erfolgsfaktor herausgearbeitet haben. Es ist eine elementare Aufgabe des Topmanagements, eine Kultur des Vertrauens im Unternehmen zu etablieren. Wir erwähnten bereits die dafür nötigen Strukturen der Kommunikation, des Feedbacks und des Austauschs, doch diese müssen auch mit Leben gefüllt werden. Mitarbeiterinnen und Mitarbeiter müssen sich ermutigt fühlen, Feedback zum Verlauf des Projekts und zu Verbesserungsmöglichkeiten zu äußern, kontinuierlich und ohne Zurückhaltung. Diese Kultur der Offenheit ist wesentlich für die kontinuierliche Steuerung von Projekten, aber ebenso für die Weiterentwicklung von Unternehmen. Nicht nur in dezentral organisierten Konzernen, sondern auch in zentral verfassten Institutionen ist davon auszugehen, dass proprietäres organisationales Wissen verteilt ist. Nur mittels Feedbacks und einer Offenheit dafür kann es gelingen, das im Unternehmen vorhandene Wissen zu bündeln und allen, die es benötigen, zugänglich zu machen. Gerade im Verlauf eines Umsetzungsprojekts ist es unentbehrlich, permanent den Überblick zu behalten, alle relevanten Informationen stets greifbar zu haben und sich darauf verlassen zu können, dass notwendige Kurskorrekturen umgehend vorgenommen werden.

Damit einher geht auch die Aufgabe, den **Approach der Mitarbeiter** gegenüber dem Umsetzungsprojekt möglichst positiv zu beeinflussen. Das Management hat von vornherein allen Mitarbeitenden die Bedeutung und Notwendigkeit eines Erfolgs des Umsetzungsprojekts unmissverständlich zu verdeutlichen. Wenn nicht allen von Beginn an absolut klar ist, warum das Projekt wichtig ist und warum die damit einhergehenden Herausforderungen sowie der zusätzliche Arbeitsaufwand gerechtfertigt sind, sinkt die Erfolgswahrscheinlichkeit drastisch. Nur wenn jedem der Sinn klar ist, wird die Belegschaft ihr konkretes Handeln mit dem richtigen Approach angehen.

Der Approach ist eng verbunden mit dem erfolgskritischen Aspekt **Commitment der Mitarbeiter** (z. B. Kottbauer/Müller-Pellet 2023, Tawse/Tabesh 2021, Hipp et al. 2018, Sirkin et al. 2005). Dem Management muss es gelingen, bei seinen Mitarbeiterinnen und Mitarbeitern ein Gefühl der Verpflichtung zu erzeugen, einen Wunsch, das Umsetzungsprojekt erfolgreich abzuschließen. Dieses Commitment ist deshalb so zentral, weil es die intrinsische Motivation der Mitarbeitenden mobilisiert. Während Ziele, die das Management vorgibt, primär die extrinsische Motivation adressieren, zielt die Erzeugung von Commitment vor allem auf die intrinsische Motivation ab. Gelingt dies, ist der Antrieb der Mitarbeiter in allen Bereichen der Umsetzung hoch. Extrinsische (finanzielle) Anreize decken – sofern vorhanden und genutzt – in der Regel nur die direkt beeinflussbaren Aktivitäten und Verantwortungsbereiche ab. Commitment dagegen bezieht sich auf das Gelingen des Umsetzungsprojekts als Ganzes, nicht nur auf spezifische Aktivitäten. Ziele und Zielvorgaben sind weiter wichtige Treiber für die erfolgreiche Umsetzung eines Projekts, insofern sollten Commitment und Ziele als komplementäre Erfolgsfaktoren gesehen werden. Intrinsische

Motivation greift dort, wo extrinsische Motivation an ihre Grenzen gelangt – und umgekehrt.

Nachdem das Topmanagement die Probleme definiert, ein entsprechendes Mindset geschaffen und bei den beteiligten Akteuren Commitment zum Projekt erzeugt hat, kommt ein weiterer elementarer Erfolgsfaktor ins Spiel (z. B. Kottbauer/Müller-Pellet 2023, Wimmer et al. 2015, Pryor et al. 2007): die **Zusammensetzung des Projektteams.** Dem Topmanagement obliegt es, die für das Umsetzungsprojekt am meisten geeigneten Personen im Unternehmen zu identifizieren und für die Transformation respektive das Umsetzungsvorhaben zu gewinnen. Bei dieser Auswahl ist darauf zu achten, welche Rolle die Verantwortlichen in den Regelprozessen ausüben. Konkret bedeutet dies, dass die Relevanz der ausgewählten Akteure für das Projekt nicht zulasten des Tagesgeschäfts gehen darf. Andernfalls könnte sich die Krisensituation oder einer der Gründe für die Transformation weiter verstärken. Dann wäre zwar das Projektteam hervorragend besetzt, der Transformationsgrund würde sich aber unter Umständen verschärfen und die Herausforderung für das Projektteam erhöhen. Gibt es im Unternehmen gewisse Schlüsselpersonen, die sowohl für das Tagesgeschäft als auch für das Umsetzungsprojekt von äußerster Relevanz sind, ist der Einsatz dieser Personen im Projektteam sorgfältig abzuwägen – denn die Balance zu wahren zwischen der Aufrechterhaltung des Regelgeschäfts und der bestmöglichen Teambesetzung, ist zwingend eine Aufgabe des Topmanagements.

Ein weiterer Erfolgsfaktor in der Dimension Menschen ist die **Vermittlung von Sicherheit im Transformationsprozess** durch das Topmanagement (z. B. Reeves/Deimler 2011, Sull 2007). Dies betrifft sowohl die verbale, kommunikative Ebene, sprich das aktive Ausräumen von Sorgen bei Mitarbeiterinnen und Mitarbeitern, als auch die non-verbale Ebene – das Ausstrahlen von Sicherheit im Auftreten, im Handeln und in der Überzeugungskraft der Konzepte. Die Mitarbeitenden sollten nicht den Eindruck gewinnen, dass ihre Führung orientierungslos ist, die Stoßrichtung der Veränderung vage bleibt oder die Zukunft des Unternehmens (respektive ihre eigene Zukunft im Unternehmen) unsicher ist. Dieser Aspekt ist nicht unumstritten, da er die Offenheit, Transparenz und Glaubwürdigkeit des Topmanagements auf den Prüfstand stellt. Dies ist aber nicht zwingend der Fall. Unter Sicherheit im Transformationsprozess kann auch verstanden werden, den Menschen trotz aller Veränderungen und notwendigen Anpassungen stets das Gefühl zu geben, dass ihre Rolle und ihr Beitrag gesehen, ja wertgeschätzt werden. Diese Sicherheit in Kombination mit der zuvor erläuterten Veränderungsbereitschaft sind elementare Faktoren für den Erfolg von Umsetzungsvorhaben.

Mitarbeiterinnen und Mitarbeiter

Wie bereits erwähnt, spielen nicht nur die Führungskräfte im Unternehmen eine wesentliche Rolle, sondern grundsätzlich auch alle Beschäftigten ohne Führungsverantwortung. Mit einem speziellen Fokus auf ein erfolgreiches Umsetzungsmanagement sind vor allem **Fähigkeiten**, **Einstellungen**, **Wissen und Nichtwissen** der Mitarbeiterinnen und Mitarbeiter von Relevanz (z. B. Dhar et al. 2022, Bucy et al. 2016, Hemerling et al. 2016, Christensen et al. 2006).

So ist sowohl vom Management als auch von den Mitarbeitenden selbst zu überprüfen, ob sie über die relevanten **Fähigkeiten und Fertigkeiten** verfügen, die für die erfolgreiche Umsetzung eines Projekts nötig sind. Häufig kommt es im Verlauf eines größeren Projekts zu einer Diskrepanz von geforderten und vorhandenen Fähigkeiten. Dies ist normal. So ist zu überlegen und gemeinsam zwischen Management und Mitarbeitenden zu vereinbaren, welche Fähigkeiten diese sich zusätzlich aneignen müssen (zum Beispiel über Schulungen) und welche anderweitig abgedeckt werden können (etwa durch Neueinstellungen, Berater oder andere externe Dienstleister).

Dies setzt zugleich seitens der Belegschaft die richtige **Einstellung** voraus. Dabei geht es vor allem um die bereits angesprochene Bereitschaft zur Veränderung. Ohne die Offenheit zur Erweiterung der eigenen Fähigkeiten ist der Beitrag eines (oder einer) Einzelnen zum Erfolg schwer zu bestimmen – und tendenziell begrenzt. Kommt jedoch zu einer positiven Einstellung noch die Aneignung neuer Fähigkeiten hinzu, sind gute Voraussetzungen für das Gelingen des Umsetzungsprojekts gegeben.

Wissen hat viele Facetten. Je nach Projekt kann es primär um Fachwissen gehen, um Branchenwissen, um Methodenwissen, um Projekterfahrung, um soziales Wissen oder um die Kenntnis wichtiger persönlicher Beziehungen und relevanter Netzwerke. Je nach Projekt, je nach Bedarf gilt es, das Wissen der Mitarbeiterinnen und Mitarbeiter einerseits zu nutzen, andererseits auszubauen. Umgekehrt müssen sich Mitarbeitende und Management gleichermaßen darüber klar werden und gemeinsam bestimmen, wie sie mit **Nichtwissen** umgehen wollen (z. B. Sull 2007, Hamel/Välikangas 2003). In Zeiten des Umbruchs kann Unsicherheit leicht dazu führen, dass Menschen Entscheidungen nur vor dem Hintergrund ihres bereits erlernten Wissens und innerhalb ihrer Wohlfühlzone treffen. Damit sich die bereits angesprochene Offenheit zum Andersdenken komplett entfalten kann, ist es erforderlich, Nichtwissen zu akzeptieren, offen anzusprechen und es als normalen Bestandteil des Veränderungsprozesses zu sehen. Das Nichtwissen ist im nächsten Schritt daraufhin zu überprüfen, ob es prioritär aktiv behoben werden muss (und kann) oder ob das Erlernen noch ein wenig warten kann, weil andere Akteure die Aufgabe übernehmen können. Grundsätzlich stellen Transformationsprojekte und die Identifikation von Nichtwissen in ihrem Verlauf aber eine Chance dar, organisationale Lernprozesse (wie Fortbildungen, Schulungen, Mentorenprogramme und Ähnliches) anzustoßen und Mitarbeiterinnen und Mitarbeiter weiter zu befähigen.

Wir wollen an dieser Stelle nicht verschweigen, dass es trotz aller Bemühungen des Topmanagements und trotz aller Bestrebungen der Mitarbeitenden vorkommen kann, dass es nicht gelingt, alle Menschen im Unternehmen auf der Reise zur erfolgreichen Umsetzung einer Transformation mitzunehmen. Die bisherige Forschung zum Umsetzungsmanagement greift diesen Punkt auf und nennt als Erfolgsfaktor auch die Bereitschaft und Konsequenz, einzelne Personen auszutauschen – gerade solche, die den nötigen Willen zur Veränderung nicht mitbringen. Typischerweise stellt dies allerdings das letzte Mittel der Wahl dar, weil mit dem Austausch von Mitarbeitenden stets ebenso ein Wissensverlust einhergeht. Gerade für den erfolgreichen Abschluss von Umsetzungsprojekten kann dieses Wissen aber elementar sein. Dementsprechend ist genau zu überlegen, wie lange Mitarbeitenden die Möglichkeit gegeben werden sollte, ihre Fähigkeiten zu erweitern und vor allem ihre Einstellung zu den Veränderungen zu entwickeln.

2.1.3 Performance

Hinter der dritten Erfolgsdimension namens »Performance«, die wir in unserer Analyse der bisherigen Publikationen zum Umsetzungsmanagement herausarbeiten konnten, verbergen sich viele konkrete Maßnahmen und Handlungsempfehlungen, die in der Forschung bereits identifiziert wurden. Diese erstrecken sich von der Auswahl der Kennzahlen bis hin zum Abgleich der Innen- und Außenperspektive eines Unternehmens.

Grundsätzlich muss zwischen der Gesamtperformance des Unternehmens und der Performance im Rahmen des Transformationsprojekts unterschieden werden. Selbstverständlich hängen beide Ebenen eng zusammen, sie sind jedoch für die erfolgreiche Umsetzung des Projekts auseinanderzuhalten. So bietet es sich an, mit der Wirkung des Transformationsprojekts auf die Unternehmensperformance als Ganzem zu beginnen: Besteht das übergreifende Ziel darin, beispielsweise Kosten zu senken und den Gewinn zu steigern, oder gilt es einen Turnaround zu schaffen? Je nachdem, welche Wirkung angestrebt wird, lassen sich spezifischere Ziele für das Transformationsprojekt ableiten.

Welche konkreten Kennzahlen zur Messung der Performance herangezogen werden, hängt hochgradig vom einzelnen Umsetzungsvorhaben ab. Gleichwohl ist klar, dass viele Transformationsprojekte in Situationen angestoßen werden, die sich durch wirtschaftlich schwierige Umstände oder intensives Wachstum auszeichnen. Daraus ergibt sich eine hohe Relevanz von finanziellen Kennzahlen, insbesondere von Cashflow-basierten Größen. Doch selbst wenn finanzielle Größen häufig der finale Maßstab der Performance sind, bietet es sich an, auch die vorgelagerten Aktivitäten, welche absehbar zu einer Verbesserung der finanziellen Kennzahlen führen, zu messen. Nur wenn es im Rahmen des Umsetzungsprojekts gelingt, die operativen Aktivitäten und deren Veränderung mit den (positiven) finanziellen Auswirkungen in Relation zu bringen, ist ein erfolgreicher Abschluss des Transformationsprojekts sichergestellt.

Vorgelagerte Aktivitäten finden ihren Ausdruck tendenziell in sogenannten »Leading Indicators« – Frühindikatoren, die eine erstrebenswerte Veränderung häufig nicht monetär messen und daher eher als weich gelten, dafür aber schon früh im Prozess Anzeichen für Verbesserungen und deren Ausmaß liefern. Wenn zum Beispiel die Bearbeitungsdauer von Kundenaufträgen um 20 Prozent sinkt und die Kundenzufriedenheit um 12 Prozentpunkte steigt, ist die Wahrscheinlichkeit groß, dass sich dies irgendwann auch in den »Lagging Indicators« niederschlägt – den Spätindikatoren, zu denen insbesondere harte Finanzkennzahlen zählen wie Umsatz oder Gewinn. »Lagging Indicators« geben Auskunft über die Ergebnisse von Veränderungen, sie spiegeln die Vergangenheit wider. Zugleich ist noch wichtig zu beachten, dass Verbesserungen bei den »Leading Indicators« über kurz oder lang auch zu Verbesserungen bei den »Lagging Indicators« führen sollten. Die schönsten Verbesserungen nützen dem Unternehmen wenig, wenn auf Dauer nichts Zählbares dabei herauskommt.

Zur Überwachung und Steuerung einzelner Umsetzungsfortschritte empfiehlt es sich generell, frühzeitig **»Key Performance Indicators«** (KPIs) zu definieren (z. B. Henderson et al. 2023, Grabow/Judt 2022, Messenböck et al. 2021, Bungay 2011, Pryor et al. 2007). Diese KPIs sollten nicht nur Resultate, sondern auch Aktivitäten und Zwischenergebnisse umfassen. Welche Messgrößen und Steuerungsverfahren zur Anwendung kommen, hängt nicht zuletzt von der Dauer des Projekts ab.

Die Notwendigkeit, Resultate und Aktivitäten zu messen und zu überwachen, ergibt sich aus der Unwägbarkeit und Dynamik, die jedem Projekt inhärent sind. Einerseits ist darauf zu achten, dass die Ziele des Umsetzungsvorhabens erreicht werden. Zugleich bedarf es ständiger Kontrolle und eines Forecastings, ob die besprochenen Maßnahmen und Aktivitäten denn tatsächlich erfolgreich in die

Tat umgesetzt wurden, um beurteilen zu können, ob das erwünschte Resultat der Veränderung in Reichweite rückt – oder ob die angestrebten Ziele nicht oder nur zum Teil erreicht wurden. Diese Rückkopplung erlaubt es, geeignete Maßnahmen einzuleiten, das gewollte Ergebnis doch noch zu erreichen. Zudem wird über eine Analyse der Ursachen für die (tatsächliche oder drohende) Abweichung ein Lernprozess ermöglicht. So kann es an der Ausführung liegen, dass das erwünschte Resultat ausbleibt, oder auch am Design der Maßnahme selbst.

KPIs, die sich den Resultaten widmen, sind von Kennzahlen der normalen Regelberichterstattung zu unterscheiden. Die Verantwortlichen haben zu definieren, welche KPIs nicht nur die Meilensteine der Zielerreichung abbilden, sondern welche ebenso die Veränderungen innerhalb der Organisation widerspiegeln. Was wir damit meinen: Sie müssen besonders darauf achten, dass die realen operativen Veränderungen im Unternehmen wirklich erreicht werden – und die zuständigen Akteure sich nicht allein auf die Messung der Maßnahme und das Erreichen der dafür ausgegebenen Ziele fokussieren. Andernfalls besteht die Gefahr, dass die Akteure nur die (leichter erscheinende) Erreichung der gemessenen Ziele verfolgen, nicht aber die tatsächliche Umsetzung der nötigen Veränderung. Um dieses mögliche Umsetzungsdilemma zu illustrieren, hier ein Fall aus der Praxis:

PRAXISBEISPIEL: GAMING THE SYSTEM

Eine Anekdote eines führenden Managers einer großen Fluggesellschaft zeigt, wie selbst gut gemeinte Maßnahmen eine ganz eigene Dynamik entwickeln und zu absurden Auswüchsen führen können, ohne die eigentlichen Probleme zu lösen. Diese Fluggesellschaft ermittelte vor Jahren bei ihren Kunden ein (zu) hohes Maß an Unzufriedenheit. Die Unzufriedenheit war weniger auf die Flüge zurückzuführen, die in der Regel pünktlich landeten und ihr Ziel verlässlich erreichten. Vielmehr waren es die langen Wartezeiten an der Gepäckausgabe, die für Unmut sorgten.

Diese Wartezeiten galt es dringend zu verkürzen, und so definierte das Management die Zeit, die es nach der Landung eines Flugzeugs dauerte, bis das erste Gepäckstück auf dem Förderband landete, als neue wichtige Maßzahl. Das Seltsame war: Diese Zeit verbesserte sich in der Folge merklich – ohne dass sich die Kundenzufriedenheit signifikant erhöhte. Große Verwunderung!

Nachforschungen ergaben: Die Mitarbeiter an den Flughäfen hatten das Problem auf ihre Weise gelöst. So hatte die neue Vorgabe zu folgender Praxis geführt: dass sich ein Kollege sofort nach der Landung einen Koffer schnappte, diesen zu Fuß oder per Wagen eilig zur Gepäckausgabe brachte und ihn dort geschwind aufs Förderband warf – der Rest des Gepäcks dann aber im gewohnten Tempo ausgeladen und transportiert wurde. So wurde die Kennzahl verbessert, ohne dass sich für das Gros der Kunden etwas änderte. Die Mitarbeiter hatten für sich eine Abkürzung gefunden, die ihre persönliche Situation optimierte, die allerdings die hinter dieser Kennzahl stehenden Ziele ignorierte und das Unternehmen gewitzt austrickste – ein Phänomen, das in der Literatur auch unter dem Ausdruck »Gaming the System« bekannt ist.

Um ein möglichst einheitliches Bild des Veränderungsprozesses zu erhalten, sollten Kennzahlen **alle Projektebenen** abdecken (z. B. Hollister/Watkins 2018, Brightline 2017, Keenan et al. 2012). Dies bedeutet, dass Kennzahlen sowohl auf individueller Ebene (zur Messung der persönlichen Leistung des Führungspersonals) als auch auf Gruppen-, Projekt- und Organisationsebene entwickelt werden sollten. Nur wenn die Kennzahlen alle wesentlichen Aktivitäten, Resultate und Akteure umfassen, lässt sich die Gesamtsteuerung des Umsetzungsprojekts gewährleisten.

Wenn Sie die Gefahr vermeiden wollen, sich zu verzetteln, sollten Sie auf **simple Kennzahlen** setzen (z. B. Grabow/Judt 2022). Während es in der Regelberichterstattung häufig um die möglichst präzise, tiefe Analyse und Beurteilung der Lage geht, können bei Umsetzungsprojekten, die in aller Regel ein gewisses Tempo erfordern, einfachere Kennzahlen ratsamer sein.

Wurden die Kennzahlen ausgewählt, sollte die dazu passende **Messfrequenz** bestimmt werden (z. B. Henderson et al. 2023, Birshan et al. 2022, Messenböck et al. 2021, Bucy et al. 2016, Sull 2007). Laut der bisherigen Studien empfiehlt es sich in Umsetzungsvorhaben, einerseits möglichst stetig zu messen und zu berichten, andererseits aber auch für die Messung der Performance eine möglichst kurze Frequenz zu wählen. Unter kurzer Frequenz wird dabei häufig eine wöchentliche oder gar tägliche Messung verstanden (also explizit eine kürzere Taktung als typische monatliche oder gar quartalsweise Zyklen), wobei das Optimum je nach Umsetzungsprojekt und Maßnahme variieren kann. Eine kurze Taktung erlaubt es gerade in Krisenzeiten, in denen Zeit und finanzielle Puffer knapp sind, frühzeitig Probleme im Verlauf der Umsetzung zu identifizieren. Dann können die handelnden Akteure rechtzeitig Gegenmaßnahmen ergreifen oder Pläne und Kennzahlen anpassen. Je später man in solch kritischen Phasen Informationen erlangt, desto kleiner wird der verbleibende Entscheidungsspielraum der Verantwortlichen. Wünschenswert ist statt einem reaktiven somit ein proaktives, vorausschauendes Handeln.

Ferner elementar bedeutend für den Erfolg von Umsetzungsprojekten ist, die Werte der Kennzahlen und ihre Veränderung im Zeitverlauf kritisch zu reflektieren (z. B. Carucci/Lancefield, 2023, Leinwand et al., 2015, Wimmer et al. 2015).

Diese **permanente kritische Reflexion** ermöglicht den handelnden Akteuren, die nächsten Schritte der Umsetzung besser vorauszuplanen.

Bei der Reflexion und Beurteilung der Fortschritte ist zudem darauf zu achten, dass **Veränderungen nicht zu früh zu positiv** dargestellt werden (z. B. Kotter 2008). Zwar sind gezielte rasche erste Erfolge, sogenannte »Quick Wins«, wichtig, um zu zeigen, dass die Anstrengungen Früchte tragen, und um die Menschen zu motivieren. Zugleich sollte die Notwendigkeit zur Veränderung aber stets klar bleiben und der damit einhergehende Druck zur Anpassung möglichst lange möglichst hoch sein. Ohne die durch Kennzahlen dargestellte Notwendigkeit von Veränderungen würden sich schnell Widerstände einstellen – ebenso wie Bequemlichkeit, die häufig überhaupt erst den Anlass für Veränderungen gegeben hatte.

Die kritische Reflexion schließt auch die **Überprüfung der Kennzahl selbst** mit ein (z. B. Henderson et al. 2023, Bungay 2011). Es sollte kontinuierlich geprüft werden, ob die gewählte Kennzahl weiterhin einen Erkenntnis- und Steuerungsbeitrag leistet – bezogen auf den angestrebten Erfolg der Umsetzung. Sollten Kennzahlen für das Umsetzungsmanagement keinen Erkenntnisgewinn mehr bieten, sind sie aus dem Reporting zu entfernen oder durch bessere Alternativen zu ersetzen.

Neben den internen Informationen sollte die kritische Reflexion auch regelmäßig einen **externen Realitätscheck** umfassen. Der Abgleich zwischen den realen Markt- oder Umweltentwicklungen und den zugrunde gelegten Annahmen für ein Umsetzungsvorhaben ist deshalb so zentral, weil sie miteinander in Beziehung stehen (können). Nehmen wir ein Umsetzungsprojekt, dessen Erfolg daran gemessen wird, dass im Resultat der Umsatz steigt: Wenn sich dann der Markt über den Erwartungen entwickelt, die Ergebnisse des Umsatzsteigerungsprojekts aber hinter dieser Entwicklung zurückbleiben, ist zwar die Tendenz des Projekts richtig, das Ausmaß der Veränderung aber unzureichend. Ohne parallele Kontrollen interner und externer Entwicklungen können Projekte als Erfolge erscheinen, die in Wahrheit aber Fehlschläge sind. Gerade in turbulenten Zeiten sind externe Realitätschecks für die Ziel- und Erwartungssteuerung von hoher Bedeutung. Sollte kein Abgleich mit externen Daten möglich sein, stellt die Nutzung von Risikoabschlägen eine Alternative dar.

Ein kurzes Zwischenfazit: Die unter die Dimension Performance fallenden Maßnahmen bei Umsetzungsprojekten spielen eine wichtige Rolle, da sie es ermöglichen, den Fortschritt in Richtung der definierten Ziele und Meilensteine zu überwachen. So lässt sich sicherstellen, dass das Projekt auf Kurs bleibt und die angestrebten Ergebnisse erzielt. Die kontinuierlich ausgelegte Messung von

Leistungskennzahlen kann Probleme und Abweichungen frühzeitig sichtbar machen. Das versetzt den Projektverantwortlichen in die Lage, rechtzeitig Maßnahmen zu ergreifen, um die Ursachen von Problemen zu identifizieren und zu beheben. Dies wiederum kann helfen, ineffiziente Prozesse oder Arbeitsabläufe zu entdecken. Aufgrund dieser Erkenntnisse können Anpassungen vorgenommen werden, um die Effizienz zu steigern und Ressourcen effektiver einzusetzen.

Die Messung von KPIs weist klare Verantwortlichkeiten zu und trägt zur Rechenschaftspflicht jedes Einzelnen bei. Und wessen Leistung gemessen wird, der ist eher motiviert, seine Aufgaben ernsthaft wahrzunehmen. Die gesammelten Daten ermöglichen es den Projektverantwortlichen zugleich, faktenbasierte Entscheidungen über die Ressourcenallokation, die Anpassung von Strategien oder Meilensteinen und die Priorisierung von Aufgaben zu treffen. Die Messung von Leistungskennzahlen bietet zudem eine gemeinsame »Sprache« und eine klare Kommunikationsgrundlage für das gesamte Projektteam sowie den Austausch mit den Stakeholdern. Dies fördert die Klarheit und Verständigung über Fortschritte und Herausforderungen, und zwar über alle Hierarchiestufen und Sparten hinweg.

Insgesamt verbessert die Messung der Performance die Transparenz, Effizienz und Effektivität von Umsetzungsprojekten. Sie ist eine für den Erfolg unverzichtbare Dimension.

2.2 Von drei Dimensionen zum Dreiklang: Das Zusammenspiel »Strukturen-Menschen-Performance«

Obwohl in einigen Studien zum Umsetzungsmanagement bereits vereinzelt das Zusammenspiel einzelner Erfolgsfaktoren über die drei Dimensionen Strukturen, Menschen und Performance hinweg diskutiert wurde, gibt es bisher kaum Ansätze, die diesen Dreiklang vollumfänglich und systematisch in den Mittelpunkt stellen. Genau an diesem Punkt knüpfen wir an.

Unser Ansatz stellt den Dreiklang aus Strukturen, Menschen und Performance bewusst ins Zentrum. Wir bauen dabei auf den Einsichten der bisherigen Forschung in Bezug auf die einzelnen Erfolgskategorien auf, ergänzen diese jedoch um einen elementaren Schwerpunkt – den Fokus auf das wechselseitige Zusammenwirken der drei Dimensionen. Indem wir ihr Zusammenspiel explizit herausarbeiten und im weiteren Verlauf dieses Buches (vor allem bei der Vorstellung

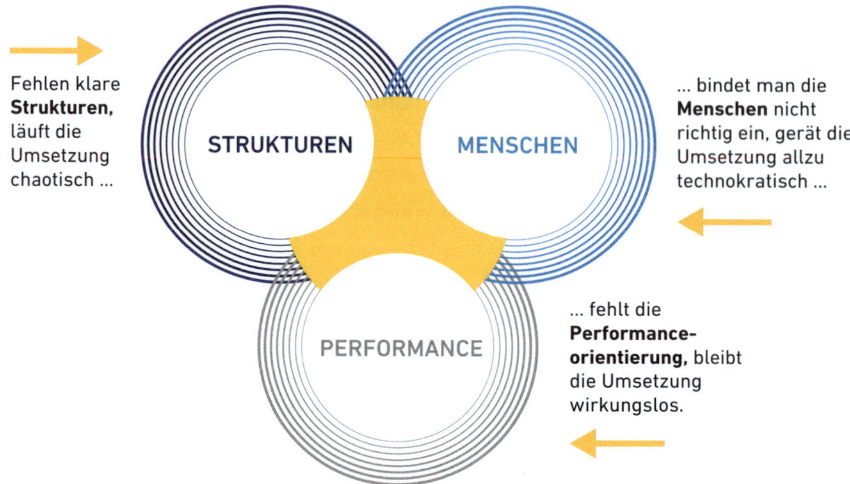

Abbildung 4: Dreiklang »Strukturen-Menschen-Performance«.

unserer Umsetzungsmethodik – siehe Kapitel 4) immer wieder darauf zurückkommen, offerieren wir mehr als nur das Kondensat bisheriger Best Practices. Vielmehr leistet unser Ansatz einen wesentlichen Beitrag zur Weiterentwicklung eines modernen und praxistauglichen Umsetzungsmanagements.

Gerade in einer VUCA-Welt, wie wir sie seit einigen Jahren erleben, entscheidet das Zusammenspiel dieser drei Dimensionen mehr denn je über den Erfolg eines Umsetzungsvorhabens. Eine isolierte Betrachtung ist aufgrund der Dynamik und Komplexität der heutigen Geschäftswelt nicht empfehlenswert. Für den Erfolg spielen alle drei Dimensionen eine große Rolle:

- Die **Strukturen** motivieren und verzahnen die Projekte und Maßnahmen des Umsetzungsprogramms.
- Die involvierten **Menschen** verständigen sich auf Ziele, Regeln, Zuständigkeiten und regelmäßige Kommunikationsforen.
- Die angestrebte **Performance** wird über gemeinsam definierte Meilensteine, Leuchtturmprojekte und Kennziffern erlebbar, messbar, steuerbar.

Verdeutlichen lässt sich das Zusammenspiel der Kategorien nach unserem Framework auch, indem wir knapp, aber eindringlich die Folgen benennen, die drohen, wenn eine der drei Dimensionen nicht ausreichend Berücksichtigung findet (Abbildung 4).

In der Konsequenz betrachtet dieses Unterkapitel somit die Schnittstellen der drei Erfolgsdimensionen. Im ersten Abschnitt beleuchten wir das Zusammenspiel zwischen Strukturen und Menschen (2.2.1), im zweiten Abschnitt das zwischen Menschen und Performance (2.2.2) und im dritten Abschnitt jenes von Performance und Strukturen (2.2.3). Zum besseren Verständnis verdeutlichen wir unsere konzeptionellen Überlegungen zu einem erfolgreichen Umsetzungsmanagement zudem mithilfe eines durchgängig erläuterten, praxisnahen Beispiels.

2.2.1 Strukturen und Menschen

PRAXISBEISPIEL (I): STRUKTUREN UND MENSCHEN

Donnerstag, 14 Uhr, in der Montagehalle eines mittelständischen Anlagenbauers: Alle 500 Mitarbeiterinnen und Mitarbeiter warten angespannt auf die Eröffnung der Betriebsversammlung. In den vergangenen sechs Monaten hat ihr Unternehmen keinen wesentlichen Auftrag mehr gewonnen. Wird es einen Stellenabbau geben? Droht eine Liquiditätslücke? Zusammen mit dem Betriebsrat betritt der Geschäftsführer die Bühne und begrüßt die Belegschaft. »Ich möchte Sie heute über die aktuelle Situation und unseren Lösungsansatz informieren.« Er spricht sehr sachlich, offen und transparent, zeigt die Abweichung des Auftragseingangs vom Plan und von den Zahlen des Vorjahres auf und begründet dies nachvollziehbar mit der hohen Abhängigkeit von der Automobilindustrie und deren Zurückhaltung bei Investitionen. Er erklärt aber auch, dass die Liquidität ausreichend sei, da das Unternehmen erfolgreich einen KfW-Unternehmerkredit beantragt habe. Diese Botschaft erlöst die Anwesenden von der lähmenden Angst um ihre Jobs.

Der Geschäftsführer erläutert detailliert die Ursachen: Der Auftragsrückgang habe nicht erst mit der Automobilkrise und der Pandemie eingesetzt; das Unternehmen verliere vielmehr bereits seit vier Jahren Marktanteile. Jeder im Raum fragt sich: »Wie kann das sein, wenn wir doch solch einen technologischen Wettbewerbsvorsprung haben?«

Der Geschäftsführer verkündet als Ziel, dieses Problem in den folgenden Monaten lösen zu wollen. Ergänzend stellt er ein Team von externen Experten vor, die mit der Firmenspitze ein Konzept erarbeitet haben. »Wir werden eine Umsetzungsstruktur mit klaren Verantwortlichkeiten und einem regelmäßig tagenden Lenkungsausschuss aufbauen sowie den Verantwortlichen die nötigen Werkzeuge bereitstellen.« Er priorisiert klare Ziele wie eine Fokussierung des Produktportfolios, die Erschließung von Branchen außerhalb der Automobilindustrie und eine Professionalisierung des Vertriebs. Und er betont, dass zum Erfolg der Beitrag jedes Mitarbeiters benötigt werde. Aufgrund der finanziellen Lage des Unternehmens könne in diesem Jahr aber kein Weihnachtsgeld ausbezahlt werden. Trotzdem gibt es am Ende viel Beifall – mit seinen offenen, klaren Botschaften hat der Geschäftsführer den Mitarbeitern Sicherheit, Perspektive und Motivation gegeben.

Diese aus dem realen Leben gegriffene Situation verdeutlicht sehr gut, warum das Zusammenspiel zwischen Strukturen und Menschen elementar für den Erfolg eines Umsetzungsprojekts ist. Durch das Zielnarrativ des Managements werden Betroffene zu Beteiligten gemacht. Zur Sensibilisierung dient uns immer der Leitsatz, dass Fakten zwar zum Denken anregen, aber nur Gefühle zum Handeln animieren. Nur wenn die Umsetzungsverantwortlichen Emotionen adressieren, können sie echte Veränderungen herbeiführen (Huy 2013, Kotter/Cohen 2012, Killing et al. 2006). Entscheidend dafür ist die passende Kommunikation. Ein hier hilfreiches Bild, das auf den US-Psychologen und Glücksforscher Jonathan Haidt zurückgeht, beschreibt einen Reiter auf einem Elefanten. Dabei steht der Reiter für die Vernunft des Menschen, der Elefant für seine Gefühle – und es wird schnell klar, dass der Schritt von der Erkenntnis zur Umsetzung allein mit reiner Willenskraft kaum gelingen wird. Zu groß sind die Unterschiede zwischen dem rationalen, den Weg weisenden Reiter (mit seinen gerade 80 Kilogramm Gewicht) und dem emotionalen, eher trägen Elefanten (mit seinen sechs Tonnen). Angst zu erzeugen, ist in dieser Situation eine Möglichkeit. Die bessere Alternative dürfte aber darin bestehen, positive Emotionen zu wecken, sprich Lust an der Veränderung (Michailov 2023). Daher gilt insbesondere: Auf eine aufrichtige Story und das richtige Storytelling kommt es an!

Wichtig sind dabei neben Klarheit, Zielen, Verantwortung, Fokus, Konzentration auch technische Aspekte wie ERP- und IT-Systeme – alles Erfolgsfaktoren der Dimension »Strukturen«. Geeignete Strukturen ermöglichen es Menschen, zu verstehen, wie die arbeitsteiligen Aktivitäten im Unternehmen zusammenhängen und welche Wechselwirkungen zwischen ihnen bestehen. Dadurch wird der Beitrag jedes oder jeder Einzelnen zum Erfolg sichtbar. Zudem eröffnen sich durch die Strukturen auch Handlungsräume, in denen Mitarbeiterinnen und Mitarbeiter aktiv werden können. In diesem Sinn lassen sich Strukturen als handlungsleitende Rahmenbedingungen interpretieren, die Menschen die Orientierung für eine effektive und effiziente Zusammenarbeit liefern, zugleich aber Freiheiten eröffnen, innerhalb derer sie individuell entscheiden und handeln können.

Umgekehrt bedeutet dies: Wird nicht mithilfe von Strukturen und festen Abläufen klar dargestellt, vorgegeben und kommuniziert, welche Handlungen seitens des Topmanagements akzeptiert und erwartet werden, kann es den Mitarbeitenden auch nicht im Nachhinein zum Vorwurf gemacht werden, wenn sie Erwartungen nicht erfüllen. Sollte es das Management vernachlässigen, die relevanten Strukturen einzuführen und weiterzuentwickeln, liegt die Verantwortung für Misserfolge in der Umsetzung nicht bei den Mitarbeitenden, sondern bei der Führung.

Ein weiterer Punkt ist die effiziente Ressourcennutzung. Ressourcen – definiert als Ausstattung mit Personal, Sach- und Finanzmitteln – setzen einen Rahmen, legen Verantwortlichkeiten fest und organisieren Prozesse. Menschen füllen diesen Rahmen mit Leben und führen Aufgaben darin aus. Erst das richtige Zusammenspiel von Strukturen und Menschen ermöglicht deshalb die effiziente Nutzung der Ressourcen. Erst dann ist klar, wer was mit welchen Mitteln tun soll. Damit wird auch unnötige Doppelarbeit oder eine Verschwendung von Ressourcen vermieden – was gerade in kriseninduzierten Transformationsprojekten überlebenswichtig sein kann und im Mittelstand noch von weit größerer Bedeutung ist als in Großkonzernen.

Eine weitere Voraussetzung dafür, dass Einzelne und Teams ihr Bestes geben, ist deren Motivation. Wenn Sie die Strukturen so gestalten, dass sie klare Verantwortlichkeiten und Chancen zur Mitgestaltung bieten, wird das die Motivation und das Engagement Ihrer Mitarbeitenden fördern. Wer »Ownership« verspürt und das Gefühl hat, für eine Aufgabe, ja für das gesamte Projekt Verantwortung zu tragen, der zeigt Commitment und wird sich mehr engagieren. Gelingt dies nicht, wird ein Mitarbeiter lediglich seine Pflicht tun; die Vorgaben von oben wird er stumpf abarbeiten.

Ähnlich verhält es sich bezüglich der für erfolgreiche Umsetzungen notwendigen stetigen Verbesserung. Nur wenn Sie Strukturen und Menschen gut aufeinander abstimmen, entsteht ein Kreislauf des kontinuierlichen Lernens. Das bedeutet einerseits, dass Strukturen und Abläufe auszurichten sind auf die Kompetenzen, die Fähigkeiten und das Wissen der Mitarbeitenden. Strukturen, die sehr durchdacht und gut gemeint sein mögen, aber viel zu komplex sind für die, die sie nutzen sollen, nützen hier wenig. Andererseits können Sie die Kompetenzen und Fähigkeiten der Mitarbeitenden natürlich auch gezielt ausbauen, um bessere Strukturen möglich und bessere Methoden nutzbar zu machen. Selbstverständlich sind zu alldem auch Performancedaten notwendig.

Damit Lernen und kontinuierliche Verbesserung zu messbaren Erfolgen führen, müssen die Menschen anpassungsfähig sein, aber ebenso müssen die Strukturen eine hinreichende Veränderungsfähigkeit aufweisen. In vielen Umsetzungsprojekten treten unvorhergesehene Herausforderungen auf; dann ist das Zusammenspiel von Strukturen und Menschen entscheidend, um flexibel reagieren zu können. Eine zu starre Struktur kann Anpassungen erschweren, während eine zu lockere Struktur die Koordination behindern kann. Die Menschen müssen die Struktur nutzen können, um Veränderungen zu unterstützen.

2.2.2 Menschen und Performance

PRAXISBEISPIEL (II): MENSCHEN UND PERFORMANCE

Nachdem das aus Geschäftsführung und Beratern bestehende Kernteam ausgewählte Mitarbeiter als Treiber der Umsetzungsinitiative identifiziert hat, vereinbart der Anlagenbauer ambitionierte Leistungsziele mit diesen. Für alle Teilprojekte hat das Projektteam Performance-orientierte Kennzahlen und Meilensteine ermittelt. Der Geschäftsführer kann eine »Performancekultur« im Unternehmen etablieren, die Leistung und Wirksamkeit der Projektteams stark beeinflusst.

Ein Beispiel: Der Leiter der Fertigung, die kritisch ist für die Herstellungskosten, übernimmt die Verantwortung für die neue Kennzahl »Fertigungsleistung je Anwesenheitsstunde«, deren Zielwert sein Team auf 20 Prozent oberhalb des jüngsten Istwerts bis Jahresende eingestellt hat. Schon nach dem ersten Monat liegt die Produktivität 7 Prozent über der Ausgangsleistung. Durch die veränderte Kultur nehmen die Mitarbeiterinnen und Mitarbeiter Misserfolge sowie Fehler nun als notwendige Lernerfahrungen wahr, nicht mehr als Versagen. Diese Einstellung – kombiniert mit einer intensiven Analyse der Gründe für die bereits erreichte Verbesserung – führt dazu, dass jedem Teammitglied bewusst wird, dass das Ziel einer Verbesserung um 20 Prozent bis Jahresende zu schaffen ist. Das Umsetzungsteam hat ein neues Level an Motivation und Performance erreicht. Im Ergebnis hat das Kernteam ein echtes Erfolgserlebnis geschaffen, was seinerseits einen sich selbst verstärkenden Prozess und weitere Verbesserungen auslöst.

Das Beispiel verdeutlicht eine der zentralen Konsequenzen eines Zusammenwirkens der Erfolgsdimensionen Menschen und Performance: Die Messung der Performance ist der Mechanismus, der die Qualität und den Fortschritt der Umsetzung überwacht und der zuvor durch eine kluge Struktur ermöglicht worden ist. Nun müssen Menschen die Daten sammeln, analysieren und Maßnahmen ergreifen, um die Zielerreichung sicherzustellen. Sofern zuvor das richtige Mindset etabliert werden konnte, werden sie offen dafür sein, drohende oder eingetretene Abweichungen als Möglichkeit zur Identifikation von Verbesserungspotenzialen zu erkennen. Der dadurch entstehende, sich im Idealfall gegenseitig verstärkende Kreislauf zwischen Feedback und Verhalten – zwischen Performance und Menschen – ist ein wesentlicher Erfolgsfaktor für Umsetzungsvorhaben.

Ähnlich den Strukturen gibt auch die Performancemessung den handelnden Akteuren Hinweise auf ihren Status quo und darauf, was noch zu erledigen ist. Sie kann somit als Mechanismus des Feedbacks verstanden werden, der es den Beteiligten ermöglicht, ihre Aktivitäten anzupassen. Zugleich kann sie aber auch als Mechanismus eines »Feed-Forwards« gesehen werden. Dessen Wirkung bezieht sich darauf, dass nicht nur die bereits durchgeführten Aktivitäten hinterfragt und in ihrer Ausprägung fortan angepasst werden, sondern dass durch das Verfehlen der Performancegrößen auch ein Überdenken der Ziele selbst eingeleitet wird, was im Extremfall dazu führen kann, dass ein Ziel aufgegeben wird (eine der schwierigsten Entscheidungen überhaupt). Anders als beim Feedback stehen beim Feed-Forward nicht die unmittelbaren Aktivitäten der Handelnden im Vordergrund, sondern eine Einschätzung zu den Aussichten, das Ziel zu erreichen. Im Dialog zwischen Team, Projektmanagement und Topmanagement wird dann das weitere Vorgehen festgelegt.

Um Verständnis, Haltung und Handlungen der Beteiligten zu verändern, ist klares Feedback notwendig. Dies setzt voraus, dass die zugrunde gelegten Maßstäbe der Performance verstanden werden. Aus diesem Grund haben wir im Abschnitt über Performance auch darauf hingewiesen, dass die Ziele möglichst simpel, klar und eindeutig ausgestaltet sein sollten. Die Verbindung zwischen Performance und Menschen entsteht primär durch das Verständnis und die Sinngenerierung über das »Was«, »Wie« und »Warum« der Ziele sowie deren Messung.

Zudem ist darauf zu achten, einen permanenten Abgleich zwischen Innen- und Außenwahrnehmung sowie zwischen Innen- und Außenentwicklung der Messmaßstäbe vorzunehmen. Menschen verfügen nicht nur über unterschiedliche Kompetenzen, sondern unterliegen – wie Psychologen und Verhaltensökonomen in vielen Experimenten nachgewiesen haben (z. B. Bradley et al. 2018, Kahneman 2012, Dörner 2003) – häufig auch kognitiven Verzerrungen, die der rein rationalen Betrachtung einer Situation entgegenstehen. So geben wir beim Bestätigungsfehler (Confirmation-Bias) dem Hang nach, diejenigen Informationen wahrzunehmen, auszuwählen und zu verwenden, die unsere Erwartungen, Überzeugungen und Meinungen stützen. Gern überschätzen wir unsere Kompetenzen, Fähigkeiten und Möglichkeiten – weshalb wir viel zu hohe Ziele stecken (Overconfidence-Bias). Häufig anzutreffen ist in Unternehmen auch der Fehler, sich einer früheren Entscheidung verpflichtet zu fühlen und ein Projekt, in das schon viel Zeit, Geld und Emotionen gesteckt wurde, immer weiterzuführen – selbst wenn es sich als ineffektiv oder falsch herausgestellt hat (Sunk-Cost-Fallacy): Der Volksmund sagt dazu: »Gutes Geld dem schlechten Geld hinterherwerfen.«

Ein regelmäßiger Abgleich zwischen Innen- und Außenwahrnehmung bewahrt Unternehmen davor, derartigen Verzerrungen zum Opfer zu fallen und dabei die Konkurrenz außer Acht zu lassen. Aus diesem Grund empfiehlt es sich, bereits bei der Zielsetzung für das Vorhaben den Blick nach außen zu richten und, sofern vorhanden, Studien über Benchmarks vergleichbarer Unternehmen zu verwenden. Diese helfen nicht nur, die Ziele in konkrete Zahlen zu fassen, sie geben auch eine Vorstellung dessen, was möglich ist. Diese Zahlen sind damit eine Hilfe im Kampf gegen interne Skeptiker und Schlaumeier, denen die Ziele zu hoch gegriffen erscheinen.

2.2.3 Performance und Strukturen

PRAXISBEISPIEL (III): PERFORMANCE UND STRUKTUREN

Nachdem die Belegschaft des Anlagenbauers eingebunden, deren Ambition sichergestellt und die Leistung der Projektteams und Initiativen messbar gemacht worden sind, fehlt noch die Strukturierung des Prozesses der Performancesteuerung. Als zentrales Element richtet der zur Unterstützung hinzugezogene Experte zunächst eine Umsetzungsorganisation ein, bestehend aus den zentralen Projektteams mit je einem Projektleiter sowie der Lenkungsausschussorganisation zur Steuerung des Umsetzungsvorhabens. Im Lenkungsausschuss präsentieren die Projektleiter regelmäßig ihre Ergebnisse und standardisierte Entscheidungsvorlagen; Projekterfolge werden von der Geschäftsführung gewürdigt, Meilensteine gesetzt und Entscheidungen gefällt. Schlüssel für den Erfolg ist eine frühe, systematische Vorbereitung durch das Project Management Office (PMO) sowie die Feedbackkultur.

Ein Beispiel auf dem Weg zur Wiedererlangung der Wettbewerbsfähigkeit ist der Angebots- und Auftragsgewinnungsprozess. Die alte Angebotsroutine des Vertriebs bestand darin, dem anfragenden Kunden – ausgehend von der falschen Annahme, als Technologieführer nicht mehr im Preiswettbewerb mit der Konkurrenz zu stehen – die maximale Produktspezifikation anzubieten. Dies ändert sich nun schnell und radikal. Der Vertriebsleiter führt Runden unter Einbindung aller Fachbereiche ein, die Einfluss auf die Herstellungskosten der projektierten Angebote haben. Klares Ziel dieser Meetings ist die Optimierung der Produktkosten – und zwar vor Abgabe der Angebote. Bei der Steuerung helfen zwei Messgrößen: die Zahl der Angebote mit der neuen Angebotsstruktur und die Zahl der Angebotszusagen auf Basis der neuen Kalkulationen.

Performance und Strukturen sind zwei eng miteinander verbundene, sich gegenseitig beeinflussende Erfolgsdimensionen für Umsetzungsprojekte. Klare Strukturen fördern eine effektive Performance. Nur wenn das Unternehmen organisatorische Strukturen festlegt, lassen sich Umsetzungsprojekte effektiv und effizient durchführen. Diese Strukturen definieren Verantwortlichkeiten, Rollen und Prozesse, sodass Teammitglieder wissen, was von ihnen erwartet wird und wie sie ihre Aufgaben erfüllen können. Dies hilft, die Leistung zu steigern, weil es Unklarheiten und Verwirrungen minimiert. Daran knüpft dann auch die

Messung der Performance an. Innerhalb der Strukturen werden Leistungsindikatoren definiert und Messverfahren entwickelt, um den Fortschritt und Erfolg des Projekts zu überwachen. Die Strukturen stellen sicher, dass die relevanten Informationen erfasst und Berichte erstellt werden können, um die Leistung zu bewerten. Umgekehrt gilt: Sind die Strukturen schlecht definiert, wird die Messung nur begrenzt sinnvoll sein und im schlimmsten Fall sogar die Aufmerksamkeit innerhalb des Umsetzungsprojekts fehlleiten.

Damit die Performance respektive deren Messung ihre Wirkung entfalten kann, muss strukturell klar sein, wer für welche Aufgaben und Ergebnisse verantwortlich ist – und dass das ebenso intern kommuniziert wird. Dies fördert die Rechenschaftspflicht. Die Leistung jedes Teams kann innerhalb der Struktur verfolgt und bewertet werden, was Anreize für eine bessere Leistung schafft. Zugleich sollten Strukturen aber auch flexibel genug sein, um auf Änderungen im Projektverlauf reagieren zu können. Zeigen Performancemessungen, dass das Umsetzungsvorhaben vom Kurs abweicht, sollten die Strukturen angepasst werden können, um das Projekt zurück auf den richtigen Weg zu bringen.

Insgesamt ist das gelungene Wechselspiel von Strukturen und Performance entscheidend für Effizienz, Effektivität und letztlich den Erfolg von Umsetzungsprojekten. Strukturen bieten die organisatorische Grundlage, auf der die Performance aufgebaut wird, während die Messung der Performance sicherstellt, dass das Projekt auf Kurs bleibt, die Strukturen den Erfordernissen entsprechen und die gesteckten Ziele erreicht werden.

2.3 Das Zusammenspiel als zentrales Element eines neuen Ansatzes: Der Dreiklang »Strukturen-Menschen-Performance«

Der Dreiklang aus Strukturen, Menschen und Performance spielt eine entscheidende Rolle im Umsetzungsmanagement. Erst die parallele, gleichwertige Berücksichtigung dieser Dimensionen und ihr Zusammenspiel schaffen das Fundament für erfolgreiche Umsetzungen. Die drei Dimensionen sind miteinander verbunden, beeinflussen sich wechselseitig und nehmen so auf vielfältige Art und Weise, manchmal auch in unterschiedlichem Maße, Einfluss auf den Gesamterfolg.

Strukturen definieren den organisationalen Rahmen, in dem Umsetzungsprojekte stattfinden. Ein Beispiel hierfür ist die Einrichtung eines Projekt Management Office (PMO), das klare Rollen und Verantwortlichkeiten für Projektmanager, Teammitglieder und Stakeholder festlegt. Das PMO definiert auch verbindliche Meilensteine, Prozesse sowie Berichtsformate und -rhythmen. Für die Teammitglieder ist das PMO die Anlaufstelle für sämtliche Fragen des Projektmanagements. Dies sorgt für Effizienz und Effektivität, da es Verwirrungen und Missverständnisse minimiert oder gar gänzlich vermeidet (siehe Kapitel 4.1.2.2).

Die **Menschen** in einem Umsetzungsprojekt sind diejenigen, die diese Strukturen erst schaffen und dann mit möglichst viel Kompetenz, Motivation und Engagement mit Leben füllen. Die Schaffung der Strukturen obliegt dabei mehr dem Topmanagement, das dafür Sorge zu tragen hat, dass die Strukturen einerseits genügend Orientierung geben, andererseits hinreichend Freiraum für die Mitarbeitenden lassen. Dazu kann es nötig sein, neben Organisation und Prozessen auch zusätzliche Ressourcen in Form von Schulungen und Materialien bereitzustellen. Die Mitarbeitenden können sich dann innerhalb der definierten Grenzen, aber zugleich mit der nötigen Unterstützung und Befähigung entfalten und ihren spezifischen Beitrag zum Gelingen des Projekts eigenverantwortlich leisten.

Die **Performance** respektive deren regelmäßige Messung ist das Werkzeug, das den Fortschritt und den Erfolg des Projekts überwacht. Innerhalb der organisatorischen Strukturen werden passende Leistungsindikatoren festgelegt und geeignete Messverfahren entwickelt. Diese Strukturen stellen sicher, dass relevante Informationen erfasst und Berichte zur Leistung erstellt werden können. Die Messung der Performance fördert die Verantwortlichkeit der Beteiligten, da sie klare Kriterien für den Projekterfolg schafft, die Selbststeuerung der Teams erlaubt, aber auch die Leistungen von Einzelpersonen und Teams bewertbar macht.

Die drei Dimensionen Strukturen, Menschen und Performance hängen eng miteinander zusammen. Erst wenn sie gut aufeinander abgestimmt werden und die Verantwortlichen im Zusammenspiel der Dimensionen des Dreiklangs denken und handeln, ist eine kontinuierliche Verbesserung möglich und ein Erreichen der Umsetzungsziele wahrscheinlich. Da die Wirksamkeit der einzelnen Dimensionen und ihres Zusammenspiels so wichtig für Umsetzungserfolg ist, ist es aus unserer Sicht ratsam, diese Wirksamkeit periodisch auf den Prüfstand zu stellen. Dies ermöglicht, das Umsetzungsmanagement zu einer Kernkompetenz weiterzuentwickeln – unabhängig vom inhaltlichen Gegenstand – und fest in der Unternehmenskultur zu verankern.

Kapitel 3

Methoden des Umsetzungsmanagements: Der Dreiklang im Lichte existierender Ansätze

Im vorherigen Kapitel haben wir auf Basis einer intensiven Recherche einschlägiger Studien und Analyse der Erfolgsfaktoren, mit denen sich Transformationen und Umsetzungsinitiativen in Unternehmen wirksamer gestalten lassen, das Modell des Dreiklangs entwickelt. Dieses besteht aus den drei Dimensionen Strukturen, Menschen und Performance sowie aus deren gleichgewichtetem Einsatz und Zusammenspiel. Ziel dieses Kapitels ist es nun, aus den vielen bereits existierenden Methoden des Umsetzungsmanagements eine Auswahl vorzustellen und diese entlang des Dreiklangs strukturiert zu würdigen.

Aus der kaum überschaubaren Zahl von Beiträgen, die Empfehlungen dahingehend geben, wie sich die Wirksamkeit von Transformationen, Umsetzungsvorhaben und Change-Initiativen steigern lässt, haben wir 20 Ansätze ausgewählt. Diese aus den verschiedensten Disziplinen stammenden Zugänge sind unseres Erachtens wesentlich und decken den aktuellen Erkenntnisstand aus Theorie und Praxis des Umsetzungsmanagements und Change-Managements ab. Im Fokus unserer Darstellung stehen dabei nicht mehr einzelne Erfolgsfaktoren, sondern methodische Rahmenwerke, die Topmanager, Topmanagerinnen und Führungskräfte für die Umsetzung im Alltag nutzen können.

Kern des Kapitels ist die **Vorstellung und strukturierte Würdigung** dieser 20 Ansätze, Zugänge und Perspektiven auf das Umsetzungsmanagement. Für jeden Ansatz werden wir den Hintergrund sowie seine zentralen Inhalte kompakt zusammenfassen und jeweils eine erste kurze Verortung vornehmen, wie weit er die drei Dimensionen des Dreiklangs sowie deren Zusammenspiel adressiert – oder auch nicht (Unterkapitel 3.1).

Auf Basis dieser strukturierten Würdigung werden wir in einer **Synopse** der bisherigen Ansätze abschätzen, welche von ihnen die Idee des Dreiklangs explizit oder implizit aufgreifen, und Schlussfolgerungen für die Weiterentwicklung und Operationalisierung eines praxisorientierten Frameworks ziehen (Unterkapitel 3.2).

Die Würdigung der einzelnen Beiträge erfolgte dabei entlang der in Kapitel 2 beschriebenen, für die drei Dimensionen spezifischen Erfolgsfaktoren:

- In der Dimension **Strukturen** haben wir die folgenden Faktoren betrachtet: Formulierung von Zielen, Klarheit der Ziele, Definition und Zuordnung von Verantwortung, die Etablierung eines PMO, das Zusammenspiel der Einzelmaßnahmen, den Aufbau von Kommunikationsstrukturen, die Ausgestaltung des Transformationsmanagements, die Begleitung der Maßnahmen durch ERP- und IT-Systeme sowie die Einrichtung von Feedback- und Anreizstrukturen.

- Die Dimension **Menschen** wird einerseits durch das Topmanagement, andererseits durch die Mitarbeiter repräsentiert. Die Erfolgsfaktoren des Topmanagements liegen in der Organisation der Kooperation, in der Zusammenstellung der Umsetzungsteams, im Schaffen eines Problembewusstseins, dem Gestalten eines passenden Mindsets im Sinne der Offenheit für Veränderung und Feedback, dem Erreichen von Commitment sowie in der Vermittlung von Sicherheit im Transformationsprozess. Die Mitarbeiterinnen und Mitarbeiter sind hinsichtlich Einstellungen, Kompetenzen, Fähigkeiten und Wissen, dem Umgang mit Nichtwissen und Unsicherheit sowie bezüglich der Einbindung in die Veränderung zu berücksichtigen.
- Unter der Dimension **Performance** finden sich im Wesentlichen folgende Erfolgsfaktoren subsumiert: die Einführung von geeigneten »Key Performance Indicators« (KPIs) sowie deren Nachverfolgen und Messen in passender Taktung, eine kritische Reflexion im Umsetzungsteam hinsichtlich des Soll-Ist-Abgleichs der KPIs und die regelmäßige Überprüfung des Kennzahlen-Sets.

Wir haben die bestehenden Ansätze daraufhin durchleuchtet, wie weit sie diese Erfolgsfaktoren berücksichtigen und konkretisieren. In dieser Analyse hat sich zwar gezeigt, dass sich einzelne Maßnahmen und Vorschläge dieser 20 Ansätze nicht immer trennscharf unseren Erfolgsfaktoren zuordnen lassen. Dennoch ist es möglich, alle betrachteten Elemente den drei Dimensionen des Dreiklangs zuzuteilen und abzugleichen, ob und inwieweit ein Ansatz den aus unserer Sicht erstrebenswerten Zielumfang einer umfassenden Umsetzungsmethode erreicht oder nicht.

Um die Analyse übersichtlich und handhabbar zu halten, haben wir den Grad, zu dem ein Beitrag die drei Dimensionen ausfüllt, jeweils nach 0, 50 und 100 Prozent unterschieden. Diese Einordnung mag etwas grob erscheinen, bildet unseres Erachtens aber eine hinreichend solide Basis für unsere Würdigung und Verortung. Die grafischen Darstellungen am Ende der Vorstellung eines jeden Ansatzes und in der Tabelle bauen darauf auf. Dabei gilt (wie ein Beispiel zeigt):

- Kreis voll in Farbe und Dimension bezeichnet – Kriterien fast/ganz erfüllt (hier: Menschen)
- Kreis in Farbe und Dimension bezeichnet – Kriterien teilweise thematisiert (hier: Strukturen)
- Kreis in Grau und Dimension nicht bezeichnet – Kriterien unberücksichtigt (hier: Performance).

3.1 Bekannte Ansätze des Umsetzungsmanagements: Vorstellung und strukturierte Würdigung

Für einen besseren Überblick haben wir die 20 ausgewählten Ansätze des Umsetzungsmanagements in Gruppen zusammengefasst. Diese orientieren sich an Gemeinsamkeiten in Herkunft, theoretischem Hintergrund und Schwerpunkten und gliedern dieses Unterkapitel in neun Abschnitte:

- In unsere erste Gruppe (Abschnitt 3.1.1) fallen die Ansätze aus der klassischen Literatur des **strategischen Managements.** Auffallend ist, dass in vielen Standardwerken dieser Disziplin die Umsetzung (im angelsächsischen Sprachraum »Strategy Execution« genannt) zwar Teil des Prozesses ist, der Schwerpunkt jedoch klar auf Instrumente zur Entwicklung von Strategien gelegt wird. Häufig wird in den Kapiteln zur Umsetzung einfach auf die *Balanced Scorecard* von Kaplan/Norton verwiesen (Lombriser/Abplanalp 2023, Johnson et al. 2017, Welge et al. 2017). So werden wir uns hier auf dieses sehr umsetzungsfokussierte Modell sowie auf den »*Strategy Loop*« von Sull beschränken.
- Zur zweiten Gruppe zählen wir die inzwischen weitverbreiteten Methoden aus dem Bereich der **agilen Konzepte** (3.1.2), namentlich »*Objectives and Key Results*« *(OKR)* und *Hoshin Kanri.*
- Aus der dritten Schule, dem **Projektmanagement** (3.1.3), stellen wir die *Project Canvas* von Nieto-Rodriquez vor.
- Eine ganz eigene, vierte Gruppe stellt die Literatur zu einem **systemtheoretisch geprägten Change-Management** (3.1.4) dar. Ihre Grundannahme ist, dass Systeme nicht aus ihren Elementen, sondern aus den Relationen der Elemente zueinander bestehen. So gilt für Organisationen in der Wirtschaft die Kommunikation als konstituierender Prozess, weshalb Veränderungen am System nur über strukturelle Anpassungen möglich sind, die zu einer veränderten Kommunikation führen. Für das Umsetzungsmanagement heißt das, dass Change-Initiativen immer am System und nicht am Menschen ansetzen sollten. Zunächst geben wir eine kurze Einführung in die Systemtheorie nach Luhmann, um dann das *Change-Management im Dritten Modus* nach Wimmer/Glatzel/Lieckweg und das *Change-Management nach Doppler* zu beleuchten.
- In der fünften Gruppe widmen wir uns Beiträgen der **Kognitionsforschung und Psychologie** (3.1.5). So gibt die *Kognitionsforschung* Hinweise darauf, wa-

rum und wann Menschen mit Veränderungen Schwierigkeiten haben und welche typischen Reaktionsmuster Beteiligte an den Tag legen. Wie Führungskräfte und Mitarbeitende diesen Prozess emotional erleben und ihn gegebenenfalls im Rahmen eines Coachings begleiten können, erklärt das Modell der *sieben Phasen der Veränderung*.

- Eine wichtige, vielleicht sogar die bekannteste Schule sind die Klassiker des modernen **Change-Managements** (3.1.6). Die Ansätze dieser sechsten Gruppe greifen teils auf Erkenntnisse der Psychologie und Verhaltensforschung zurück. Wir konzentrieren uns auf das berühmte *Drei-Phasen-Modell* nach Lewin sowie das verwandte, nicht minder bekannte *Acht-Stufen-Modell* von Kotter.
- Die Literatur über **Leadership** (3.1.7) – unsere siebte Gruppe – stellt die Frage ins Zentrum, wie die Führung eines Unternehmens die Wirksamkeit von Umsetzungen und Transformationen maximieren kann. Sie beschreibt wichtige Eigenschaften, Methoden und Werkzeuge, die Führungskräften bei der erfolgreichen Gestaltung des Wandels helfen. Aus diesem Segment greifen wir das aus militärischen Methoden abgeleitete *Strategie-Briefing* von Bungay sowie die *sieben essenziellen Verhaltensweisen eines Leaders* nach Bossidy/Charan heraus.
- In der achten Gruppe stellen wir die im Vergleich deutlich eklektischeren, in der Praxis aber sehr relevanten, im Laufe vieler Jahre und Projekte entwickelten **Ansätze internationaler Unternehmensberatungen** (3.1.8) vor. Exemplarisch aufgreifen werden wir *Head, Heart and Hands of Transformation* (von der Boston Consulting Group), das *Influence-Modell* (von McKinsey & Company), den *4-D-Ansatz* (von FranklinCovey) und die *10 Guiding Principles* (von Brightline).
- Unsere neunte und letzte Gruppe umfasst **Ansätze führender Business-Schools** (3.1.9), die – ähnlich wie die Beratungshäuser, – zum Teil auf Modellen und Ansätzen der Wissenschaft aufbauen, diese aber auch durch permanenten Praxistransfer und Austausch mit Führungskräften im Rahmen ihrer »Executive Trainings« weiterentwickeln. Ausgewählt haben wir hier das »*Execution and Change Fieldbook*« (des IMD), den *Strategie-Umsetzungs-Stresstest* (des INSEAD) und das *Five-Keys-Konzept* (der Harvard Business School).

Zugegeben, die Auswahl dieser Ansätze ist uns schwergefallen. Ohne Weiteres hätten wir weitere Ansätze und Modelle miteinbeziehen können. Allerdings sind wir davon überzeugt, dass Sie durch die Auswahl und ein erstes Verständnis der 20 Modelle bereits wertvolle Impulse für Ihre eigene Umsetzungspraxis gewinnen. Seinen zusätzlichen Wert erhält unser Überblick allerdings durch die systematische Beurteilung dieser Zugänge bei der Frage, wie weit sie die drei Dimensionen Strukturen, Menschen und Performance sowie ihr Zusammenspiel berücksichtigen.

3.1.1 Ansätze des strategischen Managements

In der Literatur über strategisches Management liegt der Fokus traditionellerweise stark auf der Entwicklung von Strategien und Konzepten. Zu den wenigen Autoren, die sich ausführlicher auch mit deren Umsetzung befasst haben, gehören Sull sowie Kaplan/Norton.

3.1.1.1 »Strategy Loop« (I)

Hintergrund: Donald Sull ist Dozent an der Sloan School of Management, der Business School des Massachusetts Institute of Technology (MIT), und gilt als Vordenker des strategischen Managements. Er befasst sich mit Wettbewerbsstrategien in komplexen Umfeldern und der Implementierung von Strategien. Im Zentrum seines »Strategy Loop« (Sull 2007) steht ein zirkulärer Prozess mit vier sich wiederholenden Schritten in fester Abfolge, der nachfolgend beschrieben wird.

Inhalt: Im ersten Schritt des »Strategy Loop« – »*Verstehen*« (»Making Sense«) – geht es um ein gemeinsames Verständnis der Situation. Um Fehlschlüsse aus Rohdaten zu vermeiden oder falsche, irreführende Annahmen frühzeitig aufzudecken, ist eine Kultur des Hinterfragens notwendig. Führungskräfte müssen Diskussionen mit unterschiedlichen Perspektiven anregen, aktiv Widerspruch einfordern und vorleben, dass dies auch gegenüber Höhergestellten möglich ist, ohne Sanktionen fürchten zu müssen. Sie sollten Fragen stellen (statt diese zu beantworten) und tatsächlich zuhören, aber ebenso Empathie zeigen für abweichende Meinungen und damit die interne Debatte anregen.

Im zweiten Schritt – »*Entscheiden*« (»Making Choices«) – einigen sich die Beteiligten auf klare Prioritäten bezüglich Handlungen und Ressourcenallokation. Eine Kultur des respektvollen, aber ehrlichen Dialogs im gesamten Unternehmen ist dabei entscheidend. Entscheidungen werden idealerweise so gefällt, dass es die Transparenz und die Einbindung der Beteiligten fördert. Um zu vermeiden, dass neue Prioritäten zu einer Überlastung führen, sollten diese systematisch nach Relevanz und Dringlichkeit beurteilt werden; zugleich muss das Management fähig sein, Nein zu sagen. Hilfreich für ein hohes Verständnis in der Belegschaft sind rationale Argumente, der Bezug zur übergeordneten Strategie und feste Entscheidungsegeln. Klar ist nach Sull aber auch, dass ein perfekter Konsens zwischen Führung und Belegschaft nicht immer möglich sein wird.

Die Essenz des dritten Schrittes – »*Umsetzen*« (»Making Things happen«) – besteht im Geben und Einhalten von Versprechen. Versprechen bauen explizite Verpflichtungen auf und stellen ein koordiniertes Handeln sicher. Dabei ist die Art des Zustandekommens so wichtig wie das Versprechen selbst. Es empfiehlt sich, »Commitments« in einer disziplinierten, aber unterstützenden Atmosphäre zu vereinbaren und Unterstützung anzubieten, etwa in Form zusätzlicher Ressourcen oder der Entbindung von anderen Aufgaben. Ein gutes Versprechen wird freiwillig und explizit vereinbart, zudem ist es mit Unternehmensprioritäten verknüpft. Führungskräfte sollten Vertrauenswürdigkeit ausstrahlen, indem sie eigene Versprechen einhalten, bei Komplikationen Verantwortung übernehmen und Einsicht zeigen, sollte eine Herangehensweise nicht den gewünschten Effekt haben.

Der letzte Schritt – »*Überprüfen*« (»Making Revisions«) – beinhaltet das Erkennen von Abweichungen und das Überprüfen von Kernannahmen. Unerwartete Ereignisse wie neue Regularien oder überraschende Schritte der Konkurrenz können dazu führen, dass Konflikte mit altbewährten Lösungsansätzen angegangen werden – in einem Rückgriff auf das, was man kennt. Zur Not müssen diese alten Ansätze aufgegeben werden. Manager betrachten jede Unternehmenshandlung als Experiment, bei dem sie die Folgen einer Entscheidung begutachten, Ziele und Erreichtes abgleichen und die Ursache für die Diskrepanz ergründen. Eine sachliche Diskussion dieser »Experimente« trägt dazu bei, die Angst davor zu lindern und zudem Fehler einzugestehen. So erfolgt ein Schritt in Richtung des »Verstehens« – und der »Strategy Loop« beginnt von Neuem.

Würdigung und Verortung: Für Sull ist Unternehmensstrategie ein kontinuierlicher, agiler »Work in Progress«, bei dem sich Planung und Umsetzung miteinander verschränken. In mehreren Studien zeigte Sull, dass durch eine Implementierung des »Strategy Loop« die Reaktion eines Unternehmens auf neue Herausforderungen und Gefahren kontinuierlich verbessert wird.

Bezogen auf den Dreiklang, enthält Sulls Ansatz Elemente aus allen drei Dimensionen, doch auf dem Weg zur Operationalisierung bleibt er stets auf

halbem Wege stehen. So thematisiert er – Stichwort Strukturen – die Notwendigkeit klarer Prioritäten oder den Nutzen von Entscheidungsregeln, sagt aber wenig zur Umsetzungsorganisation im engeren Sinne. Der Aspekt Menschen blitzt in der Betonung der Kommunikations-, Diskussions- und Unternehmenskultur auf, doch Sull sagt wenig zur Formalisierung von Absprachen (in Aktionsplänen, Meilensteinen oder Deadlines) oder der Zusammenstellung von Teams. Das Abgleichen von Zielen und Erreichtem adressiert die Dimension Performance, lässt aber Messbarkeit und Quantifizierung außen vor.

3.1.1.2 Balanced Scorecard (II)

Hintergrund: Die »Balanced Scorecard« (BSC) ist ein Konzept, das auf Robert Kaplan, Professor an der Harvard Business School, sowie den Unternehmensberater David Norton zurückgeht (Kaplan/Norton 2008, 1996, 1992). Der Ansatz etablierte sich schnell und wird sehr häufig zur Steuerung von Umsetzungsinitiativen eingesetzt. Im Unterschied zu klassischen Kennzahlensystemen bietet die BSC einen umfassenden Überblick über die Leistung einer Organisation, indem sie sowohl finanzielle als auch nicht finanzielle Messgrößen berücksichtigt und die Ziele, Initiativen und Maßnahmen einer Organisation systematisch auf ihre übergeordneten strategischen Ziele abstimmt.

Inhalt: Prämisse ist es, dass Finanzkennzahlen wie Umsatz und Gewinn keine hinreichenden Indikatoren für die (künftige) Leistung einer Organisation sind. Als Konsequenz daraus – und für einen ausgewogenen Blick auf die Entwicklung von Strategien – werden vier Schlüsselperspektiven gleichberechtigt in die Betrachtung einbezogen und jeweils mit strategierelevanten Kennzahlen versehen:

1. **Finanzen:** Diese Perspektive umfasst traditionelle Finanzkennzahlen wie Umsatzwachstum, Rentabilität, Kapitalrendite (ROI) und Cashflow. Sie zeigen die ökonomische Leistung an.
2. **Kunden:** Kennzahlen wie Kundenzufriedenheit, Kundenbindung und Marktanteil geben Aufschluss über die Fähigkeit der Organisation, Kunden einen Mehrwert zu bieten und langfristige Beziehungen zu ihnen aufzubauen.
3. **Interne Prozesse:** Diese Perspektive dreht sich um die Leistung; sie umfasst Maßnahmen für die betriebliche Effizienz, für die Prozessqualität und Innovationen. Ihre Kennzahlen messen vor allem die Fähigkeit der Organisation, ihre Strategie prozessual umzusetzen.

4. **Lernen und Wachstum:** Hier geht es um die Fähigkeit der Organisation, ihre immateriellen Vermögenswerte zu entwickeln, zu verbessern und zu nutzen – aber auch um Maßnahmen in Bezug auf die Fähigkeiten und Fertigkeiten der Mitarbeiter, auf Technologie, auf IT und Innovation sowie auf die Organisationskultur.

Würdigung und Verortung: Laut einer aktuellen Studie der Frankfurt School of Finance & Management zur Nutzung von Konzepten des Performance-Managements ist die BSC neben OKR das mit Abstand am häufigsten in der Praxis eingesetzte Tool (Gleich et al. 2023).

Bezogen auf den Dreiklang sticht ins Auge, dass die BSC das Merkmal Strukturen nur wenig adressiert. Erst in späteren Werken (Kaplan/Norton 2008) ergänzten die Autoren ihren Ansatz um ein strategisches Managementsystem, in das nun auch strukturelle Elemente wie ein Strategic Management Office und regelmäßige Review-Meetings integriert sind. Die Dimension Menschen findet Berücksichtigung, indem die BSC einen Fokus auf die Befähigung der Mitarbeitenden legt, und durch das konsequente Herunterbrechen der Kennzahlen auf alle operativen Bereiche erlaubt, dass viele Beteiligte in die Umsetzung miteinbezogen werden können. Performance indes wird in sehr hohem Maße berücksichtigt: Die Leistungskennzahlen aller vier Perspektiven, ihre Messung und Quantifizierung stehen im Zentrum, oder anders gesagt bildet Performance den Kern der BSC.

3.1.2 Agile Konzepte

Diese Gruppe beschreibt Ansätze, die ursprünglich in der Softwareentwicklung entstanden sind und Schwächen traditioneller Entwicklungsprozesse vermeiden sollten. Letztere sind tendenziell starr und langwierig, weil Projektphasen sequenziell aufeinanderfolgen und vor Projektstart von Start bis Ende durchgeplant werden. So legen agile Konzepte hingegen ihren Schwerpunkt auf eine kontinuierliche Anpassung des Entwicklungsprozesses – und zwar hinsichtlich der sich ändernden Anforderungen und des Kundenfeedbacks. Projekte laufen in »Sprints« oder »Iterations« ab, die tendenziell kurz getaktet werden und daher viel Flexibilität bieten.

3.1.2.1 OKR – »Objectives and Key Results« (III)

Hintergrund: »Objectives and Key Results« (OKR) ist ein Ansatz, dessen Wurzeln bei Andrew Grove von Intel liegen, und der später vom US-Risikokapitalmanager John Doerr weiterentwickelt wurde (Doerr 2018). Inzwischen ist OKR ein viel diskutiertes Modell mit hoher Praxisrelevanz (Gleich et al. 2023). Es ist eine einfache, wirkungsvolle und praxisorientierte Methode, um ehrgeizige Ziele zu setzen, sie zu verfolgen und zu erreichen. OKRs werden zum Beispiel von Google, Intel und der Gates Foundation eingesetzt und gelten als sehr wirksam, um Leistung, Ausrichtung und Verantwortlichkeit zu fördern.

Inhalt: »Objectives« sind die Ziele und so angelegt, dass sie Teams motivieren, Innovationen vorantreiben und Organisationen in die Lage versetzen, bahnbrechende Ergebnisse zu erzielen. »Key Results« sind die messbaren, zeitgebundenen Zielwerte, die den Fortschritt bei der Erreichung der »Objectives« zeigen. Zusammen sind OKRs so konzipiert, dass sie flexibel und iterativ sind, sodass Unternehmen auf veränderte Umstände reagieren und ihre Leistung kontinuierlich verbessern können.

Geleitet wird OKR von mehreren Grundsätzen. *Fokus und Einfachheit* fordert eine Begrenzung auf wenige, klare, motivierende Ziele und Prioritäten, um Ressourcen nicht unnötig zu verschwenden. Hinzu kommt *Ausrichtung und Koordinierung* durch eine kaskadenartige Verteilung im gesamten Unternehmen, von der Führung über Teams bis zum Einzelnen, um sicherzustellen, dass alle in dieselbe Richtung arbeiten. *Messbarkeit und Transparenz* garantieren ferner, Fortschritte und Ergebnisse klar und objektiv zu verfolgen, dies transparent und zugänglich für alle Teammitglieder, was eine Kultur der Verantwortlichkeit, der Zusammenarbeit und des gemeinsamen Verständnisses fördert. In ihrem *Streben und Ehrgeiz* ermutigen OKRs dazu, sich hohe Ziele zu setzen. Gemeint sind Ziele, die Teams herauszufordern – über ihre Komfortzone hinaus –, statt sich mit Mittelmaß zufriedenzugeben. Konzipiert werden OKRs nach *Agilität und Anpassungsfähigkeit*, sodass flexibel und schnell auf Marktdynamik, Kundenfeedback und interne Herausforderungen reagiert werden kann. Der Grundsatz von *Lernen und Innovation* besagt, dass Misserfolge eine Chance zur Verbesserung sind. OKRs fördern eine Kultur des Experimentierens und ermutigen dazu, kalkulierte Risiken einzugehen und aus Fehlern zu lernen. Die Umsetzung von OKRs erfolgt in fünf Schritten:

1. **Qualitative »Objectives« festlegen:** Diese sollten mit den Werten, dem Auftrag und der Strategie des Unternehmens übereinstimmen sowie inspirierend und herausfordernd sein.
2. **Definition der »Key Results«:** Für alle »Objectives« definieren Organisationen oder Teams zwei bis fünf messbare und zeitlich begrenzte »Key Results«, die den Fortschritt in der Erreichung anzeigen. In der Praxis hat sich ein quartalsweises Vorgehen zur Definition und Überprüfung der »Objectives« und »Key Results« etabliert. Diese sollten klar, spezifisch, erreichbar und auf das Ziel ausgerichtet sein.
3. **OKRs kaskadieren:** OKRs werden in der gesamten Organisation geteilt. Teams und Einzelpersonen definieren ihre eigenen OKRs in Abstimmung mit den übergeordneten Zielen, sodass alle Ziele miteinander verbunden sind.
4. **Verfolgung und Überprüfung des Fortschritts:** Regelmäßige Checks dienen dazu, den Fortschritt anhand der wichtigsten Ergebnisse zu bewerten, ferner um Feedback zu geben, Herausforderungen zu erkennen und bei Bedarf korrigierend einzugreifen.
5. **Erfolge feiern und aus Misserfolgen lernen:** Werden die OKRs erreicht, wird dies gefeiert, indem Teams Anerkennung erhalten für Erfolge. Werden OKRs verfehlt, steht im Fokus, was das Team daraus lernen kann.

Würdigung und Verortung: OKRs unterstützen die flexible, iterative Zielerreichung von sich selbst organisierenden Teams. Daher ist ihr Einsatz gerade bei solchen Initiativen weitverbreitet, die nicht von Beginn an einen fixen Endtermin mit fest definierten Leistungsumfängen und Projektergebnissen haben. Der Ansatz wird aber ebenso zur Implementierung von Maßnahmen eingesetzt (Kolbusa/Martin 2021). Im Übrigen bietet OKR einen guten Ausweg aus jenem Dilemma, dass Wissen in Unternehmen in zunehmendem Maße dezentraler verteilt ist und schon deshalb Ziele, die allein von einer (vermeintlich) allwissenden Spitze »top-down« vorgegeben werden, wenig aussichtsreich scheinen. OKR erlaubt, von der Spitze für wichtig erachtete Ziele mit den Ideen der Belegschaft zu verknüpfen und eine kluge, individuell auf das einzelne Unternehmen zugeschnittene Balance aus »top-down« und »bottom-up« zu erreichen (sowie bei den Mitarbeiterinnen und Mitarbeitern ein Gefühl der Beteiligung zu erzeugen).

Bezogen auf den Dreiklang lässt sich sagen, dass OKR mit dem Fokus auf Messbarkeit den Aspekt Performance sehr stark berücksichtigt. Der Aspekt Menschen fließt ein, etwa durch die eng getaktete Definition und Durchspra-

che der Ergebnisse im Team. Das führt zu hoher Motivation, die durch einen offenen Kommunikationsstil weiter verstärkt wird. Auf Fragen der Führung oder der Zusammenstellung von Teams geht OKR hingegen nicht ein. Strukturen finden sich mehr in der Betonung von Zielen und den Grundsätzen des Iterativen und Flexiblen wieder, weniger in konkreten Gremien, Abläufen und Regeln.

3.1.2.2 Hoshin Kanri (IV)

Hintergrund: Dieser aus Japan stammende und im deutschsprachigen Raum seit ein paar Jahren rezipierte Ansatz (Kudernatsch 2019) kombiniert bewährte Elemente aus dem *Management by Objectives* (MbO), dem Lean Management und dem PDCA-Zyklus (Plan-Do-Check-Act, Deming-Circle). So hilft Hoshin Kanri dabei, Strategien und Ziele effektiv in die täglichen Aktivitäten und Prozesse zu integrieren.

Inhalt: Als unternehmensweites Planungs- und Steuerungssystem strebt Hoshin Kanri an, alle Aktivitäten auf ein Ziel auszurichten und abzustimmen. Hier ergibt sich aus der Übersetzung (»Ho« = Richtung, »Shin« = Fokus, »Kan« = gemeinsame Ausrichtung, »Ri« = Bedeutung) der Grundsatz: »Führung durch Richtunggeben.« Ein Regelprozess stellt methodisch die Verbindung zwischen Vision, strategischen Stoßrichtungen, Zielen und Projekten über Unternehmensebenen hinweg her, sodass alle das Gleiche anstreben. Für die horizontale und vertikale Übertragung der Ausrichtung, die Erarbeitung von Maßnahmen und die unterjährige Steuerung ist die X-Matrix das zentrale Element. Mit ihr lässt sich auf einem DIN-A3-Blatt der Zusammenhang zwischen den wichtigsten Zielen, Aktivitäten und der Erfolgsmessung im jeweiligen Bereich (Unternehmen/Funktion/Abteilung) erkennen und nachverfolgen. Hierzu werden folgende Bausteine in der Organisation erst schrittweise erarbeitet und dann aufeinander abgestimmt – horizontal (auf einer Ebene) wie vertikal (zwischen den Ebenen):

- **Durchbruchziele:** Welche (aus der Vision abgeleiteten) Ziele sollten in drei bis fünf Jahren erreicht werden?
- **Jahresziele:** Welche Ziele sollten dafür im nächsten Jahr erreicht werden?
- **Verbesserungsprioritäten:** Welche Maßnahmen sind dafür zwingend notwendig?

- **Erfolgsfaktoren:** Wie lässt sich im Jahresverlauf die erfolgreiche Umsetzung der Verbesserungsprioritäten und Maßnahmen messen?
- **Verantwortlichkeiten:** Wer ist verantwortlich für die erfolgreiche Umsetzung?

Würdigung und Verortung: Im Unterschied zu OKR, das nur Jahresziele formuliert, aus denen sich dann Drei-Monats-Ziele für Abteilungen, Teams und Mitarbeiter ableiten, orientiert sich Hoshin Kanri stärker an übergeordneten, langfristigen Zielen.

Im Abgleich mit dem Dreiklang zeigt sich, dass Hoshin Kanri alle drei Dimensionen grundsätzlich adressiert, allerdings in der Operationalisierung meist vage bleibt. Die Dimension Strukturen zeigt sich im Fokus auf Ziele, Maßnahmen, Verantwortung und das interne Zusammenspiel der Beteiligten. Zur Umsetzungsorganisation oder zu Kommunikations- und Anreizstrukturen wird indes wenig gesagt. Die Dimension Menschen spiegelt sich wider im Fokus auf die Ausrichtung und die ständige Abstimmung aller, doch zu Fragen der Führung, zur Zusammenstellung von Teams oder zur Befähigung der Belegschaft findet sich kaum etwas. Performance ist mit der Messbarkeit angesprochen, bleibt in Sachen KPI und konkrete Messung aber vage.

3.1.3 Ansätze des Projektmanagements

3.1.3.1 Project Canvas (V)

Hintergrund: Experten dieser Fachrichtung schreiben der Fähigkeit, Projekte zu managen, einen großen Einfluss auf Erfolg und Wettbewerbsfähigkeit eines Unternehmens zu. Ein führender Vertreter dieser Schule ist Antonio Nieto-Rodriguez, ein langjähriger Projektmanager, Autor vieler Publikationen zum Thema (Nieto-Rodriguez 2022, 2021, 2018) und Co-Gründer des 2020 gestarteten Strategy Implementation Institute. Inspiriert von Alexander Osterwalders »Business Model Canvas« zur Strukturierung von Geschäftsmodellen, entwickelte Nieto-Rodriguez die »Project Canvas« (»Projektleinwand«). Diese soll helfen, die erfolgreiche Planung und Umsetzung strategischer Projekte zu gewährleisten.

Inhalt: Die Project Canvas deckt grundlegende Prinzipien und Elemente des Projektmanagements ab und ist in drei Handlungsfelder mit je drei Bausteinen unterteilt. Sie fungiert als Orientierungshilfe vor und während der Durchführung eines Projekts und hilft bei der Beurteilung von Qualität und Optimierung des Vorhabens, indem sie wenige, aber eindeutige Leitfragen zu den Bausteinen stellt:

1. **Fundament:** Dort wird der *Zweck* des Vorhabens definiert: Warum gibt es das Projekt, welche Probleme löst es, und was gilt es zu erreichen? Ebenfalls zu klären sind die *Investitionen,* die Gesamtkosten in Form von finanziellen Mitteln und anderen Ressourcen. Zudem geht es um die Evaluation des erwarteten *Nutzens*, welcher sich durch das Projekt für die Organisation und andere Stakeholder im Umfeld ergibt. Dieser kann gemessen werden.
2. **Personen:** Zunächst gilt es, einen *Führungspaten* (»Executive Sponsor«) zu identifizieren, der als Bindeglied zwischen Organisation und Projektteam fungiert, aber auch Verantwortung für den Projekterfolg trägt. Dann geht es um einen Überblick über die betroffenen *Stakeholder*, um diese in die Kommunikation einzubinden und Erwartungen zu managen. Bezogen auf die humanen *Ressourcen* gilt es, den Projektmanager und das Projektteam festzulegen, aber auch zu analysieren, welche Fähigkeiten und Kompetenzen zur Zielerreichung nötig sind und wie das Team zusammengestellt sein sollte.
3. **Entstehung:** Diese beginnt mit der Definition konkreter *Ergebnisse* als gemeinschaftlicher Aufgabe des Managements, des Team und gegebenenfalls der Stakeholder: Welche Erfolge wird das Projekt in welchem Umfang liefern? Die *Planung* legt fest, wie die Ergebnisse erreicht werden und wer wann welche Arbeit auszuführen hat. Zuletzt geht es unter *Veränderungen* um die Frage, wie sich die Unterstützung der Stakeholder für das Projekt gewinnen lässt, sowie um ein Vorgehen, das mögliche Risiken antizipiert und minimiert.

Würdigung und Verortung: In ihrer Abdeckung der insgesamt neun Bausteine stellt die Project Canvas die Struktur eines Projekts und sein Alignment mit der Strategie schnell und umsetzungsorientiert fest. Ein Vorteil ist die Simplizität und Effektivität: Auf einem »One-Pager« sind die Eckpunkte des Projekts zusammengefasst, übersichtlich und klar verständlich – für das Team, aber auch für Stakeholder und externe Beteiligte.

Bezogen auf den Dreiklang lässt sich sagen, dass die Project Canvas alle drei Dimensionen anspricht und die systematische Vorbereitung eines Umsetzungsprojekts unterstützt, ob mit Blick auf Ziele, Maßnahmen und Ressourcen oder auf Information und Auswahl der Beteiligten. Auch die Dimension Performance spielt eine Rolle, indes wird wenig über KPIs und deren Messen und Nachhalten im Prozess der Umsetzung gesagt, ebenso wenig über Organisations- oder Kommunikationsstrukturen. Der Mehrwert liegt im guten Überblick für die Strukturierung in der Startphase, gerade für mittelständische Unternehmen. Er geht nur zulasten der Details in der Operationalisierung.

3.1.4 Ansätze des systemtheoretisch geprägten Managements

Als Einstieg wählen wir hier eine Analogie in Form zweier Szenen aus einem Spieleabend mit der Familie: »Mensch ärgere dich nicht« – die sonst so liebe Großmutter würfelt eine Drei und schmeißt den Enkel kurz vor dem sicheren Haus heraus. Oder »Monopoly« – mit einer Fünf steht die Großmutter auf der »Schlossallee«, die dem linksradikalen Onkel gehört. Der sagt nüchtern: »Geld her!«

Wer spielt hier? Sind es die liebe Großmutter und der kommunistische Onkel? Oder spielt das Spiel die Spieler? Eher Letzteres. Die Rahmenbedingungen beeinflussen das Verhalten der Spieler sehr stark: Bei »Mensch ärgere dich nicht« ist das Rausschmeißen der Spieler elementarer Bestandteil des Spiels; und bei »Monopoly« wird gezahlt oder verdient.

Dies ähnelt der Sicht der neuen Systemtheorie, die – entwickelt durch den deutschen Soziologen und Gesellschaftstheoretiker Niklas Luhmann in den 1960er Jahren – weltweit Ansehen erlangt hat. Sie betont die Selbstreferenzialität sozialer Systeme und bildet eine wichtige Basis für die zwei hier diskutierten Ansätze. Dabei sind für das Thema Change fünf Grundprämissen wichtig. Erstens die Annahme, dass ein System – wie ein Unternehmen – aus *Kommunikation* besteht. Demnach ist der Mensch nicht Teil des Systems, sondern Umwelt. Der zweite Grundsatz der *Autopoiese* besagt, dass alle sozialen Systeme, ob Gesellschaften oder Organisationen, sich selbst durch ihre eigenen Operationen aufrechterhalten und reproduzieren. Nach dem dritten Grundsatz der *operativen Geschlossenheit* ist ein direkter Eingriff in ein System nicht möglich, demnach gibt es keinen kausalen Durchgriff im Sinne von »es wird A getan und B kommt heraus«. Dafür besteht viertens *informationelle Offenheit*: Jedes System verarbeitet Informationen und Aktionen, die aus der Umwelt auf das System einwirken. Ob und wie diese Informationen vom System verarbeitet werden, hängt fünftens an der *strukturellen Kopplung* des Senders: Je stärker der Sender (in unserem Fall) mit dem Unternehmen gekoppelt ist, ob über formelle oder informelle Macht, desto wahrscheinlicher ist es, dass das System dieser »Empfehlung« folgt. Im gegenteiligen Fall wird es sich aktiv dagegen wehren.

Für Veränderungen in Organisationen hat die Systemtheorie vor allem drei Implikationen: So sind in ihrer Logik die *Rahmenbedingungen* des Systems zentral. Hat eine Organisation gelernt, dass ein bestimmtes Verhalten adäquat ist und gesetzte Rahmenbedingungen dieses unterstützen, ist eine Wiederholung dieses Verhaltens sehr wahrscheinlich. Zweitens muss derjenige, der ein System verändern möchte, die Wahrscheinlichkeit der *Anschlussfähigkeit* erhöhen und sich dafür der informationellen Offenheit und der strukturellen Kopplung bedienen, ob durch formelle oder soziale Macht. Zugleich sollte der Sender verstehen, woher die Organisation kommt oder auf welche »gelernten Logiken« sie zurückgreift. Wer Veränderungen anstrebt, sollte die *vorhandenen Muster der Organisation* kennen und nutzen, sprich an Strukturen, Anreizen und Prozessen arbeiten, die das Handeln der Menschen leiten, nicht an den Menschen selbst – andernfalls wird er recht sicher scheitern.

3.1.4.1 Change-Management im Dritten Modus (VI)

Hintergrund: Rudolf Wimmer war von 2012 bis 2016 Vizepräsident der Universität Witten/Herdecke und ist dort außerplanmäßiger Professor am Lehrstuhl für Führung und Dynamik von Familienunternehmen. Zugleich ist er Mitgründer und Partner der systemischen Organisationsberatung »osb international«. Zusammen mit Kolleginnen und Kollegen von osb international erdachte er – aufbauend auf der Systemtheorie – die systemische Entwicklung von Strategien (Nagel/Wimmer 2014) sowie den Ansatz des Change-Managements »im Dritten Modus« (Wimmer 2017, von der Reith/Wimmer 2015). Dieser betrachtet Organisationen als komplexe, sinnverarbeitende Systeme (Wimmer et al. 2015).

Inhalt: Im Kern dieses Ansatzes stehen drei Sinndimensionen, die sich gegenseitig bedingen und Antworten auf Probleme geben sollen, die aus solch komplexen Systemen entstehen. Erklärtes Ziel ist es, Beratern und Verantwortlichen zu helfen, gestalterische Herausforderungen des Change-Managements zu bestimmen. Durch ein Set von Fragen, das in jeder Dimension den Diskurs stimulieren soll, werden die Dynamiken in den Feldern sichtbar und somit bearbeitungsfähig.

1. **Sachliche Dimension:** Sie befasst sich mit den inhaltlich-fachlichen Aspekten der Veränderung. So ist es Aufgabe der Change-Verantwortlichen, die Ausgangslage für eine Veränderungsinitiative zu analysieren. Dazu gehören eine Betrachtung des Umfelds (wie Markt und Gesellschaft) sowie Festlegungen zum Zukunftsbild mit den nötigen Schritten.

2. **Soziale Dimension:** Hier werden die spezifischen sozialen Dynamiken aufgegriffen, insbesondere in der internen Kommunikation und Kooperation, und vielversprechende Formen des horizontalen und vertikalen Miteinanders entwickelt. Ziel ist es, gruppendynamische Selbstblockaden in Form von internen Barrieren, Widerstand, Kommunikationsproblemen oder unternehmenspolitischen Machkämpfen aufzulösen.
3. **Zeitliche Dimension:** Sie beinhaltet die Rhythmik und Taktung der Veränderung und beantwortet die Frage, wann und in welchen Schritten der Prozess bewältigt werden kann. Zudem wird der Frage nachgegangen, wie das Spannungsfeld zwischen kurz- und langfristigen Aktivitäten bearbeitet werden kann und wie Fortschritte mit Feedbackschleifen beobachtbar werden.

Würdigung und Verortung: Insgesamt ist dieser Ansatz eine gute Methode, um das organisatorische System eines Unternehmens umfassend zu durchleuchten, zu verstehen und über Kommunikation auf den Wandel einzuwirken. Durch die Integration der drei Dimensionen wird die Vielschichtigkeit und Interdependenz der Faktoren für ein wirksames Change-Management herausgearbeitet.

Bezogen auf den Dreiklang spiegelt die sachliche Dimension des Modells Aspekte von Strukturen wider, und die soziale Dimension Elemente der Dimension Menschen, die zeitliche Dimension zumindest Überlegungen zu Performance (wenn auch eher rudimentärer Natur). Hinsichtlich der Anwendbarkeit und Operationalisierung für die Umsetzbarkeit bleibt indes vieles offen.

3.1.4.2 Change-Management nach Doppler (VII)

Hintergrund: Ein für Verantwortliche besser greifbarer Zugang, der von Psychologie und Gruppendynamik, aber auch von der Systemtheorie geprägt ist, stammt von Klaus Doppler. Er ist ein renommierter deutscher Autor, Psychologe und Organisationsberater, der sich über Jahrzehnte eingehend mit Change, Change-Management und Change-Managern befasst hat, insbesondere in seinem erstmals 1994 erschienenen, mit Christoph Lauterburg verfassten Werk *Change-Management* (Doppler 2017, Doppler/Lauterburg 2019, Doppler/Voigt 2018).

Inhalt: Doppler zufolge gehört es zum Kern eines Change-Projekts, noch vor dessen Beginn die Erwartungen von Stake- und Shareholdern zu vereinen sowie die Klarheit über das angestrebte Ziel der Initiative herbeizuführen. Bei der

Projektarchitektur legt Doppler den Fokus auf strategische Kommunikation, eine vollständige Planung und ein proaktives Management der Stakeholder. Nötig ist für ihn ein schrittweises Vorgehen, ohne die Zielgerichtetheit zu verlieren. Weiter müssen die Verantwortlichen den Status quo der Organisation genau kennen – dazu zählen die formalen und informellen Strukturen (intern wie extern) sowie ihre Wirkungskräfte. Schnelle Erfolge sind schön, doch primär gilt es, die Kernherausforderungen direkt anzugehen, ohne jede Verschleierung und Relativierung. Doppler empfiehlt Verantwortlichen, direkt, ehrlich und eindeutig zu agieren, nur dann können sie von Betroffenen die gleiche Direktheit erwarten und zugleich Vertrauen aufbauen. Hierdurch kommen innere Vorbehalte, Einwände und Ideen ans Licht. Widerstand muss als Zeichen des Erfolgs, dass sich tatsächlich etwas verändert, begriffen werden. Erreicht wird dies besonders durch die effektive Umwandlung von Information zu Kommunikation. Diese wird möglich durch klare, einschneidende Botschaften und direkte Kanäle.

Ein für Doppler entscheidendes Element bei der Gestaltung des Veränderungsprozesses sind Führung und Macht. Als ständiger »Revierkampf« manifestiert sich Macht auf viele Weisen. Neben der formellen Macht, die durch eine hohe Position im Unternehmen begründet ist, stellen auch eine besondere Expertenkompetenz oder eine spezifische Funktion Hebel der Macht dar. Durch gezielte Machtdemonstrationen wird der Revierkampf gewonnen. Erfolgreiche Change-Manager brauchen den Willen, Macht einzusetzen, aber auch die Fähigkeit, das »große Ganze« zu verstehen, ohne sich mikropolitisch in Details zu verlieren. Ein guter Change-Manager muss zur Reflexion bereit sein, allerdings bei Unsicherheiten, auftretenden emotionalen Konflikten oder unvorhergesehenen Vorkommnissen seine Entscheidungs- und Handlungsfähigkeit bewahren. In dieser ständigen Abwägung zwischen Ambiguität und Eindeutigkeit ist es zentral, kommunikationsfähig zu bleiben und Offenheit für Feedback zu beweisen. Zuletzt sind beständige Zuversicht und ein aktives Coaching der Mitarbeiterinnen und Mitarbeiter von hoher Bedeutung, um erfolgreich zu sein.

Würdigung und Verortung: Ähnlich wie bei Wimmers Ansatz lässt sich bei Doppler ein Fokus auf Aspekte aus der Dimension Strukturen erkennen (Klarheit über Ziele, Erwartungen und Strukturen, auch: der Einsatz von Macht) sowie ein Auge für Aspekte aus der Dimension Menschen (strategische, ehrliche Kommunikation und Wertschätzung von Widerstand), während die Dimension der Performance nicht adressiert wird.

3.1.5 Ansätze aus Kognitionsforschung und Psychologie

Selbst wer die Systemtheorie bereits in Transformationsprozessen angewendet und an System und Strukturen angesetzt hat, um das soziale Geschehen zu beeinflussen, dürfte erlebt haben, dass sich Mitarbeitende, aber auch Führungskräfte mit Veränderungen schwertun. Im Extremfall verhindern scheinbar irrationales Verhalten und emotional aufgeladene Konflikte den Fortschritt. Change- und Umsetzungsverantwortliche sind daher gut beraten, diese Phänomene nicht zu ignorieren, sondern proaktiv in den Prozess einzubeziehen. Dazu gehört es auch, eigene Muster und Reaktionen zu reflektieren. Warum aber verharren Menschen häufig lieber im bekannten Status quo? Hier liefert uns die Forschung im Grenzgebiet von Biologie, Neurologie und Psychologie erhellende Antworten.

3.1.5.1 Kognitionsforschung (VIII)

Hintergrund: Nur wer die Prozesse und Mechanismen im menschlichen Hirn während einer Veränderung versteht, kann effektiv mit ihnen umgehen. Das genau ist der Ansatz des Neurobiologen und Transformationscoachs Markus Ramming (Ramming 2019). Er untersuchte zwischenmenschliche Dynamiken und die Rolle des Gehirns in einem Veränderungsprozess am Arbeitsplatz. Neben möglichen Problemen stellt dieser humanzentrierte Ansatz zahlreiche Methoden vor, um Menschen bestmöglich auf eine Veränderung vorzubereiten und ihnen zu ermöglichen, diese zu durchlaufen.

Inhalt: Dass Veränderungen eine Herausforderung darstellen, ist laut Ramming tief im menschlichen Gehirn verwurzelt. Es strebt nach Stabilität, nach Situationen, in denen es nichts Neues zu lernen gibt, aber in denen eben auch keine Bedrohung besteht. Wird eine Veränderung als Gefahr wahrgenommen, wird der tief verankerte »Fight-or-Flight«-Reflex ausgelöst: Mitarbeiter sträuben sich ungewollt oder sogar unbewusst gegen die Veränderung, widersetzen sich ihr aktiv oder blenden sie gar aus. Wird der Wandel als Bereicherung empfunden (denn natürlich verlangt das Hirn auch nach Weiterentwicklung durch neue Impulse, Erfahrungen und Fähigkeiten), reagiert der Mitarbeiter mit Offenheit und Bereitschaft. Genau diesen Zustand möchte ein Umsetzungsmanager erreichen.

Eine weitere kognitive Herausforderung stellt das Reflexionsvermögen dar. Für die Selbstwahrnehmung ist im Gehirn der Inselkortex zuständig, ein kleiner Teil der Großhirnrinde. Er bildet die Basis für das Ermessen der eigenen emotionalen Lage, die menschliche Intuition sowie die »innere Stimme«. Seine Aktivität bestimmt die Selbstkenntnis eines Menschen und damit dessen Einsicht in die Notwendigkeit, sich zu ändern. Ausprägung und Aktivität unterscheiden sich, weshalb jeder Einzelne unterschiedlich gut mit Veränderungen umgehen kann. Ein reflektierter Umsetzungsmanager sollte dies berücksichtigen.

Neue Erfahrungen werden an unterschiedlichen Orten des Hirns verarbeitet und abgespeichert, und zwar unterschiedlich schnell. Zu den vier Ebenen gehören das vegetative Verhalten, das emotionale Lernen, die bewusste Gefühlswahrnehmung und Impulshemmung sowie die kognitiv-sprachliche Ebene. Eine Veränderung sollte möglichst auf mehreren, am besten auf allen Ebenen ankommen. Eine Form der Verknüpfung stellt das Verbinden zweier Neuronen durch Synapsen dar: Werden verschiedene Neuronen gewohnheitsgemäß gleichzeitig aktiviert – ein Beispiel aus dem Büro wäre das parallele Wahrnehmen von Kaffeegeruch und hellem Bürolicht – bilden sich Synapsen zwischen ihnen, mit der Folge, dass der Mensch beide Wahrnehmungen miteinander verbindet. Je häufiger diese Verbindung gebraucht wird, desto stärker werden die Synapsen. So werden unterbewusst Assoziationen und Gewohnheiten aufgebaut, welche schwer abzulegen sind. Besonders stark sind Bindungen durch die Amygdala, unserem emotionalen Gedächtnis. Solche emotionalen Bindungen können im Veränderungsprozess – bei aller Rationalität und Professionalität – starke Hindernisse darstellen. Ziel sollte daher sein, Veränderungen mit positiven Emotionen zu verbinden.

Rammings Ansatz betont in hohem Maße die Selbstreflexion. Statt andere für ihr Verhalten zu verurteilen und so Widerstand auszulösen, beginnt der Veränderungsprozess eines guten Managers bei sich selbst. Leben Sie gewünschtes Verhalten somit vor, werden Mitarbeitende Sie als Vorbild wahrnehmen und bei sichtbaren Erfolgen anfangen, ihr Verhalten anzupassen. Das Management sollte Veränderungen nicht forcieren, sondern mit Positivität verknüpfen und so zu einem attraktiven Angebot machen (statt zu einer Gefahr). Vorgaben an die Belegschaft sind immer Eingriffe in die Autonomie und provozieren leicht Ärger oder Widerstand.

Unterstützend wirken emotionale Beziehungen, Vertrauen und intensive Gespräche mit Führungskräften. Boni, Lob, Anerkennung, Vergünstigungen oder das Aufzeigen der Relevanz der Arbeit helfen ebenfalls, um Motivation, Selbstwertgefühl und Veränderungsbereitschaft zu stärken.

Würdigung und Verortung: Veränderungen bringen viele Herausforderungen mit sich, die kognitiver, oftmals aber auch unterbewusster Natur sind und dann nicht oberflächlich lösbar. Dieser Zugang stellt die Veränderung des Einzelnen, die Dimension Menschen, stark in den Mittelpunkt. Hingegen werden die

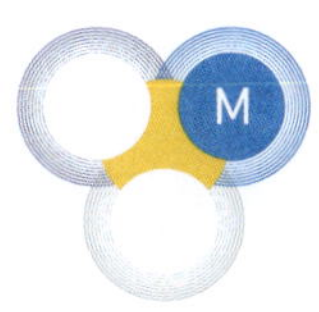

Erfolgsfaktoren der Dimension Strukturen nur indirekt angesprochen, zum Beispiel in Form von Anreizsystemen. Gleiches gilt für die Dimension der Performance. Hier liefert Ramming lediglich Hinweise, dass sich die Performance durch die Berücksichtigung individueller Beiträge, die Nutzung angemessener Maßnahmen und passender Anreize steigern lässt. Empfehlungen zur operativen Steuerung der Performance oder zur Selbststeuerung werden kaum berücksichtigt.

3.1.5.2 Sieben Phasen der Veränderung (IX)

Hintergrund: Die beste Strategie wird nicht fruchten, wenn es an Verständnis oder Überzeugung der Beteiligten mangelt. Das Modell der sieben emotionalen Phasen der Veränderung (Streich 2016) richtet das Hauptaugenmerk daher auf den Menschen und dessen Reaktion auf Wandel. Der Ansatz geht auf die Psychiaterin Elisabeth Kübler-Ross und ihre »Fünf Phasen der Trauer« zurück; in der Literatur finden sich unterschiedliche Varianten (Cameron/Green 2020; Kets de Vries 2011a, 2006; Duck 2001). Das Modell beschreibt den typischen Verlauf, wie Betroffene emotional mit Veränderungen umgehen, und gibt Empfehlungen, wie sie dabei unterstützt werden können (statt überfordert zu werden). Führungskräften liefert es systematische Ansätze dafür, das richtige Tempo zu finden, Schritte richtig zu dosieren und Maßnahmen dann anzugehen, wenn es sinnvoll ist.

Inhalt: Nachstehend finden sich die sieben emotionalen Phasen der Veränderung im Überblick:

1. **Vor der Veränderung:** In dieser Phase besteht höchstens eine Vorahnung von Wandel. Sorgen um die eigene Zukunft können sich einschleichen, doch noch werden bestehende Zukunftsbilder nicht infrage gestellt. Das Management sollte seine Kommunikation vorbereiten und beginnen, die Mitarbeiterschaft durch Workshops, Vier-Augen-Gespräche und die gemeinsame Entwicklung von Szenarien oder Gap-Analysen zu sensibilisieren.
2. **Schockphase:** Die erste Konfrontation der Betroffenen mit der nötigen Veränderung führt häufig zu Überraschung, Erstarren und sinkender Produktivität. Das Management sollte Klarheit, Transparenz und Sicherheit beim Verkünden der Entscheidung ausstrahlen. Hierzu bedarf es einer eindeutigen Kommunikation über das »Was« und »Wie« der Veränderung.

3. **Einwands- und Widerstandsphase:** Die Betroffenen zeigen Abwehrreaktionen. Verleugnung und Unglauben kommen auf. Die Mitarbeiter sind (noch) kein Teil der neuen Vision, sondern halten an alten Gewohnheiten und Prozessen fest. Aufgabe der Führung ist es, Fakten zu schaffen, die Notwendigkeit des Wandels zu erläutern und klarzumachen, dass dieser unumgänglich ist. Zugleich sollte die Führung gut zuhören und zwischen gerechtfertigten, konstruktiven Einwänden und Widerspruch »aus Prinzip« differenzieren. Wer Bereitschaft zur Neuorientierung zeigt, kann in die Veränderung eingebunden werden. Entstehen Unsicherheiten über Rollen oder Zuständigkeiten, sind diese zu adressieren. Zudem sollte das Management eigene Emotionen zeigen, situatives Verständnis aufbringen und unbürokratische Hilfe anbieten.
4. **Rationale Akzeptanz:** Die Betroffenen erkennen, dass der Wandel unvermeidlich und notwendig ist, ohne schon ein tieferes Verständnis der Lösung zu haben. Es besteht die Gefahr nur kurzfristiger, oberflächlicher Änderungen. Die Führung sollte die Konsequenzen von Passivität oder Verdrängung aufzeigen, nach Multiplikatoren für den Wandel suchen und mit deren Hilfe die Belegschaft im größeren Maße und Umfang erreichen. Langfristige Ziele werden konkretisiert.
5. **Emotionale Akzeptanz:** Die Belegschaft trennt sich langsam von alten Routinen. Eine Trauer um das »Früher« setzt ein. Es beginnt eine konstruktive Auseinandersetzung mit der neuen eigenen Rolle, den Herausforderungen und persönlichen Fähigkeiten. Helfen kann hier ein gemeinsames Würdigen des Alten sowie ein Teilen des eigenen Weges. Geschieht dies in Verbindung mit dem Anerkennen individueller Belastung, trägt dies wesentlich dazu bei, eben jene zu mindern.
6. **Realisierungs- und Lernphase:** Hoffnung und Neugier entwickeln sich, ebenso die Einsicht, dass die Veränderung auch gute Seiten hat. Erste Erfolge stellen sich ein und verstärken die Ambition, weitere Fortschritte zu erreichen, neue Ziele halten die Aufbruchsstimmung aufrecht. In einer offeneren Atmosphäre wird neue Kraft geschöpft, neue Kompetenzen werden erlernt und die Zufriedenheit der Mitarbeitenden steigt. Das selbstständige Lösen von Aufgaben ist zu unterstützen. Gemeinsame Rituale stabilisieren die Veränderung.
7. **Integrationsphase:** Wiederholte Erfolge bewirken eine zunehmende Integration des Neuen in die tägliche Routine. Die Veränderung wird zur Selbstverständlichkeit, neue Prozesse werden zum Standard. Der Führung obliegt es, durch Lernen die Fähigkeiten für kommende Change-Prozesse zu bewahren, ja weiterzuentwickeln.

Würdigung und Verortung: Ein Verständnis für den komplexen Prozess der emotionalen Veränderung ist nach unserer Erfahrung ein äußerst bedeutsamer Bestandteil jeder Transformationsplanung. Dies gilt insbesondere für eigentümergeprägte mittelständische Unternehmen, in denen die Bindungen an die Firmen und ihre kulturellen Werte stark ausgeprägt sind. Jede der sieben Phasen ist relevant und erfordert spezifische Ansätze. Je nach Art der Veränderung und Reaktion der Mitarbeitenden können die Emotionen variieren, nicht jeder Mensch durchläuft jede Phase gleich. Gefragt sind daher ein dynamisches Verständnis und Einfühlungsvermögen, um als Umsetzungsmanager diese psychosozialen Phasen (und die dahinterstehende Logik) zu erkennen respektive nutzbar zu machen.

Bezogen auf den Dreiklang ist klar, dass dieser Ansatz fast ausschließlich die Dimension Menschen adressiert, und zwar in sehr hohem Maße. Die Dimensionen Strukturen und Performance hingegen werden höchstens indirekt angesprochen.

3.1.6 Ansätze des Change-Managements

Die Zahl an Publikationen zum Management von Change und Transformationen (mit den darin enthaltenen Konzepten, Modellen und Frameworks aus Theorie und Praxis) ist in den vergangenen Dekaden enorm angewachsen (Haas et al. 2022, Cameron/Green 2020, Hayes 2018, Burke 2017). Hier nun richten wir den Fokus auf die zwei sehr bekannten phasenorientierten Modelle für erfolgreichen Wandel und Veränderung in Organisationen, die auf Kurt Lewin und John Kotter zurückgehen.

3.1.6.1 Drei-Phasen-Modell (X)

Hintergrund: Einen Grundstein für die moderne Managementliteratur legte der deutsch-jüdische und 1933 in die USA emigrierte Sozialpsychologe Kurt Lewin. Er selbst sprach in seinen Veröffentlichungen (Lewin 1947a, 1947b) von drei Schritten namens »Unfreezing«, »Moving« und »Freezing«. Aufbauend auf seiner früheren Forschung ging es ihm dabei um Prozeduren des geplanten gesellschaftlichen Wandels, nicht um die Entwicklung von Organisationen (Burns 2020). Es waren dann, wie neue Forschungen zeigen, vor allem andere Akteure mit ganz eigenen Motiven und eher losem Bezug zu den Originalquellen, die diese Gedanken immer neu verpackten und über die Jahrzehnte zu dem

Drei-Phasen-Modell für Veränderungsprozesse in Unternehmen formten, das dann in den 1980er Jahren berühmt werden sollte (Cummings et al. 2016). Längst führt dieses Modell, das in seiner einfachen Grundstruktur breiten Anklang findet, ein Eigenleben. Dennoch gilt Lewin bis heute weithin als sein geistiger Vater – und damit als Ahnherr des modernen Change-Managements.

Inhalt: Das Modell besteht aus den folgenden Phasen:

1. **Unfreezing:** In der ersten Phase gilt es, die alten Strukturen und Prozesse aufzubrechen und ein Bewusstsein für die Notwendigkeit von Veränderung zu schaffen. In Unternehmen erfordert dies die offene Kommunikation der Transformationspläne, um Ängste und Widerstand abzubauen. Indem Betroffene einbezogen werden, sichern sich die Verantwortlichen deren Unterstützung und Motivation.
2. **Moving:** In der zweiten Phase geht es um die Transformation selbst und das Erreichen eines neuen Gleichgewichtzustands. Unterstützt wird das im Unternehmen durch Trainings und Weiterbildungen. Die Einführung systematischer Prozesse hilft beim Umgang mit Ängsten in der Belegschaft und bei der Überprüfung des Fortschritts.
3. **Freezing:** In der dritten Phase wird der Wandel gefestigt. Neue Prozesse werden implementiert und etabliert. Aufgabe des Managements ist es, die nachhaltige Umsetzung der Transformation sicherzustellen und Menschen dabei zu unterstützen, sich an den neuen Status quo zu gewöhnen.

Würdigung und Verortung: Das Drei-Phasen-Modell ist über die Jahre auf viele Zusammenhänge übertragen und dahingehend angewandt worden. Diese reichen von Veränderungen des individuellen Verhaltens über Veränderungen von Organisationen bis hin zu Veränderungen in Gesellschaften. Es ermöglicht den Entscheidungsträgern, den Prozess der Veränderung in klare Phasen zu unterteilen, um einen organisierten und systematischen Ansatz der Umsetzung zu gewährleisten. Zugleich wurde das Modell vor allem im betriebswirtschaftlichen Rahmen stetig weiterentwickelt, neu interpretiert oder gar als Grundlage für ganz neue Modelle verwendet. Das wohl wichtigste Beispiel dafür ist John Kotters Acht-Stufen-Modell, das wir deshalb im Anschluss näher erläutern werden.

Verglichen mit dem Dreiklang, spricht das Drei-Phasen-Modell zwar die Dimension Strukturen an, allerdings nur im Grundsätzlichen. Der Hauptfokus liegt klar auf den Beteiligten und der Kommunikation, sprich auf der Dimension Menschen. Die Aspekte und Facetten der Dimension Performance hingegen finden sich kaum wieder.

3.1.6.2 Acht-Stufen-Modell (XI)

Hintergrund: Das Acht-Stufen-Modell nach John Kotter ist der Ansatz des Change-Managements, der vielleicht die weiteste Verbreitung gefunden hat. Erstmals 1996 vorgestellt, entwickelte der Professor der Harvard Business School sein Konzept über die Jahre weiter (Kotter 2011). So zielte er mit dem Paradigma »See, feel, change« darauf ab, in seinen acht Stufen auch stets die Emotionen der Beteiligten anzusprechen (Kotter/Cohen 2012). Das Modell erwies sich als griffiges Tool zur Bewältigung organisatorischer Veränderungsprozesse. Daher erfuhr es große Popularität als Leitfaden für den Wandel.

Inhalt: Hier sind die acht Stufen im Einzelnen kurz erläutert:

1. **Dringlichkeit erzeugen:** Laut Kotter scheitern viele Veränderungsprozesse, weil die Belegschaft nicht das Gefühl teilt, dass Veränderung dringend notwendig wäre. Die Folge ist mangelndes Engagement. Um das Gefühl der Dringlichkeit und damit Einsatzbereitschaft zu erzeugen, sollte das Management in offenen Diskussionen über Lage und Probleme des Unternehmens sprechen sowie die Risiken im Falle des Nichtstuns aufzeigen. Der Zuspruch intern wichtiger Akteure sowie seitens externer Experten kann dabei unterstützen.
2. **Führungskoalition bilden:** Es gilt, ein repräsentatives Team aus Schlüsselfiguren zusammenzustellen, welches den Veränderungsprozess anleitet. Dieses Team muss über ausreichend Fachwissen, Führungskompetenz und Umsetzungsbefugnis verfügen sowie als Einheit zusammenarbeiten können. Eventuelle Schwächen sind gezielt auszugleichen.
3. **Zielbild der Transformation entwickeln:** Das Zielbild sollte ein gemeinsames Verständnis für die Richtung und Aspiration der Veränderung reflektieren und auf den Kernwerten des Unternehmens aufbauen. Es dient als Leitfaden zur Koordination und Motivation der Belegschaft. Es sollte greifbar, nachvollziehbar und realistisch sein, zugleich aber flexibel genug, um die Interessen aller Stakeholder bestmöglich zu berücksichtigen. Aufbauend auf dieser Vision erfolgt dann die Entwicklung einer Strategie.
4. **Vision kommunizieren:** Die interne Verständigung über Zielbild, Vision und Strategie sollte klar und anschaulich erfolgen, dies über diverse Kanäle

und regelmäßig. Bestenfalls wird sie mit bereits relevanten Aspekten des Arbeitsalltags verbunden wie Performance-Reviews oder Trainings. Ziel ist es, breites Verständnis und Enthusiasmus für den Wandel zu erzeugen. Bedenken und Probleme sollten mit Verständnis und Engagement adressiert werden.

5. **Mitarbeiter befähigen:** Hindernisse, die den Mitarbeitern im Transformationsprozess im Wege stehen, sind zu beseitigen. Dabei hilft eine Analyse, wie weit die Prozesse und Strukturen mit der neuen Vision im Einklang stehen oder eben auch nicht. Zur Not muss Gewohntes aufgebrochen und verändert werden. Widerstand in der Belegschaft sollte bearbeitet werden. Mitarbeiter, die den Wandel vorantreiben, werden belohnt.
6. **Quick Wins erzielen:** Organisatorische Veränderungen sind häufig zeitaufwendig. Daher ist es von zentraler Bedeutung, rasch und gezielt erste Erfolge mit hoher Wirksamkeit und Symbolwirkung zu erzielen. Diese stärken das Vertrauen in die eingeleiteten Maßnahmen und dienen als Anerkennung für das bisherige Engagement.
7. **Erfolge festigen:** Erzielte Veränderungen bilden die Basis, um den Wandel weiter voranzutreiben. Erreichte Fortschritte sollten analysiert werden, um daraus zu lernen, mit Erfolgen zu motivieren und das Dringlichkeitsgefühl weiter aufrechtzuerhalten.
8. **Veränderung verankern:** Die neu gewonnenen Werte müssen Teil des Firmenleitbilds und der Unternehmenskultur werden. Um Rückschritte und Workarounds zu vermeiden, ist das stete Kommunizieren der Erfolgsgeschichten und die Demonstration des Mehrwerts der vollbrachten Veränderung nötig. Die Transformation wird so vollendet und hat Bestand.

Würdigung und Verortung: Das Acht-Stufen-Modell hat zu Recht Bekanntheit erlangt. Mit seiner strukturierten, umfassenden Herangehensweise und den vielen praktischen Hinweisen zu den »Dos« und »Don‘ts« stellt es eine solide Basis für das Management von Wandel dar. Allerdings setzt das Modell stark auf Vorgaben des Topmanagements, was die Fähigkeit zur internen Kooperation und Partizipation einengt. Bemerkenswert ist die Ähnlichkeit mit den drei Phasen nach Lewin. So bilden die ersten drei Stufen dessen »Unfreezing« ab, die nächsten vier Stufen das »Moving« und die letzte Stufe das »Freezing«. Mit ihrer Klarheit und Konsistenz sind beide Modelle gut geeignet, Veränderungsprozesse in Organisationen zu strukturieren, wobei Kotters Ansatz praxisorientierter ist.

Aus der Perspektive des Dreiklangs fällt auf, dass Kotters Acht-Stufen-Modell sehr vieles über die Menschen in Veränderungsprozessen sagt, über unterschiedliche Rollenbilder, die Kommunikation, das Befähigen der Mitarbeiter und den Umgang mit Widerständen. Faktoren der Dimension Strukturen werden hingegen nur teilweise einbezogen. Zwar wird die Struktur des Führungsteams, die Formulierung eines Zielbilds und das Aufbrechen und Ändern bestehender Prozesse angesprochen, doch der Ansatz bleibt im Grundsätzlichen und sagt nichts über die konkrete organisatorische Ausgestaltung. Mit den Quick Wins adressiert das Modell die Dimension der Performance, aber auch nur im Ansatz. Von KPIs, Messungen und Review-Meetings ist keine Rede.

3.1.7 Ansätze aus der Führungsliteratur

Zahlreiche Bücher, Artikel und Forschungspapiere stellen die Führung in den Mittelpunkt der Gestaltung von Change- und Umsetzungsprozessen. Aus dieser Literatur greifen wir die Ansätze von Stephen Bungay und Bossidy/Charan heraus, da diese weitverbreitet und aus unserer Sicht für die Umsetzung von Strategien relevant sind.

3.1.7.1 Strategie-Briefing (XII)

Hintergrund: Stephen Bungay, langjähriger Berater bei der BCG, Autor und Dozent an der Hult International Business School in Großbritannien, entwickelte zum Schließen der Lücke zwischen Strategie und Umsetzung ein Führungsprinzip, das er aus der Militärgeschichte ableitete. Sein »Strategie-Briefing« (Bungay 2021, 2011) dient dazu, komplexe Ziele und Kennzahlen in nur einem Meeting mithilfe von fünf Schritten aufzuteilen, zu priorisieren und zu vereinbaren. Dabei werden hochgesteckte Strategieziele übersetzt in Anweisungen für die tägliche Arbeit. Dies bietet klare Orientierung.

Inhalt: Der Prozess nach Bungay beginnt mit der *Definition einer Absicht*, also dem »Was« und »Warum« der Strategie. Das Ziel sollte klar und nachvollziehbar sein – in der Begründung wie in seiner Formulierung – und den Mitarbeitern vermitteln, welche Maßnahmen zielführend für die Zukunft sind.

Im zweiten Schritt liegt der Fokus auf der *Berücksichtigung von Kontext und Zusammenhängen*, denn die äußeren Umstände spielen eine entscheidende Rolle. Manager, die Meetings leiten, müssen die Ziele ihrer eigenen Vorgesetzten verstehen, um den Kontext weitergeben und diesen für ihre Mitarbeiter klar beschreiben zu können. Sie setzen Prioritäten, halten regelmäßig die Maßnahmen nach und können, um Fortschritte zu erreichen, zur Not auch die Ziele selbst überprüfen und anpassen.

Der dritte Schritt besteht in der *Definition von Kennzahlen*. Diese müssen klar und messbar sein, um den Fortschritt zu überwachen, kontinuierliches Feedback zu ermöglichen und auf die Notwendigkeit von Änderungen der Strategie oder von neuen KPIs hinzuweisen.

Vierter Schritt ist das *Verteilen von Aufgaben*. Es ist eindeutig zu identifizieren, was relevant und wer dafür zuständig ist. Jeder Mitarbeiter hat eine klar definierte Aufgabe, an deren Erfüllung seine Effektivität gemessen wird. Eine Abgrenzung der Verantwortungsfelder ist wesentlich, um Überschneidungen zu verhindern, Abstimmungsschwierigkeiten zu minimieren und Autonomie zu maximieren.

Der fünfte und letzte Schritt besteht in der *Definition von Handlungsgrenzen*. Es geht darum, für die Teammitglieder Parameter und Richtlinien zu setzen, ohne dabei aber ihre Kreativität einzuschränken. Es mag wie ein Widerspruch klingen, doch nur ein klarer Rahmen erlaubt situationsbedingtes flexibles Handeln, da die Mitarbeiter sich sonst leicht eigene Einschränkungen auferlegen, welche strenger als nötig sind.

Würdigung und Verortung: Diese Methode ist sowohl in einzelnen Meetings als auch auf Unternehmensebene effektiv. Durch das »Briefing« der Führungskräfte, die wiederum kaskadenartig ihre eigenen Mitarbeiter »briefen«, wird die Unternehmensstrategie in immer kleinere, zusammenhängende Bestandteile zerlegt und kommuniziert. Dabei ist eine Feedbackschleife in Form von Rückmeldungen nach dem Briefing an den Vorgesetzten wichtig, um KPIs abzugleichen und das gemeinsame Verständnis zu bestätigen.

Das Strategie-Briefing beschreibt ein wirkungsvolles Führungsprinzip an der Schnittstelle zwischen Konzept und Umsetzung. Spezifische Herausforderungen beim Ausbalancieren zwischen der Setzung von Grenzen und der Gewährung von Autonomie müssen berücksichtigt werden.

Wer diesen Ansatz aus Sicht des Dreiklangs analysiert, erkennt, dass das Strategie-Briefing alle drei Dimensionen adressiert. Aspekte wie das Setzen von Zielen oder ebenso Prioritäten, Aufgaben und klare Verantwortlichkeiten werden vielen Anforderungen an die Dimension der Strukturen gerecht. Das Prinzip des »Briefings« und »Backbriefings« betont die Rolle der Kommunikation und die Notwendigkeit, sicherzustellen, dass die Menschen tatsächlich alles verstanden haben und an Bord sind. Die Definition von Kennzahlen wiederum ist ein Spiegel der Dimension Performance. Trotz aller Vorzüge bleibt Bungay allerdings im Grundsätzlichen und bietet nur in Teilen einen methodischen Rahmen für betriebswirtschaftliche Umsetzungen.

3.1.7.2 Sieben essenzielle Verhaltensweisen eines Leaders (XIII)

Hintergrund: Im Jahr 2002 beschrieben Larry Bossidy (der erst bei General Electric ein langjähriger Weggefährte von Jack Welch und dann Chairman des Mischkonzerns Honeywell war) und Ram Charan (ein Unternehmensberater) in einem Bestseller ihre Ratschläge an Führungskräfte mit Umsetzungsverantwortung (Bossidy/Charan 2002). Umsetzung ist demnach erstens eine Disziplin und integraler Bestandteil der Strategie, zweitens eine Hauptaufgabe und drittens als Kernelement der Organisationskultur zu betrachten. In einem Schlüsselkapitel stellen sie drei Bausteine der Umsetzung vor, von denen wir den ersten Baustein näher erläutern mit den »sieben essenziellen Verhaltensweisen eines Leaders«. Der zweite beleuchtet später die Bedingungen für kulturellen Wandel, der dritte Baustein die Aufgabe, die richtigen Menschen an die richtigen Positionen zu setzen.

Inhalt: Die sieben Handlungsempfehlungen für Umsetzungsmanager lauten:

1. **Kennen Sie Ihre Mitarbeiter und Ihr Unternehmen.** Bossidy/Charan sehen die Gefahr, dass Informationen nur gefiltert ans Topmanagement gelangen und dieses mit der Zeit den Blick für die Realität im Unternehmen verliert. Die Spitze sollte daher auf Reflexion sowie eine Kultur des Dialogs und gegenseitigen Lernens achten.
2. **Bestehen Sie auf Realismus.** Realismus ist das Herzstück der Umsetzung. Ein guter Manager hält sich deshalb strikt an das, was ist, und kennt auch die Schwächen des Unternehmens.
3. **Setzen Sie klare Ziele und Prioritäten.** Effektive Führungskräfte konzentrieren sich auf wenige, klare Prioritäten, um die knappen Ressourcen zu bündeln. Sie kommunizieren eindeutig und vereinfachen Sachverhalte, damit andere diese angehen können.
4. **Bringen Sie Dinge zu Ende.** Selbst klar formulierte Ziele erfüllen keinen Zweck, wenn sie von den Verantwortlichen nicht ernst genommen werden. Daher müssen Konfliktfelder erkannt und adressiert werden. Regeltermine im Managementteam helfen dabei.

5. **Belohnen Sie die Macher.** Wer sich ein bestimmtes Verhalten wünscht, muss die nötigen Anreize setzen. Für eine Leistungskultur ist es wichtig, klar, transparent und sichtbar zwischen High- und Low-Performern zu unterscheiden.
6. **Erweitern Sie die Fähigkeiten Ihrer Mitarbeiter durch Coaching.** Gute Führungskräfte geben ihr Wissen über Markt und Methoden weiter und coachen andere durch Feedback und anregende Fragen – dies mit Fokus auf Mitarbeiter mit Potenzial. Denn Zeit ist wertvoll.
7. **Kennen Sie sich selbst.** Wahre Anführer bedürfen einer emotionalen Standhaftigkeit. Erst sie sorgt für Ehrlichkeit bei der Beurteilung des Geschäfts sowie beim Feedback an Mitarbeiter. Dies erlaubt das Akzeptieren abweichender Meinungen und das Angehen eigener Schwächen. Starke Führungspersonen suchen nach Leuten, die fähiger sind als sie selbst, um Energie und Kompetenz ins Unternehmen zu bringen. Das bedarf ausreichend Selbstsicherheit (nicht zu verwechseln mit Arroganz). Eine Ausstrahlung von Integrität und Positivität hilft, emotional schwierige Situationen (wie Kündigungen) zu bewältigen.

Würdigung und Verortung: Bossidy/Charan betonen die Bedeutung der Umsetzung und geben wichtige Impulse. Es wird aber auch deutlich, dass diesen zumindest in Teilen ein autoritärer Führungsstil zugrunde liegt. Eine solche Haltung kann in der modernen Arbeitswelt auf Widerstand stoßen. Im Übrigen ist beispielsweise die Betonung monetärer Anreize in der Theorie wie auch in der Praxis inzwischen umstritten.

Mit ihrem Fokus auf Dialog, Reflexion und offene Kommunikation, auf Entscheidungen und auf das Coaching guter Mitarbeiter sprechen Bossidy/Charan vor allem die Dimension Menschen explizit an. In ihren Überlegungen zu klaren Zielen, Prioritäten oder Regelterminen adressieren sie die Dimension Strukturen, ohne Näheres zur Organisation einer Umsetzung oder zur Operationalisierung von Maßnahmen zu sagen. Die monetären Anreize für High-Performer dienen der Förderung der Performance. KPIs und deren Messung tauchen in den sieben Empfehlungen nicht auf, werden aber an anderen Stellen des Buches in Form von Budgetierung und Review-Meetings als Steuerungsgrößen angesprochen.

3.1.8 Ansätze internationaler Unternehmensberatungen

Eine ergiebige Quelle für das Management von Change- und Umsetzungsvorhaben sind die Veröffentlichungen der großen internationalen Beratungshäuser. Diese Beiträge umfassen Studien, Praxisberichte sowie konzeptionelle Ansätze zur Steuerung von Transformationen. Auch wenn der Erfahrungs- und Wissensschatz von Beratern häufig aus einer Tätigkeit in globalen Konzernen und großen Unternehmen resultiert, werden wir ihre Erkenntnisse aufgreifen und hinsichtlich ihres Potenzials für den Mittelstand einordnen. Mit Blick auf Stringenz und Bekanntheit konzentrieren wir uns auf Ansätze aus den Häusern BCG, McKinsey & Company, FranklinCovey und Brightline.

3.1.8.1 BCG: Head, Heart and Hands (XIV)

Hintergrund: In den vergangenen Dekaden hat die Boston Consulting Group (BCG) eine Fülle von konzeptionellen Ansätzen und Instrumenten für das Management von Change und Transformationen entwickelt, zum Beispiel »Change Delta« (Keenan et al. 2012), das »Change Readiness Assessment« (Jahn et al. 2020) oder den »Dice Test« (Sirkin et al. 2005). Das Konzept »Head, Heart and Hands«, das wir im Folgenden näher beleuchten, stellt den Menschen in den Mittelpunkt (Hemerling et al. 2018). Dabei stehen drei Komponenten im Fokus: das Denken und Planen (Head), die Inspiration und Motivation (Heart) sowie die agile Umsetzungssteuerung (Hands). Angelegt ist dies als holistisches System.

Inhalt: Essenz der ersten, rationalen Komponente »*Head*« ist das Finden einer Antwort auf die Frage: Wie kreieren wir eine Zukunftsvision – und wie identifizieren wir Prioritäten, um dorthin zu gelangen? Weitere Bausteine sind die Kommunikation einer »Story« als Basis für ein gemeinsames Verständnis und Commitment. Erst dann kann auch die Belegschaft die Vision des Wandels verstehen. Wichtig für deren Motivation, Inspiration und Selbstermächtigung ist zudem die emotionale Komponente »*Heart*«. Die Führung, die vor allem Ziele strategisch managen, Herausforderungen priorisieren und Verantwortlichkeiten definieren soll, muss daher zusätzliche Zeit und Mühen in das Kommunizieren, Delegieren und Befähigen der Beteiligten investieren, um so für eine emotionale Bindung zur Veränderung zu sorgen. Dazu gehört das Verständnis für die von der Transformation betroffenen Mitarbeiter und ehrliche Empathie für jene, die das Unternehmen infolge des Wandels verlassen müssen. Das dritte Element »*Hands*« stellt die disziplinierte Implementierung und die dafür nötige Implementierungsarchitektur (PMO, Fortschritts-Monitoring und anderes) in den Vordergrund. Wichtig ist, dass die obere Führungsriege – statt Verantwortung zu delegieren – sich selbst zuständig fühlt und das auch zeigt. Die Teams müssen ihrerseits die nötigen Ressourcen erhalten, sei es durch neue Kräfte oder interne Trainings und Workshops. Innovative Methoden zur Erhöhung der Zusammenarbeit, Flexibilität und Produktivität kommen zum Einsatz, desgleichen ein Anreizsystem, das gewünschtes Verhalten fördert und die Umsetzung des Verlangten belohnt.

Würdigung und Verortung: Laut der BCG zeigt eine Untersuchung von rund 100 Fällen, dass Unternehmen, die alle drei Elemente in ihre Strategie einbeziehen, in ihren Umsetzungsversuchen deutlich erfolgreicher sind (BCG 2018). Trotzdem haben viele Unternehmen Probleme: Während die Komponente »Head« häufig reibungslos funktioniert, hakt es vor allem bei der Berücksichtigung von »Heart« und »Hands«, sprich bei der Durchdringung der Belegschaft und der Umsetzung im Alltag. Entsprechend sollte diesen beiden Elementen besondere Aufmerksamkeit geschenkt werden. Wichtig ist, darauf hinzuweisen, dass Studien der BCG sich vor allem auf internationale Konzerne beziehen und Ergebnisse nicht ohne Weiteres auf hiesige Unternehmen übertragen werden können. Prinzipiell ist das Konzept aus unserer Sicht auch für den deutschen Mittelstand geeignet, insbesondere wegen seines ganzheitlichen Ansatzes. Wer es nutzen will, muss die Ideen von »Head, Heart and Hands« aber erst noch konkret für die eigene Change-Initiative operationalisieren.

In ihrem Ansatz legt die BCG klar den Fokus auf die Dimension Menschen, auf die Motivation der Mitarbeiterinnen und Mitarbeiter, auf die emotionale Bindung, auf einen wertschätzenden Umgang sowie auf Befähigung. Strukturen spielen eine Rolle – wie bei der Betonung von Prioritäten, richtigen Anreizen oder der Definition von Verantwortlichkeiten –, aber eher in Ansätzen. Wichtige Faktoren aus der Dimension Performance wie das Monitoring werden ebenfalls angesprochen, allerdings nicht weiter operationalisiert.

3.1.8.2 McKinsey & Company: Influence-Modell (XV)

Hintergrund: Das Influence-Modell mit seinen »Vier Säulen der Veränderung« (»Four Building Blocks of Change«) ist ein zentraler Ansatz innerhalb des sogenannten »5-A-Konzeptes« für erfolgreichen Wandel der Unternehmensberatung McKinsey & Company (Keller/Schaninger 2019, Bassford/Schaninger 2016).

Dieses beschreibt die einzelnen Phasen einer Transformation (Aspire, Assess, Architect, Act, Advance). In seiner dritten Phase ist das Influence-Modell zentral dafür, die Einstellung und Verhaltensweisen der Beteiligten zu beeinflussen.

Inhalt: Die erste Säule besteht aus der *Förderung von Verständnis und Überzeugung*. Oft gehen Führungskräfte fälschlicherweise davon aus, dass die Zusammenhänge des »Was« und des »Warum« der Belegschaft bekannt seien. Helfen können hier eine »Change-Story«, die die Geschichte hinter dem Wandel erklärt, sowie interaktive Kommunikationsformen und wiederholte Rituale. Daher ist eine klare, offene und ehrliche »Top-down«-Kommunikation unerlässlich. Die zweite Säule umfasst »Reinforcement Mechanisms«, das *Festigen gewünschten Verhaltens* durch formale Strukturen, Systeme und Prozesse, die die Veränderungsbereitschaft unterstützen und verstärken. Ein bedeutsamer Teil davon sind Anreizsysteme, wobei die Herausforderung darin besteht, eine Balance zwischen finanziellen und kulturellen Anreizen zu finden. Neben rein materieller Kompensation durch Beförderungen und Bonuszahlungen kann dies zum Beispiel durch das Zelebrieren konkreter Erfolge im Team und die Demonstration des beim Kunden erzielten Mehrwerts erzeugt werden und damit die intrinsische Motivation stärken.

Die dritte Säule besteht in der *Förderung von Talent und Vertrauen in die eigenen Fähigkeiten*. Hier geht es auch darum, die Bereitschaft zum lebenslangen Lernen zu unterstützen. Bekommen die Mitarbeitenden das Gefühl, dass ihr eigenes Handeln maßgeblich die Performance des Teams oder gar des Unternehmens beeinflusst, steigert dies ihre Motivation enorm. Die vierte und letzte Säule betont die Relevanz und *Nutzung der Vorbildfunktion* von Meinungsführern und beliebten Figuren im Unternehmen. Die Vorbildfunktion tritt mal bewusst, mal unterbewusst auf – ist dieser Effekt aber der Führung bewusst, können Vorbilder (die gewünschtes Verhalten vorleben und die Veränderung aktiv befürworten) die Akzeptanz der Transformation steigern.

Würdigung und Verortung: Das Influence-Modell mit seinen »Vier Säulen der Veränderung« von McKinsey ist nicht als umfassendes Umsetzungsmodell angelegt, sondern ein wichtiger Baustein des 5-A-Konzepts. Das Modell beschreibt wesentliche Voraussetzungen, die das Mitwirken der Beteiligten und damit den Erfolg begünstigen. Zentral hierfür ist das aufeinander abgestimmte Zusammenspiel aller vier Komponenten.

In McKinseys Ansatz werden einige Elemente von Strukturen (wie Anreizstrukturen und Feedbackloops) aufgegriffen, doch der Fokus des Modells liegt

unübersehbar auf der Dimension Menschen – vom Erklären und Kommunizieren über die Befähigung der Belegschaft bis hin zur Betonung der Rolle von Vorbildern, um die Veränderungsbereitschaft zu festigen. Die Dimension Performance wird nicht berücksichtigt, im übergeordneten 5-A-Konzept aber in der »Act«-Phase behandelt.

3.1.8.3 FranklinCovey: 4-D-Ansatz (XVI)

Hintergrund: Eines der wenigen Bücher mit alleinigem Fokus auf Umsetzung ist *The 4 Disciplines of Execution* (McChesney et al. 2022). Alle drei Autoren waren zum Zeitpunkt der Erstpublikation 2012 leitende Manager bei der US-Unternehmensberatung FranklinCovey. Das Buch entwickelte sich zu einem Bestseller. Im Vorwort der Erstausgabe lobte Clayton Christensen den Ansatz, seinerzeit Professor an der Harvard Business School (außerdem Erfinder der Theorie von der »Disruption«). Er begründet dies damit, dass in der betriebswirtschaftlichen Forschung die Frage des »Wie« (die Umsetzung) im Vergleich zur Frage des »Was« (die Strategie) zu häufig vernachlässigt werde.

Inhalt: Im Kern des Ansatzes stehen vier Disziplinen oder Prinzipien, die eine wirkungsvolle Implementierung von Strategien ermöglichen. In der ersten Disziplin wird die *Fokussierung* des Topmanagements auf einige wenige, aber entscheidende Ziele betont. Ein zu großes Bündel von Initiativen (mögen sie auch noch so gut gemeint sein) geht im Wirbel des Alltagsgeschäfts unter. Priorisierung ist demnach eine Voraussetzung dafür, dass mehr erreicht werden kann. Die zweite Disziplin stellt die Kontrolle der Fortschritte durch geeignete *Frühindikatoren* in den Vordergrund (siehe Kapitel 2.1.3). Diese sind für die Autoren von weit größerer Bedeutung, da sie Zwischengrößen darstellen und schon während der Umsetzung Aufschluss geben, ob das Unternehmen auf dem richtigen Weg ist – im Gegensatz zu nachgelagerten Größen wie die Entwicklung von Umsatz oder Kundenzufriedenheit, die sich erst am Ende der Umsetzung einstellen. Diese Steuerungsphilosophie gilt für die Autoren als ein wenig bekanntes Geheimnis der erfolgreichen Implementierung. Die dritte Disziplin besteht in der *Darstellung von Ergebnissen* mithilfe einer einfachen Ergebnistafel (Scoreboard). Individuen und Teams entwickeln mehr Engagement, wenn sie Zwischenstände der Entwicklung direkt sehen können. Zudem können sie aus solch einem »Spielstand« ihre nächsten Schritte ableiten. Wichtig ist daher, dass das Scoreboard auf die einzelnen Teams zugeschnitten ist.

Die vierte Disziplin umklammert die drei anderen Disziplinen. Sie thematisiert die *Verbindlichkeit*, die entsteht, wenn regelmäßig Verantwortung für das Erreichte und das zu Erreichende eingefordert wird. Grundlage für diese Verbindlichkeit und Verantwortlichkeit bilden regelmäßige Meetings im Wochenrhythmus für alle Umsetzungsteams, die ein übergeordnetes Ziel verfolgen. Dies ermöglicht den Beteiligten, im engen Rhythmus den Status quo der Performance zu reflektieren, selbst neue Commitments einzugehen und gegebenenfalls Kurskorrekturen vorzunehmen.

Würdigung und Verortung: Der 4-D-Ansatz von FranklinCovey stellt somit wichtige Faktoren wirksamen Umsetzungsmanagements in den Mittelpunkt. Er besticht durch seine Reduktion auf vier Disziplinen und die dahinterstehenden Prinzipien sowie durch Nachvollziehbarkeit. Darüber hinaus entfaltet die Vorgehensweise ihre volle Schlagkraft erst im Wechselspiel der vier Elemente.

Doch zeigt sich im Abgleich mit dem Dreiklang, dass wichtige Erfolgsfaktoren in den einzelnen Dimensionen unberücksichtigt bleiben. Die erste Disziplin – Fokussierung auf wenige Ziele – adressiert einen wichtigen Aspekt der Dimension Strukturen, lässt viele andere aber außer Sichtweite. Die Unterscheidung zwischen Früh- und Spätindikatoren der Umsetzungssteuerung in der zweiten Disziplin ist an der Schnittstelle von Strukturen und Performance anzusiedeln. Gleiches gilt für die Forderung der dritten Disziplin, die Zuständigen in kurzer Taktung in der Verantwortung zu halten. Dies spricht auch die Dimension Menschen an, allerdings darf bezweifelt werden, ob ein motivierendes Miteinander allein über Scoreboards erreicht werden kann. In Verbindung mit der vierten Disziplin, also die Zuständigen für Erreichtes und das zu Erreichende regelmäßig in die Verantwortung zu nehmen, wird die Dimension der Performance besonders hervorgehoben.

3.1.8.4 Brightline: 10 Guiding Principles (XVII)

Hintergrund: Brightline ist eine Initiative des Project Management Institute (PMI) aus den USA. Mitglieder sind Beratungsunternehmen, Universitäten oder auch Non-Profit-Organisationen. Mission und Ziel von Brightline ist es, die Lücke zwischen der Planung einer Strategie und deren Umsetzung zu schließen. Die »10 Guiding Principles« sind Ergebnis diverser Studien und sollen Führungskräften als Kompass für effektive Umsetzungen dienen (Brightline 2017).

Inhalt: Die »10 Leitprinzipien« lauten:

1. **Erkenne an, dass die Umsetzung von Strategien so wichtig ist wie deren Design.** Die Implementierung muss bereits bei der Konzeptionierung berücksichtigt werden. Der Zeitaufwand und die Aufmerksamkeit müssen in der Umsetzung genauso hoch sein wie bei der Entwicklung der Strategie.
2. **Akzeptiere, dass du für die Umsetzung der Strategie verantwortlich bist, die du entworfen hast.** Führungskräfte müssen aktiv an der Umsetzung teilnehmen und einen regen Austausch sowie enge Koordination und Kollaboration mit den Mitarbeitenden sicherstellen. Das heißt: Erwartungen anpassen; Lücken in Plan oder Umsetzung identifizieren und angehen; die Ausrichtung korrigieren, wenn Prioritäten miteinander konkurrieren.
3. **Weise die nötigen Ressourcen zu und mobilisiere sie.** Führungskräfte müssen die nötigen Hilfsmittel und Kapazitäten bereitstellen und ferner sorgsam auswählen, wer wo mitwirkt – an der Umsetzung der Strategie und am Day-to-Day-Business. Zudem sind die besten Mitarbeiter mit ausreichenden Kapazitäten auf die herausforderndsten Initiativen zu setzen.
4. **Nutze alles Wissen über Kunde und Konkurrenz.** Informationen über Abnehmer und Wettbewerber müssen durch Feedbackloops überwacht und in die Entscheidungen des Managements eingebracht werden.
5. **Sei mutig, bleibe fokussiert und halte es so einfach wie möglich.** Auf Komplexitäten und disruptive Ereignisse gilt es schnell zu reagieren, ohne die Komplexität weiter zu erhöhen. Manchmal sind die simplen Pläne, die Bürokratie und Komplexität reduzieren, die besten.
6. **Fördere die Zusammenarbeit in den Teams und zwischen den Unternehmensbereichen.** So wie vertikale Kommunikation keine Einbahnstraße sein sollte, muss auch die horizontale Kommunikation funktionieren. Ein reger, regelmäßiger Austausch der Führungskräfte verschiedener Abteilungen hilft ebenso wie das Festlegen gemeinsamer Ziele.
7. **Zeige dich entscheidungsfreudig und stehe für Entscheidungen gerade.** Es ist elementar, getroffene Entscheidungen immer wieder Revisionen zu unterziehen, speziell bei internen oder externen Dynamiken. So wird agiles, entschlossenes Handeln möglich. Metriken und Meilensteine helfen dabei.
8. **Prüfe laufende Maßnahmen, bevor neue gestartet werden.** Priorisierung und Konzentration des Aktivitätenportfolios ist essenziell. Was bedarf Aufmerksamkeit, was kann pausieren, was sollte verworfen werden? Widerstehen Sie der Versuchung, zu viele neue Initiativen zu integrieren, aber auch der Verlockung, das Ende einer Initiative zu früh zu deklarieren.

9. **Entwickle robuste Pläne, aber lasse Fehler zu.** In dynamischen Umfeldern führt schnelles Scheitern zu schnellem Lernen.
10. **Zelebriere Erfolge und würdige jene, die gute Arbeit leisten.** Belohnung und Anerkennung sind wichtige Aufgaben der Führung, um den Transformationsgeist aufrechtzuerhalten.

Würdigung und Verortung: Die »10 Leitprinzipien« sprechen wichtige Erfolgsfaktoren der Umsetzung an. Die überschaubare Zahl der Imperative bietet einen praktikablen Handlungsrahmen. Deutlich wird, dass das Entwickeln einer Strategie und deren Umsetzung zwei Seiten ein und derselben Medaille sind. Das Management sollte die Beteiligten daher genauso in die Planung der Strategie involvieren wie in deren Implementierung.

Bezogen auf den Dreiklang werden mit Verantwortung, Ressourcen, Prioritäten und der Notwendigkeit, die Umsetzung in der Planung zu bedenken, wichtige Elemente der Dimension Strukturen adressiert – und mit der vertikalen und horizontalen Kommunikation, der Involvierung aller Akteure, mit Leadership und Kooperation der Aspekt Menschen. In beiden Dimensionen fehlt indes Konkreteres zur Operationalisierung. Performance spielt selten eine Rolle, wie etwa beim Prüfen laufender Maßnahmen oder beim Scheitern.

3.1.9 Ansätze führender Business-Schools

Weitere wertvolle Zugänge zur Steigerung der Wirksamkeit von Umsetzungen bieten Modelle, Methoden und Erkenntnisse führender Business-Schools. Sie verbinden Theorie und Praxis, da sie Erkenntnisse aus Forschung, Lehre, Beratung und vor allem Executive Trainings umfassen. Aus dieser Gruppe wollen wir Ansätze von drei prominenten Hochschulen – dem IMD, dem INSEAD und der Harvard Business School – vorstellen.

3.1.9.1 IMD: »Execution and Change Fieldbook« (XVIII)

Hintergrund: Entwickelt wurde dieses Konzept von Bettina Büchel, Professorin für Strategie und Organisation am International Institute for Management Development (IMD) in Lausanne (Büchel 2016). Sie leitet dort das Strategy-Execution-Programm für Führungskräfte. Ihr »Execution and Change Fieldbook« fasst die wesentlichen konzeptionellen Ansätze zusammen.

Inhalt: Das Fieldbook umfasst zwölf Bausteine, die den Prozess der Strategiefindung und -umsetzung abbilden:

1. Strategische Logik entwickeln,
2. Aktuelle Situation umfassend analysieren,
3. Gefühl der Dringlichkeit teilen,
4. Vision kreieren,
5. Plan entwickeln,
6. Auswirkungen abschätzen,
7. Team-Performance fördern,
8. Stakeholder involvieren,
9. Vorhaben kommunizieren,
10. Kompetenzen aufbauen,
11. Momentum erzeugen und aufrechterhalten,
12. Erfolg messen.

Bei Büchel gilt es zunächst, eine strategische Logik zu entwickeln, die die Beweggründe klar benennt, das Umsetzungsvorhaben mit dem Gesamterfolg des Unternehmens verknüpft und schon früh strategische KPIs zur Messung des Fortschritts definiert. Die Ursachen für die Probleme des Change, die zu lösen sind, werden unter Einbeziehung mehrerer Perspektiven analysiert. Die Notwendigkeit der Veränderung wird klar kommuniziert. Wichtig sind das Verständnis und die Unterstützung aller Stakeholder, weshalb die Ziele auch gemeinsam formuliert werden sollten. Bei der Konkretisierung der Vision sind Umfang, Meilensteine und Ergebnisse sowie die dafür notwendigen Initiativen zu definieren. Weiter gilt es, Aufgaben festzulegen, Ressourcen zuzuweisen, Kosten abzuschätzen und Schlüsselpersonen zu identifizieren. Mögliche Hindernisse werden ebenso bedacht und eingeplant wie erreichbare Quick Wins sowie Begeisterung erzeugende, gemeinsame Rituale. Bei der Auswahl des Teams ist auf eine Balance von Stärken und Schwächen zu achten. Büchel betont zudem die besondere Bedeutung eines aktiven Stakeholder-Managements. Der Kommunikation mit den diversen internen und externen Stakeholdern kommt eine Schlüsselrolle für den Erfolg zu. Voraussetzung dafür ist ein strukturierter Kommunikationsplan mit widerspruchsfreien Inhalten. Werden Lücken zwischen dem Zielbild und den für die Veränderung nötigen Ressourcen, Kompetenzen und Fähigkeiten erkannt, gilt es diese zu schließen, nicht zuletzt durch Trainings und Schulungen. Am Ende wird der Erfolg der Umsetzung gemessen an der Einhaltung des zeitlichen Rahmens sowie der Erreichung festgelegter Meilensteine.

Ein Status-Report sollte eine Übersicht über ursprüngliche Ziele, erreichte Fortschritte, Soll-Ist-Kosten, verbleibende oder noch fehlende Ressourcen und den Grad der Einbindung von Stakeholdern beinhalten.

Würdigung und Verortung: Das »Execution and Change Fieldbook« bietet nicht zuletzt durch seine Sets von Fragen ein praxisnahes Werkzeug für das Management von Change und Umsetzungen. Es zeigt klar, dass die Grundlagen wirkungsvoller Umsetzungen bereits in der Entwicklung einer Strategie gelegt werden (Schritte 1 bis 4).

Verglichen mit dem Dreiklang, adressiert der Ansatz des IMD in der Summe der Schritte alle drei Dimensionen. Die Dimension Menschen wird umfassend bedacht (bei der Kommunikation, der Zusammenstellung von Teams oder dem Aufbau von Kompetenzen). Strukturen werden bei der Entwicklung eines Plans und dem Management der Stakeholder berücksichtigt. Die Dimension Performance spiegelt sich in KPIs und der Messung des Fortschritts wider, allerdings wird durch den sequenziellen Charakter der Schritte das Zusammenspiel der drei Dimensionen nicht klar erkenntlich.

3.1.9.2 INSEAD: Strategie-Umsetzungs-Stresstest (XIX)

Hintergrund: Der »Strategy Execution Stress Test« wurde von den zwei Professoren Quy N. Huy und Michael Jarrett entwickelt, als Teil des »Strategy Execution Programme« des Institut Européen d'Administration des Affaires (INSEAD) mit Sitz in Fontainebleau bei Paris. Ziel des Ansatzes ist es, versteckte Probleme einer Strategie noch vor deren Ausführung zu identifizieren (Huy 2013, Huy/Jarrett 2011).

Inhalt: Der »Strategy Execution Stress Test« beruht auf einem zirkularen Modell mit sechs Fragen:

1. Haben Sie eine realisierbare Strategie?
2. Haben Sie einen umfassenden Umsetzungsplan?
3. Kennen Sie die versteckten Hindernisse der Implementierung?
4. Wissen Sie, wie Sie diese Hindernisse bewältigen können?
5. Verfügen Sie über die notwendigen Fähigkeiten?
6. Verfügen Sie über ein kontinuierliches Lernsystem?

Am Anfang steht eine kritische Hinterfragung der Strategie: Wer noch keine klaren, überzeugenden Vorstellungen hat, weder über die Mission, sprich die langfristigen Ziele, noch darüber, welche (nachhaltigen) Wettbewerbsvorteile sich damit erreichen lassen, der sollte eine Strategie nicht weiterverfolgen. Ist sie hingegen realisierbar, gilt es zu prüfen, ob ein umfassender Plan für ihre Umsetzung vorliegt. Laut Huy steht die Implementierung einer Strategie für etwa 95 Prozent des Aufwands in einem Transformationsprozess. Daher sollte der Plan zunächst die Verantwortlichkeiten festlegen. Darüber hinaus zu berücksichtigen sind messbare Ziele, eine angemessene Allokation von Ressourcen, ein realistischer Zeitrahmen, eine klare Rollenverteilung, eine Abstimmung der Stakeholder-Interessen und ausreichende Kontrollmechanismen. Durch die dritte Frage werden die kulturellen, sozialen und emotionalen Dynamiken einer Organisation angesprochen, die nicht immer rational begründet sind. Dies ist zum Beispiel der Fall, wenn es um Traditionen, soziale Identitäten in der Belegschaft oder um konkurrierende Abteilungen geht. Auch emotionale Dynamiken und Abwehrreaktionen können zu Barrieren werden, die zunächst vielleicht unbemerkt bleiben, jedoch große Wirkung entfalten können. Huy konstatiert, dass diese kollektiven Gefühle Umsetzungen be- und verhindern können, es aber auch möglich ist, sie positiv für die Umsetzung zu nutzen.

Zum Bewältigen dieser Hindernisse verweist der Ansatz auf die Mobilisierung von emotionaler Energie und den Aufbau temporärer Fähigkeiten (Huy 2001). Darunter ist das bewusste zeitliche Abstimmen von strategischen Entscheidungen mit temporären Trends und Mustern (intern wie extern) zu verstehen. Dabei kommt dem mittleren Management eine besondere Bedeutung zu als Bindeglied zwischen der Strategie des Topmanagements und ihrer Umsetzung durch die Belegschaft. Für den Erfolg der Umsetzung ist wichtig, dass diese Mittelmanager über die nötigen Skills verfügen – fachliche, technische, aber auch soziale, etwa für den Umgang mit Kollegen, Kunden und Zulieferern. Die sechste Frage lenkt den Blick darauf, ob die Strategie und ihre Implementierung durch ein Lernsystem kontinuierlich unterstützt und weiterentwickelt wird. Dies erfordert das rechtzeitige Erkennen auch ungeplanter Vorkommnisse. Nur wer aus vergangenen Initiativen lernt, wird sich als Unternehmen beständig und nachhaltig verbessern, bevor der Kreislauf erneut beginnt.

Würdigung und Verortung: Insgesamt ist der Stresstest von INSEAD ein gutes Werkzeug, um Probleme bei der Umsetzung einer Strategie schon im Ansatz zu erkennen. Bezogen auf den Dreiklang wird die Dimension Menschen in vielen Facetten angesprochen, etwa mit dem Blick auf irrationale, emotionale oder soziale Barrieren oder mit dem Fokus auf Fähigkeiten und beständigem Lernen. Die Dimension Strukturen wird indes nur in Teilen adressiert, konkret bei der Forderung nach messbaren Zielen, Ressourcen, Zeitrahmen, Rollenverteilung und Berücksichtigung der Stakeholder. Die Dimension Performance wiederum, das »Was« und »Wie« eines systematischen Maßnahmen-Controllings, wird nur indirekt thematisiert und nicht weiter konkretisiert.

3.1.9.3 Harvard: Five-Keys-Konzept (XX)

Hintergrund: Auch an der berühmtesten aller Business-Schools – Harvard in den USA – gibt es ein Programm für die Umsetzung von Strategien. Leiter des Kurses ist Professor Robert Simons, der neben Fragen der Implementierung vor allem zu Performance-Measurement und Organisationsdesign forscht.

Inhalt: Vorgestellt wird das Harvard-Programm als Fünf-Säulen-Konzept (»Five keys to successful strategy execution«). Jede der Säulen (»Keys«) ist ein Schlüsselfaktor für den Erfolg und wird mit einer Handlungsaufforderung überschrieben. Die Säulen greifen im Wesentlichen auf die Imperative der Implementierung zurück, die Simon zuvor in einem Buch beschrieben hatte (Simons 2010).

Die erste Säule »*Commit to a strategic plan*« weist auf die Wichtigkeit hin, vor der Umsetzung mit allen relevanten Entscheidungsträgern und Stakeholdern einen Konsens über den strategischen Plan zu erzielen und diesen immer wieder aufs Neue abzusichern. Die zweite Säule »*Align jobs to strategy*« fordert dazu auf, Aufgaben und Verantwortlichkeiten mit den Anforderungen der Strategie in Übereinstimmung zu bringen, um Spitzenleistungen der Mitarbeiter zu ermöglichen. Ein eigens entwickeltes Onlinetool soll dabei helfen, den Zuschnitt von Stellen mit der Strategie abzugleichen und bei Bedarf zu ändern. Die dritte Säule »*Communicate with employees*« schafft Grundlagen für die Motivation und das Verständnis der Beteiligten, wie die Umsetzung der Strategie das Tagesgeschäft beeinflusst. Als mögliche Mittel werden Schulungen, das Ansprechen der gesamten Organisation sowie eine Unternehmenskultur, die Fortschritte zelebriert, angeführt. Die vierte Säule »*Measure and monitor performance*« beschreibt die Notwendigkeit eines fortlaufenden Fortschrittcontrollings mit numerischen Größen (KPIs). Bei Abweichungen gilt es, den Ursachen und möglichen Risiken auf den Grund zu gehen und zur Not die Strategie anzupassen. Mit der fünften Säule »*Balance innovation and control*« weist der Ansatz auf das Spannungsfeld zwischen Innovation und Steuerung der Umsetzung hin.

Würdigung und Verortung: Das Fünf-Säulen-Konzept bietet einen griffigen Orientierungsrahmen für die Implementierung von Strategien. Bemerkenswert erscheint uns die Feststellung Simons, dass eine erfolgreiche Umsetzung einer aktiven, wenn nicht sogar kontroversen Diskussion mit den Mitarbeitern bedarf, da es keine magische Formel, Kennzahl oder Scorecard gibt, die diesen Frage-Antwort-Dialog ersetzen könnte (Simons 2010).

Die einzelnen Säulen sprechen wichtige Erfolgsfaktoren aus allen Dimensionen des Dreiklangs an. Allerdings wird der Fokus häufig eng gefasst, weshalb viele Aspekte der Operationalisierung in der Praxis offenbleiben. So werden aus der Dimension Strukturen beispielsweise Aspekte wie Ziele, Verantwortlichkeiten und Stellenzuschnitt angesprochen, bei anderen Aspekten wie der konkreten Organisation, den Transformations-, Anreiz- und Kommunikationsstrukturen oder der IT bleibt das Konzept eher vage. Die Dimension Menschen wird mit Blick auf Kommunikation und Motivation noch am stärksten angesprochen, über die Auswahl von Teams und die Befähigung der Beteiligten ist indes wenig zu erfahren. Und in der Dimension Performance ist der Fokus auf KPIs und deren laufende Messung löblich, doch ließe sich etwa über deren Auswahl und Ausgestaltung einiges mehr sagen. Positiv hervorzuheben ist der Hinweis in der fünften Säule, dass eine zu starre Implementierung die Gefahr birgt, Innovationschancen zu verpassen.

3.2 Umsetzungsmanagement mit dem Dreiklang: Synopse und Schlussfolgerungen

In Summe und in der Einzelbetrachtung leisten die 20 vorgestellten Ansätze, Modelle und Methoden einen sehr wertvollen Beitrag, um den Erfolg bei der Umsetzung von Transformationen, Turnarounds oder Change-Initiativen zu steigern. Diese Zugänge aus Forschung und Praxis bieten jedem Umsetzungsmanager hilfreiche Impulse. Allerdings kann die hohe Zahl an Beiträgen oder die Komplexität manch eines Ansatzes auch für Verwirrung sorgen.

Kommen wir daher auf die Ausgangsfrage dieses Kapitels zurück: Wie verhalten sich die bestehenden Ansätze des Umsetzungsmanagements zum Dreiklang? Berücksichtigen sie seine drei Dimensionen und deren Zusammenspiel?

Schon bei der Vorstellung der einzelnen Ansätze haben wir erste kurze Einordnungen vorgenommen, doch nun möchten wir die 20 Modelle übergreifend würdigen und zudem darlegen, welche Schlussfolgerungen wir aus dem Vergleich mit dem Dreiklang für die Praxis ziehen.

Im Zuge der strukturierten Würdigung haben wir die Bausteine, Maßnahmen und Empfehlungen der 20 Beiträge, wo immer möglich, jeweils den drei Dimensionen des Dreiklangs zugeordnet und indikativ eingeschätzt, wo der Schwerpunkt des jeweiligen Ansatzes liegt. Nun geben wir Ihnen zur besseren Orientierung einen Überblick über diese Einschätzungen (Tabelle 2).

Tabelle 2: Übersicht der 20 vorgestellten Ansätze des Umsetzungsmanagements

Nr.	Klassifizierung	Autoren	Beitrag	Jahr	Strukturen	Menschen	Performance
1	Strategisches Management	D.N. Sull	Strategy Loop	2007	Ⓢ	Ⓜ	Ⓟ
2	Strategisches Management	R.S. Kaplan/ D.P. Norton	Balanced Scorecard	1992	Ⓢ	Ⓜ	🅟
3	Agile Konzepte	J. Doerr	OKR	2018	Ⓢ	Ⓜ	🅟
4	Agile Konzepte	D. Kudernatsch	Hoshin Kanri	2019	Ⓢ	Ⓜ	Ⓟ
5	Projektmanagement	A. Nieto-Rodriguez	Project Canvas	2021	Ⓢ	Ⓜ	Ⓟ
6	Systemisch geprägte Ansätze	R. Wimmer et al.	Dritter Modus	2015	Ⓢ	🅜	○
7	Systemisch geprägte Ansätze	K. Doppler	Change	2017	Ⓢ	Ⓜ	○
8	Kognitionsforschung und Psychologie	M. Ramming	Neuro-Change	2019	○	🅜	○
9	Kognitionsforschung und Psychologie	R.K. Streich	7 Phasen der Veränderung	2016	○	🅜	○
10	Change-Management	K. Lewin	3-Phasen-Modell	1947	Ⓢ	🅜	○
11	Change-Management	J.P. Kotter	8-Phasen-Modell	1996	Ⓢ	🅜	Ⓟ
12	Führungsliteratur	S. Bungay	Strategie-Briefing	2011	Ⓢ	Ⓜ	Ⓟ
13	Führungsliteratur	L. Bossidy/R. Charan	7 Verhaltensweisen eines Leaders	2002	Ⓢ	🅜	Ⓟ
14	Unternehmens-beratungen	J. Hemerling et al. (BCG)	Head, Heart & Hands	2018	Ⓢ	🅜	Ⓟ
15	Unternehmens-beratungen	T. Basford/ B. Schaninger (McK)	Influence-Modell	2016	○	🅜	○
16	Unternehmens-beratungen	C. McChesney et al. (FranklinCovey)	4-D-Ansatz	2012	Ⓢ	Ⓜ	🅟
17	Unternehmens-beratungen	Brightline	10 Guiding Principles	2017	Ⓢ	Ⓜ	○
18	Business-Schools	B. Büchel (IMD)	Execution and Change Fieldbook	2016	Ⓢ	Ⓜ	Ⓟ
19	Business-Schools	Q.N. Huy/M. Jarrett (INSEAD)	Strategie-Umset-zungs-Stresstest	2011	Ⓢ	🅜	○
20	Business-Schools	R. Simons (Harvard)	Five Keys	2010	Ⓢ	Ⓜ	Ⓟ

Intensität der Berücksichtigung der Dimensionen: ○ Niedrig Ⓢ Mittel 🅢 Intensiv

Im Ergebnis stellen wir fest, dass viele der 20 Beiträge den Schwerpunkt auf eine oder zwei der drei Dimensionen legen. So liegt der Fokus des Acht-Stufen-Modells von John Kotter oder des Influence-Modells von McKinsey klar auf der Dimension Menschen.

Zugleich wird deutlich, dass nur wenige Ansätze Elemente aller drei Dimensionen in ausgeprägtem Maß ausgewogen berücksichtigen. Dies erkennen wir zum Beispiel bei stark operationalisierten Methoden wie OKR, Balanced Scorecard und Hoshin Kanri. Bemerkenswert scheint uns aber vor allem ein Befund: Kein Modell adressiert die in Kapitel 2 gesammelten Erfolgsfaktoren (nahezu) vollständig – ob es die Dimensionen nun nur teilweise oder vollumfänglich adressiert. Darüber hinaus spielt das Zusammenspiel der drei Dimensionen mit wenigen Ausnahmen – wie dem Ansatz »Head, Heart and Hands« von der BCG, dem 4-D-Ansatz von FranklinCovey und dem systemischen Ansatz nach Wimmer – nur eine untergeordnete Rolle (wenn überhaupt). Ein Grund dafür ist unter Umständen, dass viele der Ansätze als sequenzielle Stufen- oder Phasenmodelle entworfen wurden – anders als der Dreiklang, der gesamtheitlich angelegt ist.

Auffällig ist: Alle ausgewählten Modelle legen, obgleich aus verschiedenen Schulen, Blickwinkeln und Zeiträumen stammend, viel Aufmerksamkeit auf Empfehlungen zur Einbindung und Motivation der Menschen und damit auch zur Kommunikation – neun von ihnen sogar in hohem Maße. Dies passt zur Feststellung in Kapitel 2, dass sich in Forschung und Praxis kein anderer Erfolgsfaktor so häufig wiederfindet wie der Mensch. Es deckt sich ebenso mit unseren Erfahrungen in der Praxis und den Ergebnissen unserer Mittelstandsstudie. Die Kernkompetenz von Führungskräften mit Umsetzungsverantwortung liegt in der Führung und Kommunikation sowie in der Gestaltung sinnvoller Mechanismen für die Kooperation zwischen den Akteuren. Unterstützt wird dies durch die Beiträge der Kognitionsforschung und Psychologie mit ihren Erkenntnissen zur Bedeutung von Informationsverarbeitung und Emotionen für den Umsetzungserfolg. Gleichwohl handelt es sich bei diesen Ansätzen nicht um ganzheitliche Methoden zur Steuerung einer wirksamen Umsetzung.

Die Dimension Strukturen adressieren drei Beiträge in vernachlässigbarem Maß, 17 Beiträge hingegen teilweise – und kein Beitrag in hohem Maße. Bei der Dimension Performance sehen wir sogar acht Beiträge, die sie höchstens am Rande thematisieren, und umgekehrt nur drei Beiträge, die sich intensiv und konkret mit Methoden zur Performancesteigerung beschäftigen. Dabei handelt sich um die Balanced Scorecard, OKR und den 4-D-Ansatz. Beachtlich finden wir zudem, dass – wenn wir einmal von der Balanced Scorecard, Hoshin Kanri und dem 4-D-Ansatz absehen – viele Modelle die monetäre Messung des Umsetzungsfortschritts in Euro nicht explizit thematisieren.

Neben einer Einschätzung in der Breite, was die Berücksichtigung der Erfolgsfaktoren betrifft, haben wir die 20 Beiträge auch danach eingeschätzt, ob sie auf der Meta-, Meso- oder Mikroebene wirken. Unter Metaebene verstehen wir dabei eine Sammlung übergeordneter Anforderungen an ein wirksames Umsetzungsmanagement. Zum Beispiel bleibt auf der Metaebene, wer hinsichtlich der Dimension der Performance die Quantifizierung und Messbarkeit von Maßnahmen fordert, jedoch offenlässt, wie diese Messbarkeit hergestellt wird und welche konkreten Ansatzpunkte sich dafür anbieten. Wer hingegen greifbare Methoden beschreibt, die Anforderung formuliert, dass Maßnahmen sowohl mit operativen KPIs als auch mit monetären Zieleffekten in Euro bewertet sein sollten, und womöglich noch Fallstricke benennt, bricht die Dimension auch herunter auf die Meso- oder gar Mikroebene. Damit eine Umsetzungsmethodik im Mittelstand anschlussfähig sein kann, ist es aus unserer Erfahrung wichtig, dass neben der programmatischen Aussagekraft auf der Metaebene auch die Bausteine ausreichend operationalisiert und für die Anwender nachvollziehbar sind.

In unserer Analyse ergibt sich, dass Letzteres nur auf vier der Ansätze zutrifft (zum Beispiel den des IMD oder OKR) und dass die Mehrzahl die Metaebene fokussiert. Zur Einordung in die Kategorien Meso- oder Mikroebene haben wir uns gefragt, ob ein Umsetzungsverantwortlicher nach unserer Einschätzung mit den formulierten Empfehlungen für einen unmittelbaren Umsetzungsstart ausgerüstet wäre.

Als Fazit lässt sich sagen, dass viele der betrachteten Methoden die drei Dimensionen unseres Modells – Strukturen, Menschen, Performance – weder in der nötigen Ausgewogenheit und Ausprägung noch in ihrem Zusammenspiel hinreichend adressieren. Gleichwohl greift der Dreiklang viele einzelne Ideen und Erkenntnisse aus den 20 Ansätzen auf. Daher möchten wir Ihnen im nächsten Kapitel das Methoden-Set des Dreiklangs und dessen Anwendung in der Praxis vorstellen.

Kapitel 4

Praxis des Umsetzungsmanagements: Transformationen mithilfe des Dreiklangs

Wir haben auf Basis vieler Studien und Praxiserfahrungen die Faktoren für eine erfolgreiche Umsetzung von Transformationen und Strategien in Unternehmen herausgearbeitet sowie den Dreiklang aus Strukturen, Menschen und Performance als Modell vorgestellt, das die Wahrscheinlichkeit einer wirksamen Umsetzung signifikant erhöht. In einer Analyse von 20 anerkannten, populären Ansätzen des Umsetzungsmanagements konnten wir sehen, dass diese meist nur einzelne Elemente des Dreiklangs berücksichtigen, häufig im Grundsätzlichen bleiben – und nur selten das ausgewogene Zusammenspiel aller drei Dimensionen in den Blick nehmen.

Kapitel 4 soll nun eine praxiserprobte Methodik beschreiben, wie sich der Umsetzungserfolg durch die regelmäßige, systematische Berücksichtigung der drei Dimensionen Strukturen, Menschen und Performance und ihrer Verzahnung maßgeblich steigern lässt. Diese Methodik nutzt ausgewählte Bausteine aus der einschlägigen Literatur und dient als Transmissionsriemen zwischen der strategischen Makroebene und einer sehr operativen Mikroebene. Sie spielt somit bewusst auf der Mesoebene und soll mit ihren Denkmodellen und Werkzeugen einerseits zur Befähigung der Umsetzungsverantwortlichen beitragen, andererseits die unmittelbare Anwendbarkeit des Dreiklangs in der Praxis sicherstellen. Konkrete Beispiele und alltagstaugliche Tools helfen dabei.

Der Dreiklang des Erfolgs, wie wir ihn auch nennen, dient der Methodik als Rahmen. Er vermittelt zu jeder Zeit ein gemeinsames Verständnis, worauf es ankommt, und hilft den Menschen bei der Frage, woran sie ihr Handeln ausrichten sollen. Dabei geht es sowohl um die drei Dimensionen selbst als auch um ihr sorgsam austariertes Zusammenspiel. Je nach Kontext oder Phase, in der sich die Umsetzung befindet, kann sich zwar der Fokus verschieben, doch darf zu keinem Zeitpunkt eine der Dimensionen fehlen oder eine die anderen dominieren.

- Die **Strukturen** motivieren und verzahnen die Projekte und Maßnahmen des Umsetzungsprogramms. Zentrale Aufgabe hier ist die Ausrichtung auf Prioritäten mit dem Fokus des Topmanagements auf diese Prioritäten und die Zusammenstellung der Teams zu ihrer Bearbeitung. Verändern Sie die Prioritäten möglichst wenig, und stellen Sie diese wahrnehmbar in den Mittelpunkt ihres Tuns!
- Die beteiligten **Menschen** verständigen sich auf Ziele, Regeln, Zuständigkeiten und regelmäßige Kommunikationsforen.
- Die angestrebte **Performance** wird erlebbar, messbar und steuerbar, indem Meilensteine, Leuchtturmprojekte und Kennziffern gemeinsam definiert werden.

Entwickelt wird die auf dem Dreiklang aufbauende Methodik in mehreren Schritten:

Zunächst, als Kern dieses Kapitels, beschreiben wir die **spezifische Umsetzungsmethodik** sowie ihre Einführung in der unternehmerischen Praxis im Detail. Die Methodik ist in unser prozessorientiertes Drei-Phasen-Modell eingebettet, das nach der Analyse- und Konzeptphase zusätzlich die Initialisierung und die Implementierung der Umsetzung unterscheidet (Unterkapitel 4.1).

Darauf aufbauend erklären wir die Implikationen, die sich bei **längerfristigen Umsetzungsvorhaben** ergeben und die Auswirkungen auf die Ausgestaltung der Umsetzungsorganisation haben können. Häufig hängt dies vom Inhalt einer Maßnahme ab (Unterkapitel 4.2).

Anschließend beleuchten wir **Bedeutung und Herausforderungen der Führung** bei Transformations- und Umsetzungsprojekten, dies unter besonderer Berücksichtigung der spezifischen Anforderungen des Mittelstands an eine Umsetzungsmethodik (Unterkapitel 4.3).

Angesichts der hohen Komplexität vieler Umsetzungsvorhaben liegt es nahe, dass leistungsstarke **digitale Modelle und Tools** stark beeinflussen, wie effektiv und effizient eine Umsetzung gelingt. Entsprechend wollen wir Ihnen einige wertvolle Ansätze für Ihren Alltag sowie drei Thesen zum künftigen Einsatz von künstlicher Intelligenz vorstellen (Unterkapitel 4.4).

4.1 Zur Anwendung des Dreiklangs im Umsetzungsmanagement: Konzepte, Methoden, Werkzeuge

Immer wieder fragen uns Geschäftsführer und Umsetzungsverantwortliche: »Warum soll die Umsetzung einer Transformation, einer Strategie oder eines Projekts überhaupt entlang einer Methodik strukturiert und gestaltet werden?« Oft bekommen wir dann die Ansicht zu hören, dass eine professionelle Führung doch intuitiv die richtigen Dinge angehe.

Dieses Verständnis zeigt, dass Umsetzungsmethoden in der Praxis nicht weitverbreitet sind. Häufig entwickeln Unternehmen ein Konzept – und legen einfach los. Sei es, weil sie glauben, dass die Zeit dränge; sei es, weil sie sich nun mal als Macher begreifen (gerade im Mittelstand). Es scheint uns daher zunächst nötig, auf die Frage, warum die Umsetzung eines Vorhabens entlang einer Methodik erfolgen sollte, eine Antwort zu formulieren.

In aller Kürze: Wir verstehen Umsetzungskompetenz nicht als Kunst, in der sich Genie offenbart, sondern als Handwerk. Umsetzungskompetenz kann durch Methoden beschrieben, entwickelt und erlernt werden. Aus unserer langjährigen Erfahrung heraus haben wir zudem das klare Bild gewonnen, dass sich ein systematisches Vorgehen – der Einsatz von Methoden – in Umsetzungsvorhaben rechnet. Im Übrigen wird für die Strategiefindung seit jeher eine Fülle von Methoden und Modellen in der Literatur beschrieben sowie in der Praxis eingesetzt, zum Beispiel die SWOT-Analyse, die BCG-Matrix oder die Branchenstrukturanalyse. Da scheint es nur konsequent, den elementaren Prozess der Umsetzung einer Strategie ebenfalls methodisch zu verankern. Der Einsatz einer Methodik bietet sehr relevante Vorteile:

- **Effizienz:** Insbesondere bei sich wiederholenden Aufgabenstellungen und Situationen können Methoden die Effizienz erhöhen. Gerade in der heutigen VUCA-Welt, in der die Frequenz und Intensität von Umsetzungsinitiativen zunimmt, können Organisationen durch den Einsatz einer eingeübten Methodik ihre Transaktionskosten in der Umsetzung signifikant senken.
- **Effektivität:** Gerade wenn es um den Fortbestand des Unternehmens geht – in Turnarounds, Restrukturierungen und Sanierungssituationen –, kommt es auf die maximale Wirksamkeit der Maßnahmen und auf stets geeignete Werkzeuge an. Es ist kein Zufall, dass in unserer Umsetzungsstudie (Faerber et al. 2023b) erfolgreiche Verantwortliche – die High-Performer – methodischen Bausteinen weit häufiger einen sehr starken Einfluss auf den Erfolg beimaßen als Low-Performer (37 vs. 20 Prozent). Zudem gaben High-Performer deutlich häufiger als Low-Performer an, dass ein Mangel an »Operationalisierung der Aktionspläne« sich sehr stark negativ auswirkt (44 vs. 13 Prozent), wie auch, dass ein Fehlen des »Maßnahmen-Controllings« sich sehr stark oder stark negativ auswirkt (74 vs. 61 Prozent).
- **Abgesicherte Entscheidungen:** Im Zuge von Umsetzungsinitiativen sind auf unterschiedlichen Hierarchiestufen regelmäßig viele Entscheidungen zu treffen. Doch die menschliche Erkenntnis- und Entscheidungsfähigkeit ist begrenzt. Allzu häufig sind Entscheidungen daher geprägt von Emotionen, persönlichen Erfahrungen (»so haben wir das schon immer gemacht«) und psychologischen Fallstricken. Dem Psychologen, Verhaltensökonomen und Nobelpreisträger Daniel Kahneman zufolge ist im Alltag das schnelle Denken dominant (»System 1« genannt), welches auf Gewohnheiten, eingefahrenen Verhaltensweisen und Bauchentscheidungen basiert und anfällig ist für kognitive Täuschungen. Das langsame Denken (»System 2«) wird von Logik,

Statistik und rationalen Argumenten gesteuert – und verlangt Entscheidern ihre volle Aufmerksamkeit ab (Kahneman 2012). Ein erprobtes Mittel, um »System 2« zu aktivieren, um reflektierte Antworten zu finden und Entscheidungen abzusichern, ist der Einsatz einer Methodik respektive einer Entscheidungsheuristik.

- **Nachvollziehbarkeit für alle Beteiligten:** Umsetzungsprozesse sind häufig verbunden mit Widerständen und Skepsis seitens der Beteiligten und Betroffenen. Nach unserer Erfahrung vermittelt der bewusste, begründete und methodische Einsatz von Werkzeugen sowohl intern wie extern einen Eindruck von Sicherheit und Routine. Auch unsere Studie ergab, dass der Einsatz einer für alle nachvollziehbaren Umsetzungsmethodik von den Befragten als zweitstärkster positiver Faktor für den Erfolg von Umsetzungsvorhaben eingeschätzt wurde. Wichtigster Faktor war eine hohe Akzeptanz der Beteiligten für die Projektziele (Faerber et al. 2023b).
- **Befähigung der Beteiligten:** Ein nachvollziehbares methodisches Vorgehen lässt sich viel einfacher im Unternehmen multiplizieren. Wer Umsetzungskompetenz hingegen als Kunst betrachtet, macht sie zu einer Inselbegabung weniger Beteiligter und vergibt Effizienzgewinne.

Eine methodische Vorgehensweise bei der Umsetzung von Transformationen, Strategien oder Projekten erfordert viele unterschiedliche Werkzeuge – je nach Phase und Fokus. Daher wollen wir unsere Umsetzungsmethodik entlang der Phasen von Transformationen strukturieren. Dabei weichen wir (wie schon angerissen, siehe Kapitel 1) vom klassischen Modell des strategischen Managements ab. Dieses kennt die Analyse- und Konzeptphase sowie die Umsetzungsphase (Abbildung 5).

Abbildung 5: Klassisches Zwei-Phasen-Modell des strategischen Managements.

Das Problem dieses so einfachen wie eingängigen Zwei-Phasen-Modells ist, dass die meisten Unternehmen, ob Konzerne oder Mittelständler, sich sehr stark auf die Analyse- und Konzeptphase konzentrieren. Gern werden 80 Prozent der Zeit und Mühe im Management auf die Analyse der Lage und die Entwicklung eines Konzepts verwandt – während nur 20 Prozent der Energie in die anschließende

Umsetzung fließen. Die herrschende Meinung in vielen Führungsetagen – das erleben wir immer wieder – ist: »Haben wir ein Konzept entwickelt, ist das Problem schon so gut wie gelöst.« Nur zeigt unsere Erfahrung: Dies ist ein gewaltiger Irrtum! Eine gedankliche Lösung ist noch keine faktische Lösung. Daher stehen wir immer wieder vor der Herausforderung, die Verantwortlichen vom Gegenteil zu überzeugen.

In der Praxis hat es sich als äußerst hilfreich erwiesen, das Zwei-Phasen-Modell zu erweitern und die Umsetzungsphase ihrerseits in zwei Phasen zu unterteilen – in die Phase der Initialisierung sowie die Phase der Implementierung, wobei es bei letzterer um die Umsetzung im engeren Sinne geht. Zwischen den zwei klassischen Phasen, die im Grunde für Denken und Handeln stehen, ist eine Phase vonnöten, in der die Umsetzung strukturiert und organisiert wird, bevor sie dann konkret angegangen wird. Insgesamt sprechen wir daher von einem Drei-Phasen-Modell, entlang dessen wir unsere Umsetzungsmethodik vorstellen und dieses Unterkapitel gliedern wollen (Abbildung 6). Dieses Drei-Phasen-Modell einer wirksamen Umsetzung schlägt – wie schon dargelegt im zirkulären Modell des Transformationsmanagements (siehe Kapitel 1.3, Abbildung 3) – den Bogen von der Einsicht, die am Anfang steht, über die Absicht, die den Übergang von der Analyse- und Konzeptphase zur Initialisierung der Umsetzung markiert, bis zu den Aktionen, Ergebnissen, Erfolgen und Fähigkeiten in der Implementierung.

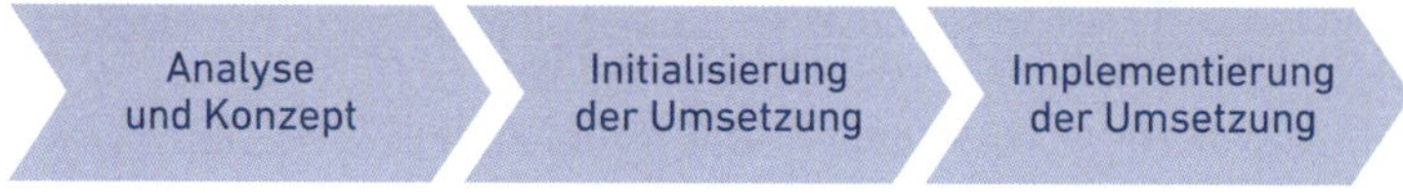

Abbildung 6: Drei-Phasen-Modell eines wirksamen Umsetzungsmanagements.

In der **Analyse- und Konzeptphase** bewegt sich das Management von der Einsicht zur Absicht. Zunächst gilt es, das Problem zu sehen, es anzuerkennen und schließlich lösen zu wollen. Das macht es erforderlich, den Veränderungsbedarf realistisch einzuschätzen, die Ist-Situation treffend zu analysieren und einen Plan zu entwickeln. Am Ende steht idealerweise ein ganzheitliches Transformationskonzept mit Zielen und einem Katalog an Maßnahmen, um diese zu erreichen. Welche Methoden und Werkzeuge in dieser Phase von Nutzen sind, erklären wir im ersten Abschnitt (4.1.1).

Die **Initialisierungsphase** der Umsetzung hat einen enormen Einfluss auf deren Wirksamkeit. Sie kann kurz sein – schon sechs Wochen können dafür reichen. In dieser Zeit müssen die Verantwortlichen aber die Strukturen der Umsetzung beschreiben, ebenso die richtigen Menschen für das Umsetzungsteam zusammenführen und alle zur Zielerreichung definierten Maßnahmen mit monetären und non-monetären KPIs versehen, die sich später nachhalten lassen. Diese Phase bildet den Kern unserer Umsetzungsmethodik, entsprechend umfangreich ist der zweite Abschnitt über die hierfür geeigneten Instrumente (4.1.2).

Um die Ziele der Umsetzung erfolgreich zu erreichen, bedarf es in der **Implementierungsphase** eines wirksamen Performance-Managements. Wirksam ist dieses dann, wenn es die Umsetzungsprozesse, ihre Ergebnisse und ihre Kennzahlen regelkreisartig im Blick hat, schnell auf Abweichungen reagiert und die Aufmerksamkeit aller Beteiligten mithilfe erprobter Standards und Feedbackforen dauerhaft hochhält. Die Methoden und Werkzeuge in dieser Phase erklären wir im dritten Abschnitt (4.1.3).

4.1.1 Analyse- und Konzeptphase: Ansichten – Einsichten – Absichten

Warum beginnen Unternehmen ein Veränderungs- respektive Transformationsprojekt? Meistens deshalb, weil die betriebswirtschaftlichen Ergebnisse nachlassen oder das Unternehmen seine mittel- bis langfristigen Ziele zu verfehlen droht. Um Verbesserungen zu bewirken, braucht es im ersten Schritt ein überzeugendes Transformationskonzept. Nur: Was macht ein solches Konzept aus? Klar ist, dass es die richtigen Inhalte behandeln und für die identifizierten Handlungsfelder sinnvolle Ziele formulieren muss. Wer ein Projekt schon zu Beginn falsch aufgleist, wird niemals dorthin gelangen, wo er hinwollte – da kann er sich noch so viel Mühe geben. Völlig zu Recht schrieben Narasimhan Anand und Jean-Louis Barsoux vor einigen Jahren (Anand/Barsoux 2017): »Auch mit der bestgeführten Transformation haben Sie keinen Erfolg, wenn Sie die falschen Ziele verfolgen.«

Vor einer wirksamen Umsetzung, vor einem überzeugenden Transformationskonzept muss daher eine ganzheitliche Analyse des Geschäftsmodells stehen – und darauf aufbauend ein Plan für ein Geschäftsmodell-Redesign, mit dem das »Was« und »Wohin« des Veränderungsprozesses klar beschrieben wird.

Wir empfehlen hierfür den Ansatz des wertorientierten Geschäftsmodells, den wir in vielen Jahren der Praxis entwickelt haben. Demnach ergibt sich eine bessere Performance Ihres Unternehmens durch eine durchdachte *Wertpositionierung* (inklusive Alleinstellungsmerkmal und Wertversprechen) und ein darauf abgestimmtes *Wertangebot* (ein Produkt- und Leistungsportfolio, das sich strikt am Kundennutzen orientiert). Dieses wird dann mit einer (von der Entwicklung über die Produktion bis hin zum Vertrieb) effizienten *Wertschöpfung* hergestellt und unter Beachtung einer nachhaltigen *Wertabschöpfung* (im Sinne eines klug kalkulierten, profitablen Pricings) am Markt platziert. All diese Schritte bedürfen einer konsequenten *Wertdisziplin* (in Führung und kaufmännischer Steuerung), weshalb diese im Zentrum des Wertkreislaufs steht, der sich aus der Abfolge sämtlicher Stufen ergibt und immer wieder von Neuem beginnt (Abbildung 7).

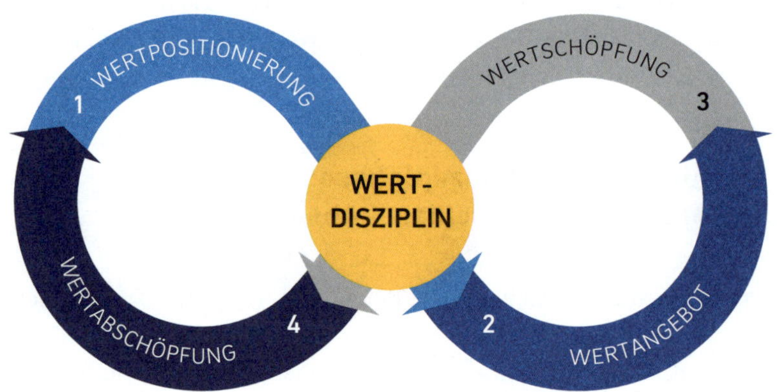

Abbildung 7: Ansatz des wertorientierten Geschäftsmodells (Wertkreislauf nach SMP).

Beim wertorientierten Geschäftsmodell handelt es sich um einen dynamischen Wertkreislauf, weil er sich fortlaufend rückkoppelt und sowohl gesteuert als auch adaptiv ist. Veränderungen an einer Stelle des Kreislaufs können Veränderungen an einer anderen Stelle des Kreislaufs bewirken oder aus Gründen der Konsistenz notwendig machen. Wird das Geschäftsmodell aktiv nach dieser Logik neugestaltet, wirkt sich dies auf die wirtschaftlichen Ergebnisse sowie die Werte des Unternehmens aus. Wobei Werte nach diesem Modell nicht nur Werte finanzieller Natur umfassen, sondern auch Werte in psychologischer, emotionaler, sozialer oder sonstiger Hinsicht (mehr zu wertorientierten Geschäftsmodellen und deren Redesign in Michailov/Stange 2022 und Michailov/Düsberg 2021).

Schon bei der Entwicklung des korrekten »Was« kommt es ebenso auf das passende »Wie« an. Die beteiligten Menschen sind der Schlüssel zu einer besseren Umsetzung, doch Menschen lassen sich nicht zu Verhaltensänderungen bewegen, indem die Chefetage ihnen einfach ein wertorientiertes Transformationskonzept an die Hand gibt und die »richtigen Ziele« in ihre Köpfe hineinargumentiert. Vielmehr geht es um Orientierung und Überzeugung.

Die Führung muss sicherstellen, dass die für die Umsetzung Verantwortlichen die Maßnahmen des Transformationskonzepts als richtig akzeptieren und davon überzeugt sind, dass die Absichten dahinter sinnvoll sind und zum angestrebten Erfolg führen. Nur dann werden die Zuständigen das Konzept beherzigen und mit Nachdruck umsetzen. Auch für sie gilt: Ohne Einsicht keine Absicht! Sie müssen das Problem und seine Ursachen verstehen. Erst dann können sie die geplanten Maßnahmen nachvollziehen, mehr noch, sie mit Herz und Überzeugung verfolgen.

4.1.1.1 Hohes Commitment der Umsetzungsverantwortlichen

Diese Überzeugung lässt sich am besten durch eine möglichst frühe, intensive Einbindung der Verantwortlichen in die Erarbeitung des Konzepts erzielen, und das inklusive der Kräfte der zweiten und dritten Führungsebene. Unserer Erfahrung nach reicht es nicht, wenn allein der Vorstand oder die Geschäftsführung – vielleicht unterstützt durch externe Experten und Berater, aber doch in ihrer Blase bleibend – am Reißbrett einen Plan entwickeln. Vielmehr sollten sie ein hohes Commitment jener Personen sicherstellen, die das Konzept später im Alltag in die Praxis umsetzen müssen.

Ein bewährtes Mittel, um dieses hohe Commitment zu erreichen, ist ein gemeinsamer, inspirierender, crossfunktionaler Konzept-Kick-off mit allen relevanten Führungskräften und Stakeholdern des Unternehmens. Dieser sollte als erster Moment des Wandels wahrgenommen werden, am besten noch ein Momentum erzeugen. Die Verantwortlichen sollten das Konzept vom ersten Tag an unterstützen.

Empfehlungen für den Teilnehmerkreis:

- Breite Teilnahme von Führungskräften über alle Sparten, Funktionen (horizontal) und Ebenen (vertikal) hinweg.
- Berücksichtigung von wohlgesonnenen Mitarbeitern, aber auch kritischen Geistern.
- Einladung von Mitarbeitenden mit unterschiedlich langen Betriebszugehörigkeiten, gerade auch von solchen, die erst kurz dabei sind und noch den frischen Blick von außen haben.
- Optionale Teilnahme der Betriebsräte als wichtige Multiplikatoren und Inputgeber.

Empfehlungen für Ablauf und Inhalte:

- Moderation durch einen neutralen Dritten (zum Beispiel einen unabhängigen Coach oder externen Berater) zur Vermeidung einer Dominanz von hierarchisch oben angesiedelten oder extrovertierten Teilnehmern.
- Gemeinsame und kritische Reflexion der Ausgangssituation in der Gruppe.
- Moderation eines Silent-Start-Workshops zu Stärken, Schwächen, Chancen und Risiken des aktuellen Geschäftsmodells (»Silent Start« bedeutet, dass die Teilnehmer die Frage zu Beginn still reflektieren, ihren Beitrag für sich strukturieren und diesen dann gemeinschaftlich teilen).
- Berücksichtigung aller fünf Wertdimensionen des Geschäftsmodells bei der Bewertung.
- Darstellung der quantifizierten Ergebnislücke, definiert als Delta zwischen der aktuellen finanziellen Performance, verbessert um die definierten Maßnahmen, und der angepeilten, zu erreichenden Zielrendite (Transparenz über den Handlungsbedarf).
- Sammlung von Ideen zur Schließung der Ergebnislücke mit »top-down« geschätzter Wirksamkeit in Euro.
- Bildung von Teams für die weitere Bearbeitung und Ausblick auf nachfolgende Feedbackforen.
- Feedbackrunde mit ehrlicher Reflexion von Erwartungen und Ergebnissen des Kick-offs.

Stellen Ihre Mitarbeiter nach dem Konzept-Kick-off fest, dass die Offenheit gerade bezüglich der kritischen Punkte und hinsichtlich der Akzeptanz aller gesammelten Ideen für sie eine neue Erfahrung war, sind Sie auf einem guten Weg zur Erarbeitung eines Transformationskonzepts, für das Sie im Unternehmen viele Unterstützer finden werden.

Diese Aussicht auf eine breite Akzeptanz lässt sich noch steigern, wenn Sie die späteren Umsetzungsverantwortlichen bei der Erarbeitung und Quantifizierung von Maßnahmen weiter eng einbinden und informieren. Bemerkenswert sind hier bisher nicht veröffentlichte Ergebnisse unserer Umsetzungsstudie: Demnach vertraten 71 Prozent der Teilnehmerinnen und Teilnehmer die Ansicht, dass »die Erfolgswahrscheinlichkeit des Umsetzungsvorhabens steigt, je höher die Einbindung der Umsetzungsverantwortlichen in der Konzeptphase war«. Nur der Einfluss einer klaren Kommunikation von Zielen und Bedeutung des Umsetzungsvorhabens wurde unter den möglichen Antworten zum besten Übergang von der Konzept- zur Umsetzungsphase noch höher eingeschätzt.

Eine breite Einbindung von Verantwortlichen ist nicht zu verwechseln mit der Zustimmung jeder Führungskraft. Natürlich sollten Sie Widerstände wahrnehmen, kritische Stimmen ernst nehmen und bei der Erarbeitung und Quantifizierung von Maßnahmen angemessen berücksichtigen. Jede Idee und Maßnahme benötigt am Ende eine ausreichende Zahl von Unterstützern und Multiplikatoren in der Organisation. Diese gilt es abzusichern – allerdings ohne sich von Kritikern unnötig verunsichern zu lassen. Am Ende tragen Sie als Führungskraft die Verantwortung für das Ganze.

Eine konsequente starke Einbindung der späteren Umsetzungsverantwortlichen in der Konzeptarbeit findet ihren Abschluss in einer bereits im Konzept definierten Verantwortlichkeit für die Projekte und Maßnahmen, einschließlich der quantifizierten monetären Effekte und Kennzahlen. So lässt sich zum einen gewährleisten, dass die Maßnahmen und Ziele nicht völlig aus der Luft gegriffen werden, sondern bereits einem ersten Realitätscheck unterzogen und systematisch verprobt werden. Zum anderen hilft dies dabei, dass die Umsetzungsverantwortlichen die Ziele und Zahlen als ihre eigenen begreifen – und nicht als etwas, das ihnen »von oben« aufoktroyiert wurde.

Optimalerweise besteht das Maßnahmenprogramm aus den drei nachfolgenden Elementen.

Quantifizierung der Effekte

Für eine nachvollziehbare Planung der Maßnahmen bedarf es zunächst einer Basisplanung unter Berücksichtigung der bekannten internen und externen Entwicklungen – und der Annahme, dass keine Maßnahmen ergriffen werden. Dann werden die Effekte der Maßnahmen auf Gewinn- und Verlustrechnung (GuV), auf Bilanz und Liquidität des Unternehmens addiert. Die Zusammenfassung der Maßnahmeneffekte in Euro nach Maßnahmenpaketen, nach Standorten und auf der Zeitschiene ist ein essenzieller Ansatzpunkt, um die Verbindlichkeit seitens der Verantwortlichen zu steigern und das Maßnahmenprogramm zu plausibilisieren (Abbildung 8). Im Idealfall reden wir hier nicht über ein Diktat des Controllings, sondern über einen iterativen Prozess, bei dem die Beteiligten – unterstützt vom Controlling – die erwarteten Effekte in mehreren Schleifen planen und hochrechnen, bis sie eine realistische Einschätzung haben. Zugleich erlaubt die Zusammenfassung eine Verprobung sowie einen Abgleich, ob die definierten Effekte reichen, um die Ergebnislücke zu schließen:

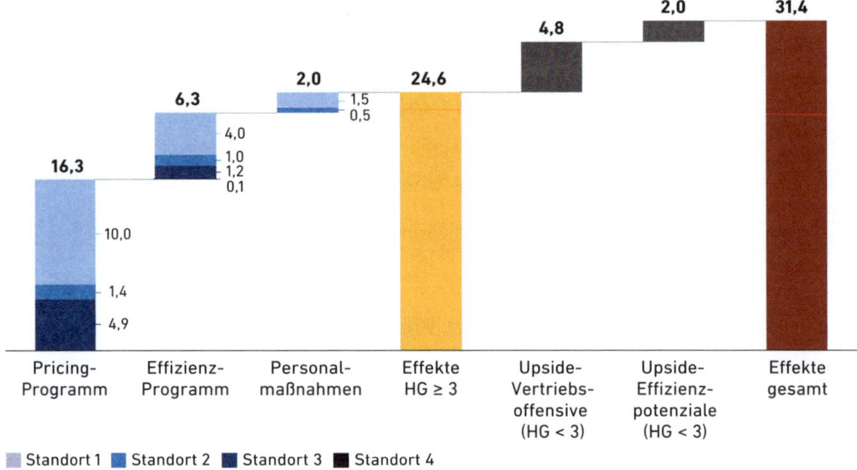

Angaben in Mio. EUR | HG 0 = *Top-down*-Ziel definiert; HG 1 = Idee formuliert, Potenziale abgeschätzt; HG 2 = Detailkonzept verfügbar; HG 3 = Implementierung gestartet; HG 4 = Initiative implementiert; HG 5 = Einsparung realisiert

Abbildung 8: Monetäre Effekte eines Konzepts (einzeln und gesamt).

- Sind wir sicher, dass keine Effekte doppelt berechnet sind, etwa in unterschiedlichen Projekten?
- Sind die Umsatz- und Kostengrößen nach Berücksichtigung der Maßnahmeneffekte plausibel?
- In welcher GuV- oder Bilanzposition werden die jeweiligen Effekte wirksam?

Speziell die letzte Frage hilft, um noch vor Verabschiedung des Konzepts spätere Überraschungen zu vermeiden. So liegt eine sehr häufige Fehleinschätzung unserer Erfahrung nach darin, die Senkung von Prozesskosten zu optimistisch oder Komplexitätskosten zu niedrig anzusetzen. Die Effekte zu konkretisieren, indem der jeweils quantifizierte Effekt in der GuV in eine operative Messgröße (wie die Zahl der Mitarbeiter oder die prozentualen Materialpreissenkungen der Warengruppe) übersetzt wird, die sich durch die Maßnahmen verändert, führt schnell auf die Spur des Ursache-Wirkungs-Denkfehlers – und zur Notwendigkeit, die Maßnahme konkreter zu fassen. Es empfiehlt sich daher vor der Quantifizierung des Effekts in Euro immer die bewusste Reflexion, welche Größe mit der Maßnahme beeinflusst wird, wobei erst von der operativen Messgröße auszugehen und diese dann in Euro zu transformieren ist.

Klären Sie zudem folgende Fragen:

- Ist eine lineare Verteilung der Effekte über die Monate realistisch (wie bei Rabatten eines Lieferanten) oder eher ein ansteigender Verlauf (was beispielsweise bei Vertriebs- und Marketingmaßnahmen relevant ist)?
- Gibt es kurzfristig Effekte, die negativ sind, später aber zu einem Anstieg der positiven Effekte führen (wie Investitionen, die später Rationalisierungen erlauben)?

Die Messbarkeit von Effekten in der späteren Implementierung der Umsetzung ist häufig mit Herausforderungen verbunden, die Sie bereits in der Konzeptphase diskutieren und als Gemeinschaft vorausschauend lösen sollten. Typische Probleme der Messbarkeit sind:

- **Ursache und Wirkung**: Wie stellen wir sicher, dass wir Maßnahmeneffekte von »Windfall-Profits« unterscheiden können? Diese Frage stellt sich gern bei solchen Vertriebsmaßnahmen, in denen nicht immer klar ist, ob externe konjunkturelle Effekte die Wirkung der Maßnahmen kompensieren (oder überzeichnen).
- **Ursache und Wirkung mit Latenz**: Werden die Effekte sehr rasch oder erst mit Verzögerung sichtbar? Zwischen einer Maßnahme und deren erkennbaren Ergebniswirkung in der GuV können ohne Weiteres mehrere Wochen oder Monate liegen.
- **Datenqualität und Latenz der Controlling-Systeme**: Gewährleisten die EDV- und Controlling-Systeme eine schnelle und korrekte Datenverfügbarkeit, um Ergebnisse messen zu können? Zu beachten ist hier: Haben Mitarbeiter divergierende Datenquellen oder unterschiedliche Daten zum selben Zeitpunkt, führt das regelmäßig zu Diskussionen.
- **Manueller Aufwand**: Wie hoch ist der Aufwand zur Messung der Maßnahmenwirkung? Ist er gerechtfertigt, oder gibt es vereinfachte Berechnungen (alternativ: Hilfsgrößen)?

Zur Bewältigung dieser Herausforderungen und zur Unterstützung der Messungen empfiehlt sich das Konzept der Effekte-Treiber – Messgrößen, die direkte Indikatoren für den Maßnahmenfortschritt darstellen. So könnte für einen Möbelhersteller im Zusammenhang mit neuen Produkten, die für Wachstum sorgen sollen, die Zahl der Platzierungen bei Möbelhändlern als Effekte-Treiber dienen, der die Latenzzeit zwischen Ursache und Wirkung reduziert. Der

Effekte-Treiber »Zahl Platzierungen im Handel« kann meist deutlich früher und einfacher gemessen werden als die Verkaufszahlen der neuen Produkte und ihr Effekt auf Umsatz und Gewinn. Auch wenn damit der Effekt nicht zu 100 Prozent vorausgesehen werden kann, gibt der Treiber den Umsetzungsverantwortlichen doch ein Gefühl, ob die neue Möbelserie vom Handel als attraktiv eingeschätzt wird. Damit dient er als Frühindikator für den späteren Erfolg.

Darstellung in Härtegraden: Eine weitere Methodik zur Absicherung einer hohen Planungsgüte der Maßnahmen sind Härtegrade. Sie verdeutlichen, wie nah die geplanten Effekte vor der Realisierung stehen. In der Praxis, vor allem bei der Erstellung von Sanierungsgutachten, hat sich eine Systematik etabliert, bei der der Fortschritt in der Detaillierung von Maßnahmen in fünf Klassen eingestuft wird. Dabei beschreibt der Status als Idee – Härtegrad (HG) 1 –, dass das Konzeptionsteam eine fundierte Marschrichtung priorisiert und das Ziel formuliert hat. Diese Idee reift zum Potenzial, sobald die Effekte grob quantifiziert und Verantwortliche zur Umsetzung nominiert sind (HG 2). Für die Übernahme in eine konservative Mittelfristplanung qualifizieren sich Maßnahmen, sobald ihre Umsetzung vom Management entschieden und erste Schritte gestartet wurden (HG 3). Bei implementierten Maßnahmen (HG 4) sind alle inhaltlichen Aufgaben abgeschlossen, während bei finalisierten Maßnahmen (HG 5) die daraus resultierenden monetären Effekte bereits in der GuV wirksam geworden sind.

Die Logik nach Härtegraden bereits in der Konzeptphase zu berücksichtigen, ist eine sehr gute Basis zur Einführung eines Maßnahmen-Controllings in der Initialisierungsphase (siehe Kapitel 4.2.2.5). Somit kann im weiteren Verlauf der Umsetzung jede Maßnahme vom HG 1 bis zum HG 5 überführt und vom Controlling strukturiert nachvollzogen werden.

Konzeption des Zeitplans samt Meilensteinen

Parallel zur Planung der monetären Effekte einzelner Handlungsstränge ist es zentral, den Start einer Maßnahme, wichtige Meilensteine auf dem Weg sowie das angestrebte Ende zeitlich klar und realistisch zu terminieren. Das liefert Ihnen weitere Anhaltspunkte, ob die Wirksamkeit der Effekte zu ambitioniert ist.

Solch eine Planung ist naturgemäß anfällig für Spannungen. Einerseits sollte ein Unternehmen einen mittelfristigen Zeitplan für die Umsetzung einer Strategie oder eines Projekts erstellen, um eine akzeptable Planungssicherheit zu haben. Andererseits bewegen sich alle Unternehmen heute in einer unsicheren, komplexen und zunehmend volatilen Welt voller externer Schocks. Deshalb ist häufig die Meinung zu hören, agile Konzepte mit maximal quartalsweisen Zielen und Sprints würden reichen und zu einer höheren Performance führen – bei geringerem Planungsaufwand. Wir indes sind überzeugt: Dieser Widerspruch zwischen den internen Wünschen und den externen Realitäten lässt sich auf einfache Weise auflösen.

Meilensteine sind nötig, weil strategische Entscheidungen häufig mit einer signifikanten Investition oder zusätzlichen Fixkosten einhergehen. Finanzielle Ressourcen müssen verteilt, Materialien bereitgestellt und Mitarbeitende zugeteilt werden. Es ist ratsam, diese Entscheidungen so weit wie möglich durch die Skizzierung wesentlicher Entwicklungspfade und Entscheidungspunkte abzusichern. Meilensteine zählen zu den Kernprämissen vor der Freigabe eines Konzepts durch die Führung.

Vor dem Hintergrund des gerade im Mittelstand geltenden Gebots, pragmatisch zu handeln (siehe Kapitel 4.3.6), empfehlen wir zur Vermeidung von Überplanungen, sich für jede strategische Initiative auf fünf bis sieben zentrale Ziele und Prämissen zu beschränken. Dabei stellen zeitlich fixierte Meilensteine quantifizierte Annahmen der Verantwortlichen dar, die die wahrscheinlichste wirtschaftliche Zukunft der Initiative prognostizieren und regelmäßig aktualisiert werden. Zudem dienen Meilensteine als Entscheidungspunkte, anhand derer im Verlauf der Umsetzung pragmatische Kriterien für den Abbruch einer Initiative im Fall ausbleibenden Erfolgs abgeleitet werden können (für einen regelkreisbasierten Prozess zur Verknüpfung der Zeitplanung mit agilen Konzepten im Sinne einer Vorsteuerung siehe Kapitel 4.1.2.5).

PRAXISBEISPIEL: MEILENSTEINE

Die Entwicklung und Präsentation einer neuen Möbelkollektion war für ein Unternehmen mit einem siebenstelligen Entwicklungs- und Marketingbudget verbunden. Für den Mittelständler mit einem Jahresumsatz von rund 100 Millionen Euro stellte dies eine beträchtliche Investition dar. Der Hersteller wurde patriarchalisch geführt, daher waren die Entscheidungen über neue Kollektionen bisher fast ausschließlich von Einzelpersonen getroffen worden, mehr nach Bauchgefühl und dem Prinzip des Trial-and-Error. Infolgedessen wurden deutlich zu viele und zu komplexitätstreibende Neuprodukte entwickelt, deren Misserfolgsquote signifikant zu hoch ausfiel. Auch konnten Terminzusagen an Händler und Endkunden selten eingehalten werden. Erst die Neustrukturierung des Prozesses unter Berücksichtigung einer vom Team getroffenen Terminierung wesentlicher Meilensteine in der Umsetzung verbesserte die Situation wirksam. Zu diesen gehörten:

- Freigabe Briefing mit Designkonzept und Margen- und Mengenzielen,
- Freigabe technisches Konzept,
- Fertigung und Freigabe eines Prototyps,
- Präsentation auf Fachmessen,
- Ziele setzen für die Zahl der bei Händlern platzierten Möbelstücke,
- Erstauslieferung,
- Zunehmende Zahl der Nachverkäufe an Endkunden (Hochlaufkurve).

Auf dieser Basis wurde die Entscheidungsfindung zur Freigabe der Neuproduktentwicklung objektiviert und die Verbindlichkeit der beteiligten Funktionsbereiche und Mitarbeiter im folgenden Umsetzungsprozess deutlich erhöht. Das Beispiel zeigt, dass die Berücksichtigung einflussreicher Erfolgsfaktoren für eine wirksame Umsetzung schon in der Konzeptphase hilfreich ist und der Anspruch an einen Plan von Meilensteinen mehr umfasst als zeitliche Orientierung.

Verabschiedung von Projektsteckbriefen

Der dritte für die Umsetzung wesentliche Baustein im Transformationskonzept ist die Formulierung der Projektsteckbriefe und ihre Verabschiedung durch die definierten Umsetzungsverantwortlichen. Ein Steckbrief fasst die Kernpunkte der inhaltlichen Konzeption, die Chancen und Risiken sowie die quantifizierten monetären Zieleffekte (und gegebenenfalls die nötigen Investitionsbudgets) kurz zusammen. Als Ganzes dienen die Projektsteckbriefe einerseits dem strategischen Management und den Stakeholdern als Entscheidungsbasis zur Freigabe des Konzepts. Andererseits erhöhen sie die Verbindlichkeit in der späteren Umsetzung und die Einbindung der Verantwortlichen signifikant.

Wichtig ist eine hohe Konkretisierung der Aufgaben und das Vermeiden generischer Aussagen. Eine Produktivitätssteigerung um 10 Prozent als Ziel zu nennen, greift daher zu kurz. Die Entscheider müssen bei der Plausibilisierung des Umsetzungsprogramms vielmehr eine valide Einschätzung entwickeln, wie die erhofften Effekte konkret erreicht werden sollen (etwa über die Anpassung des Layouts in der Produktion zur Reduktion der Transportwege, die Optimierung der Rüstvorgänge oder die Vereinfachung allzu komplexer Produkte) und wie belastbar die Ziele sind (Abbildung 9).

Pricing-Programm

Hintergrund und Zielsetzung

Die Maßnahme »Pricing-Programm« beinhaltet die Weitergabe der erwarteten Preissteigerungen in den Bereichen Energie und sonstige Materialien an die Kunden. Für die Weitergabe der Energiepreise bestehen im Wesentlichen bereits Vereinbarungen zu Energieteuerungszuschlägen (ETZ). Bei den sonstigen Materialien müssen strukturierte Verhandlungen mit den Kunden geführt werden.

Maßnahmen

- **Durchsetzung bestehender ETZ-Vereinbarungen** zur vollständigen Weitergabe von Energiepreisveränderungen (Strom und Koks);
- **Verhandlung neuer ETZ-Vereinbarungen** für alle Kundenverträge, welche aktuell noch keine geeignete Klausel enthalten;
- **Strukturierte Kundenverhandlungen bezüglich Preiserhöhungen von sonstigen Materialien;**
- **Kontinuierliches Monitoring und Tracking** auf Kundenebene zur Sicherstellung der Weitergabe der Preissteigerungen. Auf Basis eines laufenden Monitorings der Einkaufpreise müssen Einkaufspreisentwicklungen frühzeitig antizipiert werden.

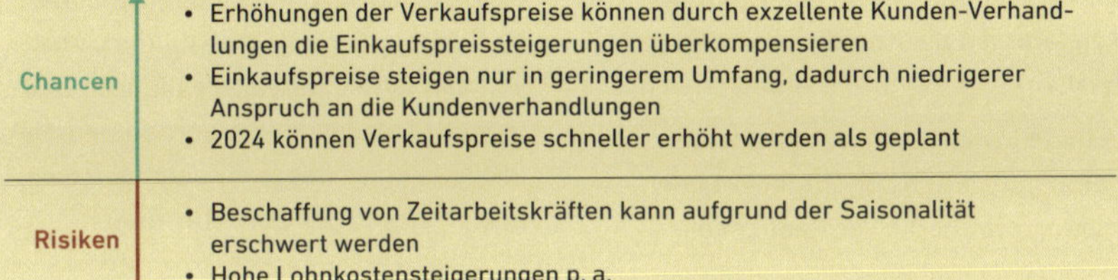

Verantwortlich
Hr. Müller

Pate der Geschäftsführung
Fr. Dr. Schultze

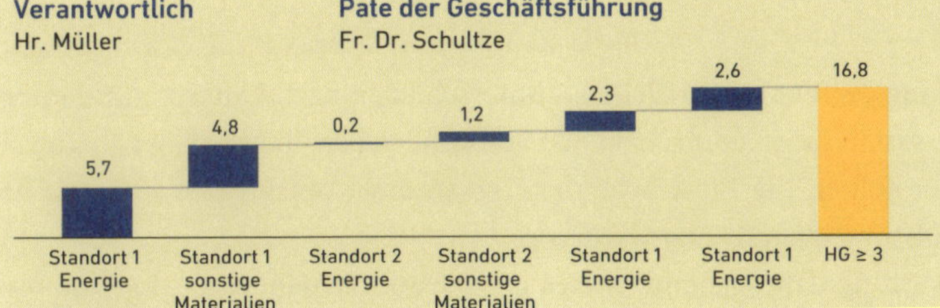

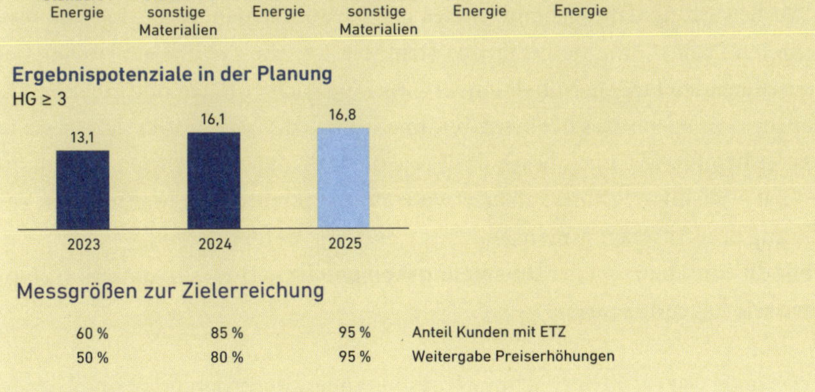

Abbildung 9: Projektsteckbrief (imaginäres Beispiel).

AUF EINEN BLICK

Enthält ein Konzept die drei für eine effektive Umsetzung wesentlichen Bausteine – eine Härtegrad-basierte Quantifizierung der Effekte, einen Zeitplan mit Meilensteinen sowie aussagefähige Projektsteckbriefe – und wurden diese mit allen Verantwortlichen abgestimmt, ist die Basis für einen Umsetzungserfolg schon frühzeitig gelegt. Alle drei Bausteine orientieren sich am Dreiklang »Strukturen, Menschen, Performance« und bilden in sich, aber gerade auch zusammen die Kombination und Wechselwirkung der drei Dimensionen ab:

- Die **Quantifizierung** der angestrebten Effekte gibt dem Maßnahmenkatalog Struktur, erhöht die Verbindlichkeit und das gemeinsame Verständnis der beteiligten Menschen und thematisiert Probleme, die später bei der Messung der Performance auftreten können.
- Der **Zeitplan** ist ein Strukturelement, entfaltet seine volle Wirkung aber nur, wenn er mit an der Performance orientierten Meilensteinen versehen wird und die Kapazitäten und Kompetenzen der zuständigen Menschen in Betracht zieht. Sonst verkommt er zur Formalie.
- Die **Projektsteckbriefe** führen nur zu einer hohen Verbindlichkeit, wenn die Maßnahmeneffekte ambitioniert, aber von den Beteiligten als realistisch und machbar eingeschätzt werden und die Projekte einer überschneidungsfreien und vollständigen Struktur folgen.

4.1.1.2 Erfahrungshorizont der Umsetzungsverantwortlichen

Die Erfahrung der Verantwortlichen – unterschieden nach Umsetzungskompetenz und Veränderungsbereitschaft – ist maßgeblich für einen Erfolg der Umsetzung. Daher sollten die Eindrücke dazu gesammelt, objektiviert und mit der Geschäftsführung eingeschätzt werden.

Die Bewertung dahingehend, wie es ganz grundsätzlich, ergo losgelöst vom konkreten Projekt, um die Erfahrung steht, erfolgt sehr zielführend entlang der unten stehenden Fragen. Mittels einer Bewertung nach Punkten und einer Visualisierung des Ergebnisses in einer zweidimensionalen Matrix lassen sich schon in einer frühen Phase – noch bevor das Projekt überhaupt erste Formen angenommen hat – wichtige Schlüsse ziehen, wo Defizite bestehen und Maßnahmen zur Stärkung des Umsetzungsmanagements eingeleitet werden sollten.

Für die Einschätzung der **Umsetzungskompetenz** in Ihrer Organisation empfehlen wir folgende Fragen:

- Wie hoch war die Zielerreichung Ihrer Veränderungsprogramme und Umsetzungen in der Vergangenheit?

- Haben Sie eine Umsetzungsmethodik systematisch etabliert?
- Sind es die Führungskräfte und Mitarbeiter in Ihrem Unternehmen gewohnt, Verantwortung zu übernehmen und Veränderungen in die Praxis umzusetzen?
- In welchem Grad sind Kommunikationsprozesse und -strukturen etabliert?
- Wie ausgeprägt ist der Freiheitsgrad im Management, Veränderungen auszuprobieren und aus den Ergebnissen für weitere Entscheidungen zu lernen?
- Ist das Führungsteam konzeptionell stark und von den Kapazitäten so gut aufgestellt, dass es keiner internen oder externen Verstärkung bedarf?
- Wie ausgeprägt ist in Ihrem Unternehmen im Allgemeinen und in der Führung im Speziellen das Arbeiten mit und die Verfügbarkeit von geeigneten Kennzahlen zur Steuerung? Wie stark gehört das Arbeiten mit quantifizierbaren Messgrößen zu Ihrer Unternehmenskultur?

Je höher die Ausprägung, desto höher sind die Erfolgsaussichten der Umsetzung. Nehmen Sie am besten eine dreistufige Bewertung nach einer hohen (3), mittleren (2) oder niedrigen Ausprägung (1) vor. Berechnen Sie den Gesamtwert entweder prozentual (als Anteil der maximal möglichen Punkte) oder im Durchschnitt aller Antworten.

Für die Bewertung der **Veränderungsbereitschaft** in Ihrer Organisation beantworten Sie bitte offen die folgenden Fragen:

- Sind die geplanten Maßnahmen des Transformationskonzepts sehr umfangreich (sodass mit Komplikationen oder viel Widerstand zu rechnen ist)?
- Resultieren aus dem Konzept Veränderungen, die für etliche Mitarbeiter negative Folgen haben werden (und somit Proteste, interne Kämpfe oder schwierige Verhandlungen zeitigen könnten)?
- Besteht in Ihrer Organisation eine ausgeprägte Diskussionskultur (und damit die Gefahr des »Zerredens« von Vorhaben und Maßnahmen)?
- Gibt es bei Ihnen im Führungskreis den Anspruch einer hohen oder vollständigen Zustimmung bei Entscheidungen (sprich ein Harmoniestreben, das klare, harte Entscheidungen verhindert)?
- Sind Mitarbeiter unzufrieden, wenn versucht wird, Dinge neu oder besser zu machen, und es einmal nicht funktioniert?
- Wie hoch ist der Überzeugungsbedarf bei den wesentlichen Stakeholdern bezüglich der Bestandteile des Konzepts?
- Wie präsent sind inoffizielle Netzwerke oder graue Eminenzen, welche hohen Einfluss auf die Umsetzung von Veränderungen haben?

Nehmen Sie hier ebenso eine dreistufige Klassifizierung nach Punkten (3 – 2 – 1) vor. Hier verhält sich die Einschätzung allerdings invers zu den Fragen bei der Umsetzungskompetenz: Eine hohe Zustimmung zur Frage (3) bedeutet jeweils eine größere Herausforderung im Umsetzungsmanagement, eine niedrige Zustimmung (1) ist positiv. Berechnen Sie den Gesamtwert für die Veränderungsbereitschaft wieder prozentual (als Anteil der maximal denkbaren Punkte) oder im Durchschnitt aller Antworten. Ein niedriger Wert – 33 Prozent oder ein Durchschnitt von 1,0 – bedeutet eine hohe Bereitschaft, ein hoher Wert – 100 Prozent oder ein Durchschnitt von 3,0 – bedeutet eine niedrige Bereitschaft.

Ordnen Sie Ihre Bewertungen beider Dimensionen in einer einfachen Matrix ein, mit der Umsetzungskompetenz auf der X-Achse (von niedrig bis hoch) und der Veränderungsbereitschaft auf der Y-Achse (wieder von niedrig bis hoch, wobei Sie bedenken müssen, dass der zuvor ermittelte Wert inversen Charakter hat und vor der Visualisierung »umgedreht« werden muss). Reflektieren Sie im Führungsteam die Positionierung Ihrer Organisation sowie Möglichkeiten zu einer Verbesserung.

4.1.1.3 Before-Action-Check

Bevor Sie in die Initialisierungsphase – und damit in die Umsetzung – starten, empfiehlt sich nach der bereits früher erfolgten Bestimmung des grundsätzlichen Erfahrungshorizonts ein finaler Check, ob Sie auch mit Blick auf das inzwischen ganz konket geplante Maßnahmenprogramm alles bedacht haben. Für dieses Vorgehen haben wir einen Leitfaden entwickelt, der auf einem etablierten Verfahren bei Einheiten des US-Militärs aufbaut, dem Before-Action-Review (Darling et al. 2005). Unser Leitfaden hilft Ihnen und Ihren Teams, den Status quo zu hinterfragen und Impulse für die wirksamere Umsetzungspraxis zu gewinnen.

Schritt 1: Gemeinschaftliche Bestandsaufnahme. Erfassen Sie in einem Impulsworkshop im (erweiterten) Führungskreis von etwa drei Stunden Dauer systematisch die Qualität Ihres Umsetzungsmanagements. Die verschiedenen Einschätzungen der Teilnehmer ermöglichen eine nüchterne Bestandsaufnahme der Stärken und Schwächen Ihrer Umsetzungsroutinen. Um den Workshop zu strukturieren, empfehlen wir Ihnen, die drei Leitfragen aus Werkzeug 1 unserer Toolbox zu nutzen (siehe Kapitel 5, Abbildung 32). Ermitteln Sie im Team Ihre Zielerreichungsquoten bei Maßnahmen der Vergangenheit, die den nun geplanten Maßnahmen ähneln. Vergleichen Sie diese Werte mit denen einschlägiger

Studien und Benchmarks wie unserer Studie zur Umsetzung im Mittelstand (Faerber et al. 2023a, Abbildung 1).

Schritt 2: Dreiklang-Analyse. Bewerten Sie den Status quo in Ihrem Unternehmen dann danach, wie weit es bereits die drei Dimensionen des Dreiklangs für ein erfolgreiches Umsetzungsmanagement adressiert (oder nicht):

- Welche Strukturen haben Sie für das Umsetzungsmanagement aufgebaut – und welche brauchen Sie wirklich?
- Wie sollten Sie die Menschen in Ihrem Unternehmen kommunikativ einbinden?
- Welche (sinnvollen) Ansätze zur Messung der Performance sollten Sie nutzen?

Für eine detaillierte Statusanalyse können Sie Werkzeug 3 aus unserer Toolbox nutzen (siehe Kapitel 5, Abbildung 34). Dieses besteht aus einem Selbsttest, der die erfolgskritischen drei Dimensionen jeweils entlang von sechs Kriterien aufschlüsselt. Durch eine Bewertung entlang einer einfachen 3er-Skala wird schnell ersichtlich, was in Ihrem Unternehmen schon gut funktioniert und wo es noch hapert.

Schritt 3: Schlussfolgerungen. Berücksichtigen Sie die kritischen Punkte aus Ihrem Selbsttest bei der Gestaltung der Initialisierungsphase. Aus den Erkenntnissen, die Sie in den Schritten 1 und 2 gewonnen haben, können Sie mit Ihrem Team möglicherweise erste konkrete Maßnahmen festlegen, wie Sie Ihre Umsetzungspraxis verbessern. Oder Sie kommen sogar zu dem Schluss, Ihr Umsetzungsmanagement selbst zum Gegenstand eines Veränderungsprojekts zu machen.

4.1.1.4 Einbindung der Stakeholder

Nach empirischen Untersuchungen gehört zu den wesentlichen Erfolgsfaktoren des Turnaround-Managements das Stakeholder-Management, sprich die Kompetenz der Verantwortlichen, die Partikularinteressen der involvierten Stakeholder auszubalancieren und auf einen Nenner zu bringen. Häufig sind dabei große Gegensätze zu überwinden und so manche Konflikte zu lösen (Wittig 2016). Diese Anforderung gilt auch in allen anderen Umsetzungssituationen, wenngleich in niedrigerem Ausmaß.

Wer zum Kreis der relevanten Stakeholder gehört, hängt stets vom Unternehmen und der Situation ab – geht es etwa eher um eine vorausschauende, die globalen Trends antizipierende Transformation in einer stabilen Lage oder um einen Turnaround, der eine akute Krise abwenden soll? Im ersten Fall kann sich die Führung meist auf die klassischen Stakeholder beschränken, im zweiten Fall können weitere Akteure hinzukommen, die das Vorhaben verkomplizieren können. Hier folgt nun eine (nicht abschließende) Übersicht, an wen neben den Mitarbeiterinnen und Mitarbeitern womöglich noch zu denken ist:

- Betriebsrat,
- Gewerkschaften,
- Kunden,
- Lieferanten,
- Beiräte und Aufsichtsräte,
- Gesellschafter/Mehrheitseigentümer und weitere Investoren,
- Banken und weitere Finanzierer (Anleihebesitzer, Finanzinvestoren, Warenkreditversicherer u. a.),
- Gemeinden und Politiker an den Standorten (in Deutschland und international),
- Lokale, regionale, bundesweite oder internationale Medien.

Spätestens am Ende der Konzeptphase sind die Stakeholder nicht nur punktuell, sondern umfassend und in einem formalen Rahmen einzubinden, dies unter Beachtung aller relevanten und erforderlichen Informations- und Mitbestimmungspflichten. Dies betrifft zum Beispiel die Freigabe der Konzepte durch Aufsichtsgremien und Gesellschafter. Je nach Struktur der Gesellschafter – und im Fall von Familienunternehmen auch je nach Zahl und Koordinationsbedarf verschiedener Familienzweige – kann dieser Prozess sehr kompliziert werden. Auch die Einbindung der Finanzierer zur Abstimmung und Absicherung der Finanzierung zählt dazu, ebenso die Beteiligung der Arbeitnehmervertreter über den Wirtschaftsausschuss und den Betriebsrat. Gelingt es Ihnen, die Stakeholder von Ihrem Konzept zu überzeugen, sind diese womöglich bereit, divergente Interessen zurückzustellen und Ihre Pläne mit Rat und Tat (sowie dem nötigen Geld!) zu unterstützen.

Wie in allen anderen Phasen der strategischen Konzept- und Umsetzungsarbeit haben wir auch hier immer wieder festgestellt: Es gibt kein Zuviel an Transparenz! Kommunizieren Sie offen, und schaffen Sie hierüber Vertrauen in das Konzept der Geschäftsführung. Nehmen Sie Punkte auf, die den unterschiedlichen Stakeholder-Gruppen wichtig sind – selbst wenn diese aus Sicht des Managements vielleicht nicht die höchste Priorität haben. Nicht immer geht es um finanzielle Fragen oder unterschiedliche strategische Vorstellungen, manchmal sind es auch schlicht alte Streitigkeiten, Sonderinteressen oder persönliche Befindlichkeiten, die bedacht sein wollen.

4.1.2 Initialisierungsphase: Absichten – Initialisierung – Aktionen

Jetzt folgt der vielleicht schwierigste Moment: der Schritt vom Denken zum Handeln, vom Planen zum Umsetzen. Schwierig ist er, weil das bisher Abstrakte auf einmal konkret wird – was bei den Zuständigen wie den Mitarbeitenden fast immer eine ganze Mischung von Gefühlen auslöst, insbesondere Angst, Überforderung und Ratlosigkeit. Groß ist die Unsicherheit, ebenso die Sorge, was das alles fürs Unternehmen und für die persönliche Situation bedeutet. Das Problem daran ist, dass der zeitliche und finanzielle Veränderungsdruck, der den Verfassern von Transformationskonzepten so häufig die Feder führt und der den für die Umsetzung Verantwortlichen früh im Nacken sitzt, bewirkt, dass diese negativen Gefühle – wenn überhaupt – meist allein mit Logik beantwortet werden.

Die Konsequenz ist, dass Veränderungs- und Umsetzungsmaßnahmen entweder gar nicht oder falsch priorisiert werden (oder wahlweise zu stark respektive zu schwach dosiert). Die Folge ist ein falscher (oder falsch dosierter) Ressourceneinsatz sowie eine Fehleinschätzung der erhofften Effekte.

Der deutsche Psychologieprofessor Dietrich Dörner spricht beim Denken in komplexen Situationen von der *Logik des Misslingens*, so der Titel seines erstmals 1989 erschienenen Buches (Dörner 2003). Menschen müssen unter Druck, in komplexen Zusammenhängen und mit wenig Zeit Entscheidungen treffen, deren Folgen sie nicht überschauen können. Und weil sie das tendenziell überfordert, greifen sie auf eine einfache Logik oder alte Glaubenssätze zurück.

Ein Beispiel für eine Logik, die das Misslingen bereits in sich trägt, lautet: »Wir gehen 20 Maßnahmen an – wenn davon zehn gelingen, ist das ein Erfolg.« Der Irrtum dabei ist, dass in der Umsetzung nicht die Zahl, sondern das Potenzial der Maßnahmen zur Steigerung der Performance zählt, und dass sich verzettelt, wer nicht priorisiert. »Wichtig ist, dass wir so schnell wie möglich anfangen – die Details ergeben sich schon.«: Wer so denkt, unterschätzt die Bedeutung von

Strukturen, Meilensteinen und Zeitplänen für eine erfolgreiche Umsetzung. »Ich muss regelmäßig sehr ambitionierte Ziele vorgeben, damit in der Organisation überhaupt etwas passiert.«: Dieses Vorgehen demotiviert die Belegschaft, denn diese wird von der Führung nicht miteinbezogen und häufig mit unrealistischen Vorgaben konfrontiert, die nur verfehlt werden können – ein gutes Rezept für eine schlechte Umsetzung.

Solche Irrtümer sind keine Seltenheit, doch längst kein Grund, sich zu grämen. Wichtig ist nur, sie sich einzugestehen und daraus zu lernen. Die Logik des Misslingens besteht darin, Entscheidungen nur auf einer (vermeintlich) logischen Basis zu treffen und die Ebene des Fühlens im Sinne der Überzeugtheit oder des emotionalen Widerstands der Betroffenen außer Acht zu lassen. Aus simplen Glaubenssätzen allein lässt sich jedoch kaum die richtige Mischung aus Motivieren und Messen ableiten. Genau diese Mischung aus Management und Monitoring bringt Menschen aber dazu, ehrgeizige Unternehmensziele mit persönlichen Ambitionen zu verbinden und sich zu engagieren.

Gerade bei einschneidenden Transformationen geht es um beides: Fakten und Gefühle. In der Praxis des Transformationsmanagements wird diese Erkenntnis aber häufig zu einer Glaubensfrage: *Entweder* wir kennen und verändern die Fakten mit rationalen Mitteln *oder* wir menscheln uns durch den Prozess. Nur sind beide Ansätze für sich genommen zum Scheitern verurteilt. Rationales Prozessmanagement kann noch so gut durchgetaktet sein; allein bringt es keinen Erfolg. Umgekehrt trügt die Hoffnung vieler Organisationspsychologen, dass ständige Kommunikation, gegenseitige Wertschätzung und Feedbacksysteme ganz sicher die unternehmerische Performance steigern würden.

Es braucht bei der Umsetzung großer Transformationen oder neuer Strategien immer beides: Ratio *und* Emotion. Es gilt, Führung, Belegschaft und Stakeholder auf beiden Ebenen zu erreichen. Der berühmte amerikanische Managementvordenker Peter F. Drucker sagte einmal (Drucker 1986, S. 36): »Effizienz bedeutet, die Dinge richtig zu tun. Effektivität bedeutet, die richtigen Dinge zu tun.« Damit die Beteiligten in diesem Sinne handeln, müssen sie etwas auch als richtig für sich annehmen (nicht nur für das Unternehmen) und überzeugt sein, dass sie die Ziele erreichen können. Richtig ist für jeden aber nur, was in ihm positive Gefühle und Erwartungen auslöst.

Die bewusst gesetzte Initialisierungsphase hat das Ziel, genau diesen Ausgleich zwischen den beiden Elementen einer erfolgreichen Umsetzung zu orchestrieren – zwischen den rationalen Strukturen und der Emotionalisierung der Beteiligten. Es geht darum, die richtigen Prioritäten zu setzen, vor allem aber darum, Ihre Kollegen noch vor dem ersten Handgriff einzubinden, ihr Wissen einzuholen und ein gemeinsames, geteiltes Verständnis darüber zu entwickeln, was zu tun ist.

Die Initialisierungsphase der Umsetzung ist besonders erfolgskritisch. In Unternehmen kommt es stets nicht nur auf den guten Plan auf dem Papier an, sondern auch wesentlich auf eine intensive, inspirierende Kommunikation mit dem Umsetzungsteam. Erst wenn jeder versteht, warum er etwas anpacken soll, bis wann es erledigt sein muss und was dies zum Gesamterfolg beiträgt, wird er es am ehesten als persönliches Ziel verstehen. Zweitens wird der Mensch sich so am stärksten mit seiner Aufgabe identifizieren. Und drittens wird er seine Aufmerksamkeit dauerhaft auf die Erfüllung seines konkreten Beitrags richten. Diese drei psychologischen Triebfedern – persönlich involviert zu sein, Eigenmotivation und Durchhaltewillen – sind für den Erfolg des Ganzen mindestens so wichtig wie die richtige Teamzusammensetzung, eine effektive Kennzahlensteuerung in Echtzeit und klar motivierte, strukturierte Regelmeetings.

Transformieren wir all diese Ziele und Aspekte in einen methodischen Rahmen, ergibt sich daraus der inhaltliche und zeitliche Fahrplan der Umsetzung. Dieser Plan – genannt ROADMAP, nach den Anfangsbuchstaben seiner sieben Elemente – formuliert sehr präzise die erfolgskritischen Schritte und Parameter der Operationalisierung (Abbildung 10). Eine Initialisierung der Umsetzung entlang dieser ROADMAP dauert etwa sechs bis acht Wochen und hat sich in der Praxis vielfach bewährt.

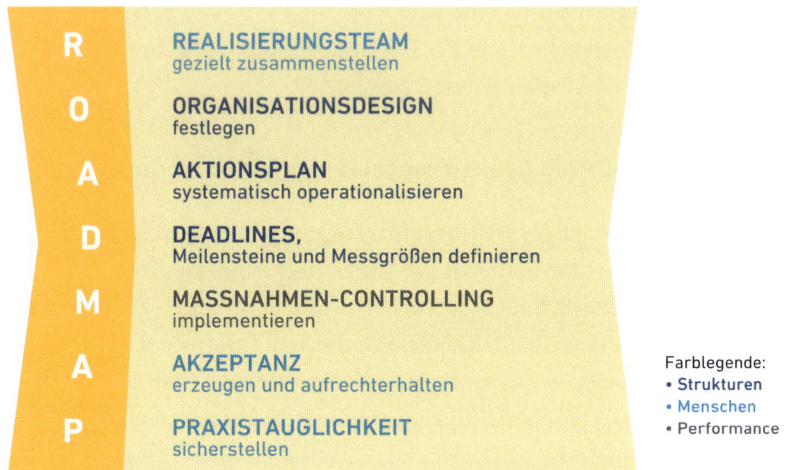

Abbildung 10: Initialisierung der Umsetzung entlang der ROADMAP.

Wenn Sie sich noch an die Darstellung unseres Ansatzes erinnern, so werden Sie leicht erkennen, wie die sieben Elemente des Plans die drei Dimensionen des Dreiklangs widerspiegeln (Abbildung 11):

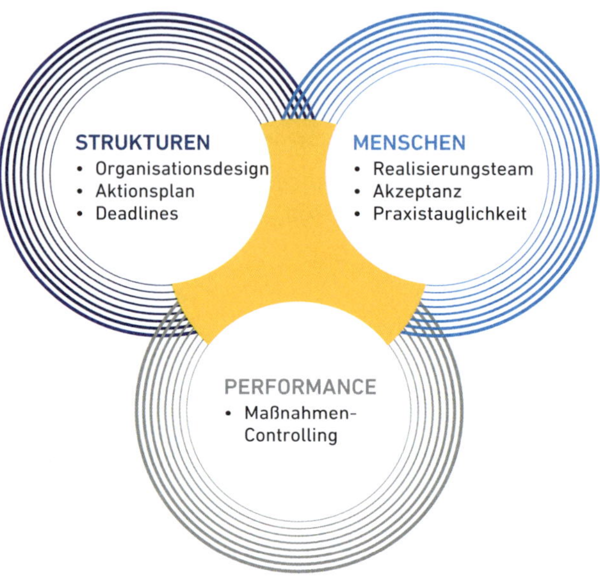

Abbildung 11: Ableitung der ROADMAP aus dem Dreiklang »Strukturen–Menschen–Performance«.

Entsprechend wollen wir die Konzepte, Methoden und Werkzeuge, die Ihnen und Ihrem Unternehmen in der Initialisierungsphase helfen, entlang der Struktur der ROADMAP gliedern und erläutern.

4.1.2.1 ROADMAP: Realisierungsteam gezielt zusammenstellen

Am Anfang von allem steht das Realisierungsteam. Hinter jeder Turnaround- oder jeder Transformationsmaßnahme steckt ein Projekt mit klaren Zielen, einem verantwortlichen Projektleiter und einem Team. Die Aufstellung eines High-Performance-Teams ist die Königsdisziplin unserer Umsetzungsmethodik. Entscheidend ist hier, die drei Dimensionen Strukturen, Menschen und Performance zu berücksichtigen, jede für sich, aber eben auch in der ausgewogenen Kombination.

Die unterschiedlichen Rollen innerhalb des Teams zu bedenken, hat strukturelle Aspekte. Dann gilt es, bei den Menschen deren Stärken und Schwächen im Blick zu haben. Und zu guter Letzt sollten die Mitarbeiter so ausgewählt werden, dass sie die gewünschte Performance leisten können. Dass Sie für das Team diejenigen Personen zusammenbringen, die unter diesen Aspekten am besten geeignet sind, ist zentral für den Erfolg der Umsetzung. Die Teammitglieder müssen ihre Fähigkeiten und Kompetenzen einbringen, vor allem aber vertrauens- und respektvoll miteinander arbeiten können. Andernfalls will jede und jeder in eine andere Richtung. Wird in der Initialisierungsphase ein Team zusammengestellt, das nicht funktioniert, ist die Umsetzung zum Scheitern verurteilt.

Betrachten wir nun den Prozess der Auswahl, die Mischung der unterschiedlichen Persönlichkeitstypen sowie das Zusammenspiel von Führung und Team etwas näher.

Auswahl der Teammitglieder nach klaren Prozessen und Kriterien

Ein Kern-Projektteam sollte maximal acht bis zwölf Personen umfassen, um gut organisiert arbeiten zu können. Aus unserer Erfahrung ist eine hierarchische Struktur dabei nicht zwingend zielführend, wohl aber sind es Vertrauen, Akzeptanz und gegenseitiger Respekt. Grundvoraussetzung ist zudem, dass die Mitglieder – und zwar möglichst alle – Veränderungsbereitschaft und geistige Agilität mitbringen. Nur damit lassen sich die mit Veränderungen immer einhergehenden Widrigkeiten und Widerstände im Unternehmen überwinden. Denken Sie nur an bisher gelebte und liebgewonnene interne Prozessabläufe, schwache Organisationsstrukturen und Silodenken. Oder an ein Festhalten an problematischen Gewohnheiten, das gern mal falsch verstanden wird als Erhalten alter Traditionen.

Bei der Auswahl von beispielsweise Restrukturierungsteams nominieren viele Unternehmen häufig die jeweiligen Abteilungsleiter oder Bereichsverantwortlichen. Zudem werden gern immer wieder die gleichen Mitarbeiter ausgewählt, die sich bereits in der Vergangenheit proaktiv in Verbesserungsaktivitäten eingebracht haben. Beides ist verständlich, kann aber kritisch werden, zum Beispiel, wenn diese Mitarbeiter aufgrund der Vielzahl ihrer Aufgaben sowieso schon überlastet sind.

Stellen wir in unseren Umsetzungsprojekten ein High-Performance-Team zusammen, orientieren wir uns an sieben zentralen Eigenschaften. Dabei bauen wir auf den Erkenntnissen von Manfred Kets de Vries auf, einem Niederländer, der an der Harvard Business School lehrte, der seit mehreren Jahrzehnten Professor an der INSEAD-Hochschule ist und dort das Global Leadership Centre gründete. Er ist weltweit einer der führenden Köpfe in Fragen von Führung und Organisationspsychologie (Kets de Vries 2011a, 2011b).

Sieben Eigenschaften eines High-Performance-Teams und seiner Mitglieder:

1. Gemeinsam geteilte Ziele und Werte.
2. Gegenseitiger Respekt für die unterschiedlichen, idealerweise komplementären Fähigkeiten.
3. Rollen- und Aufgabenverteilung erfolgen auf Basis der unterschiedlichen Kompetenzen.
4. Wechselseitiges Vertrauen und Teamgeist.
5. Auftretende Konflikte werden konstruktiv diskutiert und gelöst.
6. Erfolge werden nach eindeutigen Kriterien gemessen.
7. Jedes Teammitglied weiß, was es zu tun hat, es interagiert mit allen anderen und ist über sämtliche für das Projekt (oder Teilprojekt) relevanten Indikationen informiert.

Hier folgt ein Beispiel aus unserer Praxis, wie Sie bei der Auswahl der Teammitglieder klassische Verhaltensmuster vermeiden können, vielmehr systematisch vorgehen und so die Chancen auf eine erfolgsträchtige Kombination erhöhen:

PRAXISBEISPIEL: TEAMAUSWAHL

Im Zuge eines Projekts bei einem mittelständischen Automobilzulieferer galt es, ein möglichst leistungsstarkes Umsetzungsteam zu bilden. Als Erstes glichen wir dafür – gemeinsam mit dem Management und der Personalabteilung – die Aufgaben der jeweiligen Projekte mit den Fähigkeitsprofilen der zweiten und dritten Führungsebene ab. Zusätzlich wurden auch Mitarbeiter aus dem Führungsnachwuchsprogramm in die Auswahl einbezogen. Kriterien waren neben der fachlichen Qualifikation vor allem die Sozialkompetenz, kommunikative Fähigkeiten sowie die Anerkennung im Kollegenkreis. Dabei berücksichtigten wir bewusst auch jüngere Nachwuchskräfte, die sich in der Umsetzung für die nächste Stufe der Entwicklung und Karriere beweisen konnten.

Die weitere Auswahl erfolgte durch persönliche Interviews, in denen insbesondere die intrinsische Motivation für das jeweilige Projekt hinterfragt wurde. Wesentlich war zudem das beobachtete Verhalten während der Erarbeitung des Unternehmenskonzeptes und der Initialisierungsphase – denn in einer intensiven Zusammenarbeit über mehrere Wochen hinweg lassen sich schon sehr gute Rückschlüsse auf die Eignung der Kandidaten ziehen.

Final erfolgte die Auswahl über ein Scoring-Modell, das neben den bereits genannten Kriterien die Komplementarität innerhalb des Teams (und die verschiedenen Rollen im Team) berücksichtigte. Dieser Prozess führte zu einem hochengagierten und äußerst erfolgreichen Umsetzungsteam.

Für kleinere Mittelständler kann solch ein Prozess selbstverständlich vereinfacht und an die jeweiligen Gegebenheiten angepasst werden. Trotzdem sollte er die erfolgskritischen Kernfragen zur Auswahl der Teammitglieder auf jeden Fall berücksichtigen.

Mischung der Teammitglieder nach komplementären Eigenschaften und Fähigkeiten

Wir empfehlen stets eine ausgewogene Mischung aus Generalisten, aus Experten mit profunder Fachexpertise und analytischer Denkweise sowie aus Mitarbeitern mit einem guten Verständnis für Teamarbeit, denn nur so kommt die benötigte zielführende Dynamik ins Team. Kritische Stimmen sind essenziell, denn wer auf Risiken hinweist und konstruktive Kritik übt, hilft dabei, tragfähige Lösungen zu entwickeln und wichtige Impulse zu geben. Mitglieder hingegen, die sich in Daueropposition ergehen, sind Gift für eine Transformation. Es kommt wie so oft auf die richtige Balance an. Es liegt darüber hinaus nahe, das Team um Mitglieder mit einer ausgeprägten Projektmanagement-Kompetenz zu ergänzen. Für die Ausbildung und Zertifizierung solcher Kompetenzen haben sich am Markt verschiedene Institute und Titel etabliert, zum Beispiel die Titel »Project Management Professional« (PMP) oder »Portfolio Management Professional« (PFMP) vom PMI.

Noch konkreter hinsichtlich der komplementären Fähigkeiten von Mitgliedern eines High-Performance-Teams wird John Kotter in seinem erstmals 1996 erschienenen Werk *Leading Change* (Kotter 2011). Darin stellt die Zusammenstellung des Teams, das den gesamten Veränderungsprozess führt, die zweite Stufe innerhalb seines berühmten Acht-Stufen-Modells dar (siehe Kapitel 3.1.6.2). Dieses Team sollte Kotter zufolge über genügend Expertise, Reputation und Führungskompetenzen verfügen und die wichtigsten Funktionen der Organisation repräsentieren. Zudem legt er großen Wert darauf, dass in dem Team Vertrauen aufgebaut wird und gemeinsame Ziele entwickelt werden. Dies wird unter anderem durch eine Komplementarität der Mitglieder erreicht.

Diese Anforderung bezieht sich sowohl auf die funktionalen Fähigkeiten als auch auf die persönlichen Eigenschaften. So sollten laut Kotter zum Beispiel risikoaverse, aber auch risikoaffine Persönlichkeiten ausgewählt werden. Weder soll das Team aus Übermut überhastete, falsche Entscheidungen treffen noch durch Entscheidungsangst geprägt sein. Beide Phänomene erleben wir in Transformations- und Umsetzungssituationen immer wieder, etwa wenn die Geschäftsführung über bemerkenswerte Zocker-Mentalitäten verfügt oder sie – ganz im

Gegenteil – vor lauter Unsicherheit gelähmt ist und gar keine Entscheidungen mehr trifft.

Nützlich sowohl für die Auswahl zu Beginn als auch für die tatsächliche Arbeit später im Team sind Modelle zu Persönlichkeitsmerkmalen. Sie helfen den verantwortlichen Umsetzungsmanagern zu verstehen, wie sich Menschen allgemein im Beruf und speziell in Umsetzungsvorhaben am besten einsetzen lassen, wer zu welcher Aufgabe am besten passt und in welcher Konstellation unterschiedliche Mitglieder als Team besonders wirksam werden.

Weil wir sie in diesem Zusammenhang als sehr erhellend betrachten, greifen wir an dieser Stelle erneut auf Ausführungen unseres Kollegen Georgiy Michailov zurück (Michailov 2022b). Darin befasst er sich mit dem OCEAN-Modell, einem Persönlichkeitsmodell, das – anders als klassische, simple Typologien – nur auf die Persönlichkeitsdimensionen in ihren unterschiedlichen Ausprägungen abstellt. Aufgrund seiner hohen Zuverlässigkeit und empirischen Validität in Jahrzehnten der Nutzung gilt das OCEAN-Modell in der Wissenschaft heute als Standard (Neyer/Asendorpf 2024).

Konkret betrachtet das OCEAN-Modell den menschlichen Charakter entlang fünf unterschiedlicher Dimensionen, die eine interkulturelle Beständigkeit aufweisen und in ihrer Stabilität mit dem Alter zunehmen. Die Dimensionen umfassen jeweils mehrere Teilaspekte, die nicht absolut, sondern in ihrer Ausprägung entlang der klassischen Normalverteilung betrachtet werden. Damit kann man Tendenzen ableiten, wie sich unterschiedliche Menschen in unterschiedlichen Situationen verhalten. Es folgen die fünf Dimensionen.

- **Openness (Offenheit für Erfahrungen):** Menschen mit einer starken Ausprägung dieser Dimension sind tendenziell kreativ, abenteuerlustig, fantasievoll und an Neuem interessiert. Sie stellen das Altbewährte häufig infrage und lieben Abwechslung. Menschen mit einer eher schwachen Ausprägung sind tendenziell konservativ, traditions- und routineliebend.
- **Conscientiousness (Gewissenhaftigkeit):** Diese Dimension handelt von Selbstkontrolle, Selbstdisziplin und Ordnungsliebe. Menschen mit einer starken Ausprägung handeln sehr organisiert, besonnen und effektiv. Sie zeichnen sich, gemünzt auf den Dreiklang, durch eine starke Performance-Orientierung und hohe Ambitionen aus. Menschen mit einer schwachen Ausprägung dieser Dimension nehmen das Leben lockerer.
- **Extroversion (Extraversion):** Häufig ist zu hören, dass dieser eine Kollege eher introvertiert oder jene Bekannte doch sehr extrovertiert sei. Menschen mit einer ausgeprägten Extraversion lieben Geselligkeit und sind stark nach

außen gewandt, sie neigen zu Optimismus und einem hohen Selbstwertgefühl. Introvertierte Menschen tendieren dazu, stiller und zurückhaltender zu sein (was im Übrigen etwas anderes ist als schüchtern).

- **Agreeableness (Verträglichkeit):** Menschen mit einer starken Ausprägung dieser Dimension neigen zu Hilfs- und Kooperationsbereitschaft, zu Altruismus, auch zu Harmoniebedürftigkeit, weshalb sie einem Konflikt eher aus dem Wege gehen. Umgekehrt ist bei Menschen, die wenig verträglich und zudem wenig gewissenhaft sind, eine gewisse Korrelation mit dem »Dark Factor« festgestellt worden, einer ausgeprägt bösartigen Form der Selbstsucht, die sich in Narzissmus, Psychopathie und Machiavellismus äußert (Moshagen et al. 2018).
- **Neuroticism (Neurotizismus):** Menschen, bei denen diese Dimension stark ausgeprägt ist, weisen eine schwächere emotionale Stabilität auf, im Extrem können sie unter Depressionen oder Angststörungen leiden. Menschen mit einer schwachen Ausprägung hingegen sind im Vergleich dazu psychisch deutlich stabiler. Ihnen fällt es leichter, souveräner und klarer mit äußeren emotionalen Triggern umzugehen. Ihr Selbstwertgefühl ist hoch.

Alle Ausprägungen dieser fünf Faktoren sind weder schlecht noch gut. Sie sind schlicht Indikatoren dafür, wie sich jemand tendenziell verhält und in welchem Umfeld er sich wohler fühlt. Das Modell erlaubt uns, Neigungen von Menschen zu reflektieren, sie besser einzuschätzen und bei der Zusammenstellung eines Teams bewusst auf die richtige Mischung zu achten. Ein bewusster Auswahlprozess unter Berücksichtigung des OCEAN-Modells führt im Idealfall zu folgendem Ergebnis:

- **Offenheit:** Das Team besteht aus kreativen Mitarbeiterinnen und Mitarbeitern, die gute Ideen für konzeptionelle Herausforderungen beisteuern und bei Hindernissen während des Umsetzungsprozesses Lösungen entwickeln. Es sind aber auch Persönlichkeiten beteiligt, die Routinen lieben und sicherstellen, dass die einmal umgesetzten neuen Vorgehensweisen nachhaltig sind und Prozesse eingehalten werden.
- **Gewissenhaftigkeit:** Ausreichend viele Teammitglieder mit einer hohen Gewissenhaftigkeit organisieren das Projekt zuverlässig und verfolgen die Transformationsziele ambitioniert sowie mit hohem Anspruch an die Performance. Aber auch Beteiligte mit einem niedrigeren Grad an Gewissenhaftigkeit sind ein Gewinn. Sie sorgen mit ihrer Lockerheit insbesondere in schwierigen Phasen und bei Rückschlägen für den positiven Spirit und fördern das

Durchhaltevermögen des Teams. Schwierig für das Teamgefüge sind allerdings Narzissten.
- **Extraversion:** Während introvertierte Personen für eine durchdachte und orchestrierte Umsetzungsorganisation sowie eine Nachverfolgung des Fortschritts förderlich sind, können Sie extrovertierte insbesondere dafür einsetzen, die verschiedenen Stakeholder für die Transformationsziele zu gewinnen und Umsetzungserfolge intern wie extern zu vermarkten.
- **Verträglichkeit:** Die kooperationswilligen Mitglieder moderieren im Team unterschiedliche Ansichten und Konflikte. Zudem gewinnen sie kritische Stakeholder für die Projektziele. Trotzdem beteiligen sich auch konfliktbereite Menschen am Umsetzungsprozess und sorgen für Diskurs. Sie bieten alternative Lösungsmöglichkeiten, thematisieren kritische Punkte und sprechen Projektrisiken und mangelnden Fortschritt aktiv an.
- **Neurotizismus:** Achten Sie darauf, dass die Teammitglieder eine maximale Ausprägung nicht überschreiten. Ansonsten gefährden Sie die Balance in der Gruppe oder Sie werden zu viel Führungsleistung zur Moderation des Teams investieren müssen.

Ein besonderes und gern übersehenes Risiko bei der Auswahl von Teammitgliedern besteht im »Similar to me«-Effekt. Erforscht primär in Personalauswahlprozessen (Sears/Rowe 2003), äußert der Effekt sich darin, dass Verantwortliche vor allem Kandidaten bevorzugen, die eine hohe Ähnlichkeit zu ihnen selbst aufweisen. In dem Fall liegt das Problem weniger bei den Ausgewählten als beim Auswählenden. Für das Bemühen, ein möglichst heterogenes Transformationsteam zu bilden, stellt dies ein wesentliches Hindernis dar.

Zusammenspiel von Teammitgliedern und Teamführung

Wichtig für die wirksame Arbeit der Realisierungsteams ist die richtige Führung seiner Mitglieder. Im Praxisbeispiel zur Teamauswahl wurden die Mitglieder später in enger Abstimmung zwischen dem CRO (Chief Restructuring Officer) respektive dem CTO (Chief Transformation Officer) und dem Beraterteam gesteuert. Auf diesem Wege wurden Rollen und Prioritäten geklärt sowie die Motivation und Aufmerksamkeit für das Ziel des Turnarounds hochgehalten. Dieser Erfolgsfaktor kann auf viele weitere Projekte übertragen werden, insbesondere wenn der CRO/CTO und die Berater bereits an der Auswahl beteiligt waren (mehr zu Anforderungen an die Führung in Transformationen und im Umsetzungsmanagement siehe Kapitel 4.3).

Eine strukturierte Projektsteuerung, die agil und dynamisch ist, gibt es in den meisten Unternehmen. Je nach Unternehmensgröße und Branche kann sie jedoch verschieden ausgeprägt sein. Wir finden in der Praxis immer wieder höchst unterschiedliche Niveaus der Projektmanagementerfahrung vor. Das ist per se nicht tragisch, bedeutet meist aber erst einmal einen Mehraufwand, um die Kenntnisse im Team anzugleichen und das Niveau insgesamt zu heben. Es hilft daher außerordentlich, wenn Unternehmen bei der Weiterbildung ihrer Mitarbeiter frühzeitig auf die Vermittlung profunder Kenntnisse im Projektmanagement achten sowie auf Stringenz in der Anwendung einheitlicher Projektmanagement-Standards und Erfahrung. Defizite lassen sich in der Regel aber gut beheben, sodass das Team schnell arbeitsfähig ist und die schlagkräftige Projektorganisation schnell aufgebaut werden kann.

AUF EINEN BLICK

Naturgemäß liegt der Fokus betreffend der Zusammenstellung und Arbeit des Realisierungsteams vor allem auf den Menschen. Doch selten wird das Zusammenspiel aller drei Dimensionen des Dreiklangs so deutlich wie hier.

Strukturen: Für die Frage, wie gut die Beteiligten zusammenarbeiten und am Ende »performen«, ist zum einen entscheidend, wie strukturiert (und objektiv) Sie bei der Auswahl der Teammitglieder sowie der Klärung von Rollen und Verantwortlichkeiten vorgehen. Zum anderen ist hier die daraus resultierende Struktur des Teams (nach Größe und Diversität) von Bedeutung.

Menschen: Achten Sie bei der Auswahl auf eine gute Mischung von Persönlichkeitsprofilen, und nutzen Sie dafür das OCEAN-Modell. Kombinieren Sie kreative und routineliebende Menschen, organisierte und lockere, introvertierte und extrovertierte sowie kooperationswillige und konfliktbereite. Vermeiden Sie eine zu hohe Ähnlichkeit der Charaktere und Fähigkeiten. Viele ähnliche Mitarbeiter lassen sich zwar leichter führen, aber die Performance als Team wird darunter leiden. Zugleich braucht es verbindende Elemente. Das Geheimnis liegt im Sowohl-als-auch.

Performance: Auch die Arbeit des Teams sollte möglichst gut und leistungsorientiert strukturiert werden, sonst droht ein Abgleiten in Debatten und Plauderei. Eine vertrauensvolle, aber stets zielorientierte Steuerung und der gezielte, regelmäßige Rückgriff auf die große Vielfalt an Fähigkeiten und Persönlichkeiten erhöhen die Aussichten auf eine gute Performance. Vermeiden Sie Narzissten im Team – diese wirken in aller Regel nur destruktiv.

4.1.2.2 ROADMAP: Organisationsdesign festlegen

Umsetzungsprojekte sind komplexe, anspruchsvolle und nicht selten überlebenswichtige Sondervorhaben. Für ihre wirksame Umsetzung sind besondere Organisationsstrukturen zu bilden. Dabei geht es um weit mehr als nur eine Formalisierung, wer welche Aufgabe bis wann erledigen soll und in welchem Tool die Verantwortlichen den Fortschritt einzutragen haben. Es geht zudem um Führungs- und Entscheidungsprozesse, Rollenmodelle, unterstützende Systeme sowie Ablauf und Ausmaß der Kommunikation – alles mit dem Ziel, den Prozess zu dynamisieren und eine inspirierende Arbeitsumgebung zu etablieren. Wir sprechen daher von einem umfassenden »Organisationsdesign«.

Transformationsprogramme bestehen meist aus vielen Projekten, Teilprojekten und Einzelaufgaben. Um da den Überblick zu behalten und rechtzeitig auf Abweichungen oder Veränderungen reagieren zu können, ist eine transparente und einfach zu bedienende Projektorganisation sinnvoll.

Die Gestaltung eines Organisationsdesigns, mit dem sich eine Transformation oder ein Turnaround klar strukturiert steuern lassen, dauert maximal vier Wochen. Mit den Verantwortlichen werden die Projekttools aufgesetzt, die Beteiligten werden in deren Anwendung geschult. Das Organisationsdesign hat insbesondere vier Elemente, die in Workshops mit dem Restrukturierungsteam gemeinsam ausgestaltet werden, und die wir im Folgenden erläutern.

Organisationsstruktur der Transformation (Lenkungsausschuss)

Die Organisationsstruktur als Ganzes sollte für alle Beteiligten transparent und nachvollziehbar sein (Abbildung 12). Sie regelt, welche Gremien in der Umsetzung beteiligt sind, wie deren Befugnisse und Verzahnung aussehen sowie die Frequenz von Meetings und die Teilnehmer der Sitzungen.

Ein zentrales, strukturgebendes Gremium ist der Lenkungsausschuss, der im Kontext von Turnarounds manchmal auch Master-Teammeeting genannt wird (Faulhaber et al. 2009). Idealerweise tagt der Lenkungsausschuss einmal im Monat für eine Dauer von 90 bis 120 Minuten, zudem sollte er als Regeltermin fest in der Meeting-Agenda des Unternehmens verankert sein. In den Sitzungen geht es um die Vorstellung des Projektfortschritts durch die verschiedenen Projektleiter und die ganzheitliche Lenkung des Umsetzungsprozesses.

Teilnehmer sind neben der Geschäftsführung, dem Leiter des Project Management Office (PMO) und dem Controlling die Projektverantwortlichen (oder deren Stellvertreter). Zudem ist es ratsam oder manchmal sogar erforderlich,

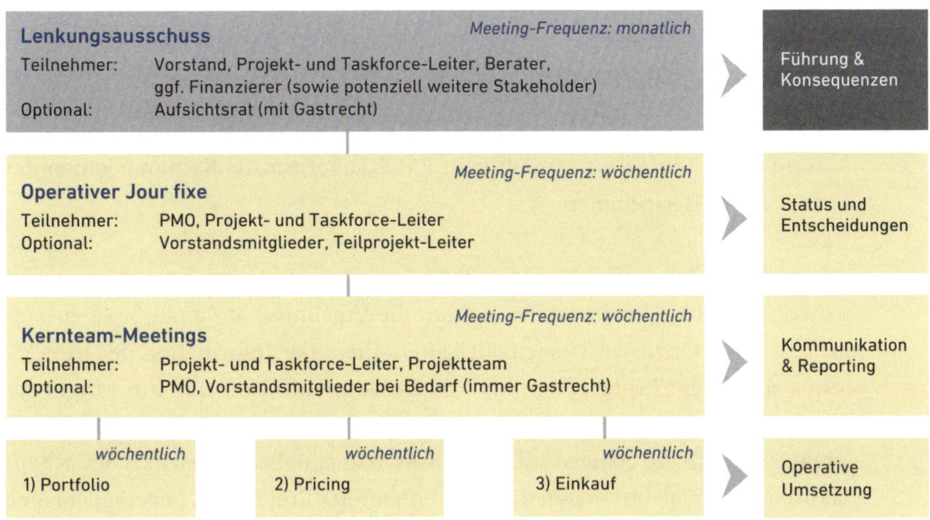

Abbildung 12: Ebenen und Elemente einer Projektorganisation (imaginäres Beispiel).

wichtigen Stakeholdern wie Arbeitnehmervertretern, Gesellschaftern – oder auch, wie in Turnarounds manchmal üblich, Finanzierern – ein optionales Gastrecht einzuräumen.

Für den Ablauf der Meetings hat sich eine Agenda mit fünf Punkten bewährt:

1. Zunächst erfolgt die **Begrüßung** durch die Geschäftsführung nebst Hinweis auf besondere Ereignisse.
2. Dann berichtet der kaufmännische Leiter oder das Controlling kurz über die **Ergebnisentwicklung** des Unternehmens.
3. Im Hauptteil der Sitzung berichten die **Projektverantwortlichen** anhand eines standardisierten, ausgewogenen Berichtsbogens über ihre Aktivitäten, über relevante Ergebnisse sowie über Status, Entwicklung und Fortschritte der Messgrößen. Eine kurze Einschätzung in der Logik einer Ampel signalisiert, ob das Projekt in seiner zeitlichen und inhaltlichen Bearbeitung im Fahrplan liegt (respektive liegen wird) oder nicht. Ausgewogen ist der Berichtsbogen auch insofern, als die Projektverantwortlichen explizit über »Kopfschmerzen« ihres Projekts oder die Stimmung im Projektteam informieren. Fortschritte werden gewürdigt und nötige Entscheidungen getroffen, zudem werden bei Bedarf Prioritäten neu gesetzt.
4. Im nächsten (optionalen) Punkt können **einzelne Projekte** in ihren Details in der Gruppe ausführlich vorgestellt werden – oder ein Projektleiter nutzt

die Schwarmintelligenz des Teams für ein Brainstorming oder für die Lösung eines Problems in seinem Projekt.

5. Am Ende der Sitzung wird jeder Teilnehmer gebeten, die High- und Lowlights der Umsetzungsentwicklung, so wie er sie wahrgenommen hat, kurz wiederzugeben. Diese werden vom PMO-Leiter für die **Kommunikation** der Fortschritte festgehalten.

Am nächsten Tag treffen sich der PMO-Leiter, ein Mitglied des Lenkungsausschusses und die Geschäftsführung, um die Ergebnisse auf einer Seite zusammenzufassen. Dieser »Management Letter« dient der Information der Projektteams durch die Projektleiter und als Zusammenfassung für die Mitglieder des Lenkungsausschusses. Zudem wird der Fortschrittsbericht der gesamten Organisation in Aushängen oder per E-Mail zugänglich gemacht. Dies schafft Transparenz über Aktivitäten und Ergebnisse aller Projekte und ermöglicht eine zeitnahe, effiziente und einheitliche Kommunikation.

Die transparente monatliche Kommunikation der Umsetzungsfortschritte – gegebenenfalls aber auch von Lowlights – hat eine starke motivierende Wirkung auf die Teams und die Organisation. Dies hält die Aufmerksamkeit der Beteiligten für die Umsetzung hoch. Zudem entsteht eine soziale Gruppendynamik, der sich niemand entziehen kann. Erfolge der einen verstärken den Erfolgshunger der anderen. Kein Controlling, kein noch so ausgeklügeltes Tracking-System kann diese Dynamik entfachen und derart das Performance-Mindset der Beteiligten stärken. Entsprechend ist der Lenkungsausschuss an der Schnittstelle der drei Dimensionen des Dreiklangs angesiedelt.

Gleichwohl sind die Anforderungen, die Sitzungen des Lenkungsausschusses zu etablieren und erfolgreich durchzuführen, hoch. Sehr wichtig für zielführende, effiziente Treffen ist die gute Vorbereitung durch die einzelnen Projektleiter und das PMO, bestehend aus der Aufbereitung des Berichtsbogens und des Maßnahmen-Controllings. Zur Vorbereitung gehören auch vorabgestimmte Entscheidungsvorlagen und die Analyse aktueller Chancen und Hindernisse in der Projektarbeit. Entscheidend ist jedoch die Gesprächs- und Diskussionskultur während der Sitzungen, die insbesondere durch das Feedback und die Würdigung seitens der Geschäftsführung geprägt wird. Zugleich ist es ihre Aufgabe, die Entwicklung einzelner Projekte kritisch zu hinterfragen und zu intervenieren, wenn Projektziele oder die angestrebte Wirksamkeit von Maßnahmen verfehlt werden (könnten). In solchen Fällen ist es geboten, mit den Projektverantwortlichen und den Teams zur Not die Projektstruktur anzupassen, Hindernisse zu beseitigen oder auch die Zusammensetzung des Teams zu verändern.

Eines muss der Geschäftsführung klar sein: Wie im Leben macht auch in den Sitzungen des Lenkungsausschusses der Ton die Musik. Demotivierende, herablassende oder gar verächtliche Aussagen wirken kontraproduktiv und beschädigen den Spirit der Gruppe. Schnell kann sich so aus einem konstruktiv-virtuosen Miteinander ein negativer Kreislauf entwickeln, der von einem dysfunktionalen Kollaborations- und Kommunikationsverhalten geprägt ist (Duck 2001).

Die Projektverantwortlichen müssen ihrerseits die Ampellogik zur Bewertung des Projektstarts und zur Vorhersage der Zielerreichung richtig nutzen. Eine »Schönwetter«-Berichterstattung, bei der alle Ampeln auf Grün stehen, obwohl das Team bereits Verzögerungen oder Abweichungen erkennt, hilft niemandem. Im Gegenteil: Rote Ampeln sind wichtig und akzeptabel, sofern sie rechtzeitig angezeigt und bemerkt werden. Erst dann ist es möglich, gegenzusteuern. David Michels von der Unternehmensberatung Bain & Company hat dies zutreffend als eine Mentalität des »Red is good« bezeichnet (Michels 2017). Hingegen sind überraschend auftauchende rote Ampeln kurz vor Projektschluss in aller Regel ein Zeichen für blinden Optimismus, Verunsicherung oder schlichtweg eine Fehlsteuerung.

Immer zu berücksichtigen ist, was schon der Begriff des Lenkungsausschusses verlangt: Wirksam agiert dieses Gremium nur, wenn es die Führung in den Meetings auch tatsächlich lenkt – wenn es konsequente Entscheidungen trifft, Projekte (wenn nötig) neu priorisiert und bei anhaltender Verfehlung von Zielen Gegenmaßnahmen oder Anpassungen im Umsetzungsprogramm veranlasst.

Steuerungssysteme (PMO)

Ein PMO ist eine permanente organisatorische Einheit, die für das zentralisierte, koordinierte Management aller Transformationsprojekte eingerichtet wird, und das Bindeglied zwischen dem (strategischen) Lenkungsausschuss und der (operativen) Arbeit im Alltag darstellt. Manche Organisationen bezeichnen diese Einheit auch als Transformation Management Office (TMO). Zu den wesentlichen Aufgaben einer solchen Einheit gehören (Strasser/Schmidt-Sibeth):

- Auswahl und Priorisierung von Projekten, Sicherstellung von Transparenz.
- Überblick über das Projektportfolio sowie Nachhalten und Einschätzung des Fortschritts.
- Pflege und Plausibilisierung des (monetären) Maßnahmen-Controllings.

- Herausfordern der Projektleiter und Teams sowie Hinterfragen bisheriger Ergebnisse, Konzeption von Maßnahmen zur Steigerung der Wirksamkeit beim Verfehlen von Zielen.
- Vorbereitung von Entscheidungsvorlagen.
- Förderung des Informationsflusses zwischen Abteilungen und Projekten.
- Gestaltung des unternehmensweiten Kommunikationskonzepts zur Transformation.
- Koordination der Berichtspflichten für interne und externe Stakeholder.
- Konzeption kommunikativer und inhaltlicher Gegenmaßnahmen im Fall von Widerstand.
- Planung und Verteilung von Ressourcen auf das Projektportfolio.
- Moderation von Kapazitätsengpässen und Konflikten.
- Eskalation von Schwierigkeiten, Hindernissen und anhaltenden Widerständen.
- Auswahl, Einführung und Schulung geeigneter Projektmanagementtools.
- Training und Coaching von Projektleitern und Projektmitgliedern.

»Noch eine Abteilung, muss das denn sein?« ist ein häufiger Einwand auf den Impuls für ein schlagkräftiges PMO. Allein die vorige (nicht einmal vollständige) Aufzählung zeigt aber die hohe Bedeutung, die einem PMO in einer Umsetzung zukommen kann, wenn es exzellent aufgesetzt und besetzt ist. Auf jeden Fall dürfte der Nutzen eines guten PMO die Kosten dafür immer deutlich überwiegen. Für eine gelingende Transformation ist solch eine Einheit ein zentraler Erfolgsfaktor. Nachstehend folgen ihre vier Spielarten:

1. **Inform:** Das PMO hat eine berichtende, aber keine leitende Rolle.
2. **Recommend:** Das PMO berichtet und gibt aktiv Empfehlungen ab, hat aber keine leitenden Befugnisse.
3. **Agree:** Das PMO hat ein Vetorecht, aber keine leitende Funktion.
4. **Decide:** Das PMO erhält durchgreifende Entscheidungsrechte und damit eine vollumfänglich leitende Funktion. Es kann Maßnahmenverantwortliche überstimmen und Fälle, Probleme und Entscheidungen an das Topmanagement eskalieren.

Je kritischer die Unternehmenssituation und je tiefgreifender die Transformation, desto mehr Handlungsfreiheiten und Durchgriffsrechte sollte das PMO erhalten. In der Praxis beobachten wir häufig das Phänomen, ein PMO als reine »Tracking-Abteilung« zu interpretieren und durchsetzungsschwache oder sogar

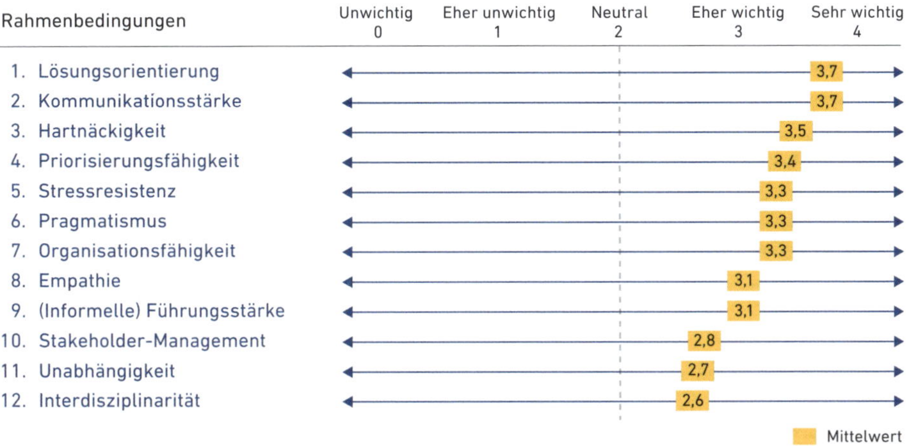

Abbildung 13: Anforderungen an PMO-Leiter in ihrer Bedeutung für den Erfolg von Umsetzungsvorhaben (Faerber et al. 2023b).

wenig kommunikative Mitarbeiter mit dieser Aufgabe zu betrauen. Erfolgsversprechender ist ein aktives PMO; dies stellt aber höhere Anforderungen an die Besetzung!

Dies gilt speziell für die Führung, wie unsere Umsetzungsstudie im Mittelstand eindrucksvoll zeigte. Von zwölf abgefragten potenziellen Auswahlkriterien für die Besetzung der PMO-Spitze schätzten die Teilnehmer alle im Durchschnitt entweder als »sehr wichtig« oder »eher wichtig« ein (Abbildung 13). Der optimale PMO-Leiter verkörpert demnach eine Kombination aus Strukturierungsfähigkeit (Strukturen), Moderationsfähigkeiten und Akzeptanz (Menschen) sowie einem hohen Leistungsanspruch mit Durchsetzungsfähigkeit (Performance). Schließlich muss er bei mäßigem Projektfortschritt aktiv intervenieren oder Dinge eskalieren. Dies erfordert eine hohe Akzeptanz bei Projektleitern wie Topmanagement sowie eine hohe innere Unabhängigkeit (Faerber et al. 2023b).

Je nach Konfiguration variiert auch die organisatorische Verankerung des PMO. Die Praxis kennt ein passives PMO als Stabsstelle der Projektleiter, ein aktives PMO als Stabsstelle der Geschäftsführung oder ein direkt verantwortliches, in die Hierarchie eingebundenes PMO (Abbildung 14). Wir bevorzugen das aktive PMO, da dieses als Stabsstelle gegenüber den Projektleitern mehr Einfluss und Durchsetzungsfähigkeit hat und zugleich unabhängiger, mit weniger Ergebnisverantwortung agieren kann, als es ein voll verantwortliches PMO könnte. Diese Option hat sich erfolgreich bewährt.

Abbildung 14: Organisatorische Verankerung eines PMO (in Anlehnung an die BCG).

Führungs- und Rollensystem

Bei Transformationen handelt es sich in nahezu allen Fällen um komplexe Programme, bei denen eine Vielzahl von Stakeholdern und Parteien beteiligt ist. Dies gilt umso mehr, wenn es sich um eine Restrukturierung oder Sanierung handelt. In diesen Fällen sind neben Geschäftsführung, Aufsichtsrat und Beirat häufig auch Arbeitnehmervertreter, Fremdfinanzierer, diverse Berater, Juristen oder auch Treuhand-Verantwortliche beteiligt. Und je höher die Zahl beteiligter Parteien, desto wichtiger wird eine detaillierte, nachvollziehbare Beschreibung der Rollen und Verantwortlichkeiten.

Aber auch bei wenigen beteiligten Gremien sind klare Projektverantwortlichkeiten zentral für ein funktionierendes Organisationsdesign. Leider beobachten wir in unserer Praxis regelmäßig einen Mangel, was das angeht. Ein häufig anzutreffendes, gleichwohl zum Scheitern verurteiltes Konstrukt findet sich bei multifunktionalen Projekten, die über mehrere Vorstands- oder Geschäftsführungsressorts übergreifend bearbeitet werden können. Dann agieren oft mehrere Teilprojektleiter nebeneinander, ohne übergreifenden Projektverantwortlichen, und so werden diese von mehreren Vorstandsmitgliedern entsprechend deren Interessen gesteuert. Die Folge sind widersprüchliche Ansagen, Konflikte, Stillstand und Frustration.

Berücksichtigen Sie lieber stets den einfachen, aber wichtigen Grundsatz: Verantwortung ist nicht teilbar! Stellen Sie sicher, dass jedem der übergreifenden Transformationsprojekte ein eindeutiger Projektleiter und Verantwortlicher zugewiesen ist. Besteht Klarheit über Zuständigkeiten, setzt sich das meist bei Entscheidungen, der Zuteilung von Aufgaben, der Beschreibung von Rollen sowie der Art und Nutzungsfrequenz von Kommunikationstools fort. Auch über Führungsgrundsätze und Entscheidungsregeln sollte nach Möglichkeit ein gemeinsames, geteiltes Verständnis herrschen.

Wie sich das Organisationsdesign so gestalten lässt, dass eine Transformation mehr Dynamik entwickelt als in konventionellen Projektstrukturen, zeigt ein Fall aus unserer Beratungspraxis.

PRAXISBEISPIEL: ORGANISATIONSDESIGN

Ein mittelständischer Anlagenbauer wollte ein COVID-19-Recovery-Programm aufsetzen. Es galt, die Geschäftsführung, die Restrukturierungsberater (uns), den mandatierten CRO, die Leiter der Teilprojekte sowie die Rechtsberater allesamt unter einen Hut zu bringen und zuerst Klarheit über die Rollenverteilung zu schaffen. Gemeinsam ordneten wir die Verantwortlichkeiten zur Steuerung des operativen Geschäfts, des Liquiditätsmanagements, der Kommunikation mit Stakeholdern sowie eines M&A-Prozesses zu und vereinbarten die inhaltliche Erarbeitung der Projektziele. Wir moderierten den wöchentlichen Jour fixe mit allen Beteiligten in einer respektvollen, ambitionierten und inspirierenden Atmosphäre.

Die Einführung eines standardisierten Entscheidungsprozesses durch den CRO und die Berater beschleunigte die Entscheidungsgeschwindigkeit im Unternehmen massiv. Vor allem durch eine 80/20-Regel bei der Erstellung von Entscheidungsvorlagen wurden langwierige akademische Bewertungsprozesse vermieden, die in der Praxis zu verhängnisvollen Scheingenauigkeiten führen und erfolgskritische Entscheidungen verschleppen könnten.

Ergänzend bildeten wir für die operativen Turnaround-Projekte kleine, interdisziplinäre Teams, die sich selbst organisierten. Wertstrom-Teams mit sauber definierten Verantwortlichkeiten konnten die Produktivität in der Produktion um 20 Prozent erhöhen und Durchlaufzeit respektive Bestände um 10 bis 20 Prozent senken. Im Vertrieb führte die Einführung wöchentlicher Scrummeetings zur agilen Steuerung zu einer klaren Priorisierung der Aufgaben und einer optimierten, am Kunden ausgerichteten Einsatzplanung. Für Kundengespräche, Verhandlungen und Wertanalysen des Produktangebots wurden die Teams zusammengestellt, die am besten geeignet waren. Die Erfolgsquote der abgegebenen Angebote verbesserte sich daraufhin signifikant!

Ist der organisatorische Rahmen abgesteckt, das PMO eingerichtet und die Bedeutung der Rollen geklärt, helfen mehrere analoge und digitale Werkzeuge dabei, die Arbeit im Alltag voranzubringen.

Scrum – flexibler und schneller arbeiten: Die meisten modernen Transformationsprojekte sind zu komplex, als dass sie von Anfang bis Ende en détail planbar wären. Daher setzen wir regelmäßig Scrum ein, eine Methodik des agilen Projektmanagements. »Agil« heißt, dass die Methodik eine hohe Flexibilität und Wendigkeit bei der Steuerung komplexer Teams und Projekte vor allem auf der Aufgabenebene gewährleistet. Der Ursprung liegt in der Softwareentwicklung (Schwaber/Beedle 2001, Schwaber 2004), doch inzwischen greifen Industriekonzerne, Finanzhäuser und viele andere Topadressen aus der weltweiten Wirtschaft auf Scrum oder Scrumvarianten zurück.

Das Geheimnis des Erfolgs liegt in der Einfachheit und Klarheit des Ansatzes, einem respektvollen Miteinander sowie schnellem Feedback und Lernen. Zunächst werden aus einem Projekt oder Aufgabenpaket die zu klärenden Aufgaben ausgewählt, gefolgt von einem »Sprint Planning«, den konkreten »Sprints« (Etappen) in den Teams sowie dem »Sprint Review«. Ziel ist, sich regelmäßig und in kurzen Zyklen abzustimmen sowie sich jeweils neu am erzielten Fortschritt und an den Lösungen der anderen Teams auszurichten. Ein Sprint umfasst zwei bis vier Wochen, innerhalb derer jedes Team täglich einen »Daily Scrum« durchführt, der moderiert und im Stehen erfolgt – mit maximal 15 bis 20 Minuten Dauer – zwecks Bestandsaufnahme, kurzer Problemanalyse und Repriorisierung. Während eines Sprints zeigen simple »Scrum Boards« den Stand der Dinge an.

Unser Rat lautet: Halten Sie regelmäßige Meetings zur Vergemeinschaftung der Fortschritte ab (ob physisch oder digital). Denn das erhöht einfach die Dynamik und die Motivation, zudem stellt es die Information aller betreffend Hindernissen und Verzögerungen sicher. Verlieren Sie gerade in einer schwierigen, emotionalen Umstrukturierung nie den Kontakt zu Mitarbeiterinnen und Mitarbeitern! Fakten führen zum Denken, aber Gefühle führen zum Handeln.

Webbasierte Projektmanagementtools – den Überblick behalten: Für die Steuerung auf Projekt- und Teilprojektebene eignen sich speziell für Transformationen etablierte, meist webbasierte Projektmanagementtools. Diese erlauben eine Steuerung dezentraler Teams und verschaffen allen eine hohe Transparenz über Fortschritte. Mit ihnen sinkt der manuelle und zeitliche Aufwand rapide hinsichtlich der Aktualisierung von Statusunterlagen, der Aggregation von Daten oder der Diskussion von Zwischenständen (mehr zu Projektmanagementtools siehe Kapitel 4.4). Für ihr Zusammenspiel mit einer an Scrum angelehnten Aufgabensteuerung hat es sich in der Praxis bewährt, einen festen Projektzyklus einzuführen, der sich beispielsweise an den (monatlichen) Sitzungen des Lenkungsausschusses orientiert. So werden die übergreifenden Meilensteine, Teilprojekte sowie Aufgabenpakete des Umsetzungsvorhabens im Projektmanagementtool strukturiert, gepflegt und jeweils zum nächsten Lenkungsausschusstermin aktualisiert. Vor jeder Sitzung werden Fortschritte erfasst, Probleme festgehalten, die monetären Maßnahmeneffekte aktualisiert und die nächsten Schritte kommentiert. Wichtig ist die eigenverantwortliche, zuverlässige Dokumentation des Status durch den Projektleiter. Hat der Lenkungsausschuss getagt, werden auf Basis der adjustierten Priorisierung und der ergänzten Maßnahmen die Projektstrukturen im Tool aktualisiert und inklusive der Projektziele bis zum nächsten Termin an die Teams kommuniziert. Alle Aufgaben mit drei bis fünf Tagen Bearbeitungshorizont, die zur Erreichung dieser Projektziele abgearbeitet sein sollten, werden dann mithilfe von Scrum gesteuert.

Performance-Raum – häufiger Inspiration finden: Komplettiert wird ein Organisationsdesign durch einen Performance-Raum, ein so simples wie wirkmächtiges Hilfsmittel. Dort finden sich alle Projektsteckbriefe, »Scrum Boards«, das visualisierte Maßnahmen-Controlling und die Dokumentation aller Erfolge, zum Beispiel in Form von Aushängen an Wänden oder Stellwänden. Wichtig ist: Der Raum ist nicht geheim, nicht verschlossen, sondern zugänglich für alle. Er soll sämtlichen Beteiligten und Interessierten transparent zeigen, in welchem Status sich das Projekt gerade befindet. Auch unangenehme Maßnahmen wie ein Personalabbau oder die Abspaltung eines Geschäftsbereichs sollten, wenn die Entscheidung gefallen ist, klar kommuniziert werden. Schaffen Sie eine offene, helle Atmosphäre – keine fensterlose Kammer, keine Büroatmosphäre. Der Raum soll motivieren und inspirieren. Auch Meetings können dort stattfinden.

AUF EINEN BLICK

Sowohl das Organisationsdesign für eine Umsetzung als auch die Nutzung agiler Konzepte im Alltag nehmen vor allem strukturelle Aspekte in den Fokus. Entscheidender als methodische Finessen oder technischer Schnickschnack ist aber die Bereitschaft der Beteiligten, das Design aktiv und diszipliniert zu nutzen.

Strukturen: Vom Lenkungsausschuss über das PMO und die Teams bis zu Tools wie Scrum, digitalen Programmen oder einem analogen Performance-Raum setzt das Organisationsdesign den nötigen Rahmen, damit die Menschen die für das Unternehmen besten Ergebnisse erzielen.

Menschen: Mit seinen vielen Aufgaben ist vor allem das PMO die zentrale Instanz in einer Umsetzung, wenn die gewünschte Performance erreicht werden soll – es gibt vor, hält nach, treibt an. Um seine Rolle zu erfüllen, sollten seine Verantwortlichen den Dreiklang auch selbst in ihrer Persönlichkeit vereinen.

Performance: Das Messen und Reflektieren der Fortschritte ist wichtig, um zu sehen, ob die Strukturen richtig gesetzt und mit den passenden Menschen besetzt wurden. Zeigen sich Defizite, heißt es neu justieren, je früher, desto besser. Zeigen sich Erfolge, stärkt dies Vertrauen und Zuversicht.

4.1.2.3 ROADMAP: Aktionsplan systematisch operationalisieren

Nun haben Sie Ihr Umsetzungsteam zusammengestellt und das Organisationsdesign für Ihr Umsetzungsvorhaben gefunden! Im nächsten Schritt geht es um einen Aktionsplan und die Priorisierung der vielen Maßnahmen. Auf gewisse Weise ist dies zwar ein fortlaufender Prozess, der schon während der Konzeptphase beginnt und dort zum Ausdruck kommt in der Quantifizierung von Maßnahmen, der Ausarbeitung eines Zeitplans für das gesamte Projekt und der Verabschiedung der Steckbriefe. Dafür ist es in der Initialisierungsphase umso wichtiger, den Aktionsplan zu operationalisieren. Das bedeutet, ein Projekt in Teilprojekte, Aufgabenpakete und Aufgaben aufzugliedern und so detailliert zu durchdenken (Abbildung 15). Es geht um die Erstellung von Projektbäumen, um diese in Verantwortlichkeiten und Zeitpläne zu überführen und überhaupt erst steuerbar zu machen. Der Anspruch an die Projektbäume folgt dabei dem M.E.C.E.-Prinzip, wonach sich die Elemente einerseits nicht überschneiden dürfen, um wirklich eindeutige Verantwortlichkeiten hinterlegen zu können (»mutually exclusive«), die Gesamtheit aller Elemente andererseits sicherstellen muss, dass das Ziel des Projekts erreichbar ist und keine dafür notwendige Maßnahme oder Aufgabenpaket vergessen wird (»collectively exhaustive«).

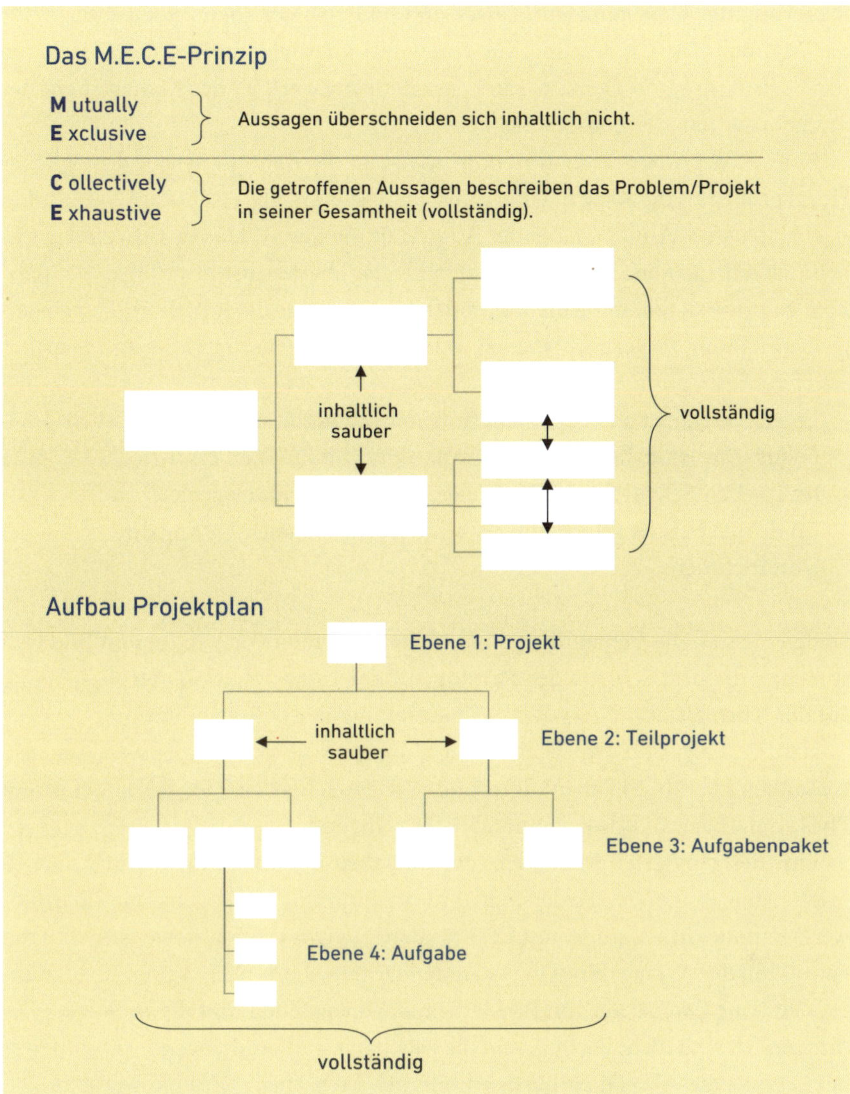

Abbildung 15: Anforderungen an die Operationalisierung der Projektpläne.

Vor der Operationalisierung der Maßnahmen steht allerdings die Frage, welche Maßnahmen überhaupt in Angriff genommen werden sollen.

In der Konzeptphase werden die Eckpfeiler für den Aktionsplan gesetzt: die harten Fakten und Ziele, die Maßnahmen sowie die Zeitpunkte ihrer Ergebniswirksamkeit. Nun, in der Initialisierungsphase, wird der Aktionsplan selbst aus dem Konzept abgeleitet, erstellt und konkretisiert. Er dient der übergeordneten

Steuerung des Umsetzungsprozesses und bildet später auch die Grundlage für das Maßnahmen-Controlling, für eine kontinuierliche, objektivierte Messung der Fortschritte und Defizite. Kurz gesagt: Sein Zweck ist das Management der Transformation, der Umsetzung!

Bloß: Wie priorisiert man richtig? Meist ist die Zahl nötiger und möglicher Hebel größer als die Kapazität der Umsetzungsteams. Dies ist just im Mittelstand eine Herausforderung, die bei der Ausgestaltung des »Wie« der Umsetzung unbedingt zu beachten ist. Bewährt hat sich hier, überlebensnotwendige Maßnahmen zu priorisieren, ohne die Zukunftsfähigkeit sowie die mittel- und langfristige Entwicklung zu vernachlässigen. Wir definieren typischerweise drei Schritte:

- Im ersten Schritt steht die Sicherung der Liquidität und des Überlebens im Fokus. Das ist insbesondere in Turnaround-Situationen essenziell.
- Im zweiten Schritt folgen Optimierung und Restrukturierung.
- Im dritten Schritt geht es um die strategische Neuausrichtung des Unternehmens.

Stellen Sie sich die Behandlung eines Notfallpatienten vor – in diesem Bild entsprächen die drei Schritte der Rettung auf der Intensivstation, der Ausheilung auf der Normalstation und dem Aufbautraining in der Rehabilitation.

Natürlich ist es für Unternehmen wichtig, dass sie sich beispielsweise ebenso Gedanken über ihre Firmenkultur und Werte machen. Nur ist dies in der ersten Phase des Turnarounds erst einmal nicht dringend.

Eine der gängigsten Methoden, um Aufgaben und Ideen für Maßnahmen zu priorisieren, ist die Vier-Felder-Matrix in Anlehnung an die sogenannte »Eisenhower-Methode«, die weniger mit US-Präsident Dwight D. Eisenhower selbst zu tun hat, als mit der Aussage eines ungenannten Dritten, die er 1954 in einer Rede zitierte: »Ich habe zwei Arten von Problemen, die dringenden und die wichtigen. Die dringenden sind nicht wichtig, und die wichtigen sind nie dringend.« Eisenhower bezeichnete dies als »Dilemma des modernen Menschen« (Eisenhower 1954).

Zwecks Priorisierung lässt sich die Aussage in eine 2×2-Matrix ummünzen, bei der Aufgaben oder Ideen einmal nach »Wichtigkeit« und einmal nach »Dringlichkeit« grob klassifiziert werden (im Sinne von »hoch«/»niedrig«). Dabei ist nicht die absolute Einordnung zentral, sondern innerhalb der Matrix die relative Beziehung der Maßnahmen untereinander und das Ziel, sich nicht im Klein-Klein zu verlieren. »Wichtig« für die wirksame Umsetzung des Transformationskonzepts sind Aufgaben, die eng mit den definierten Zielen verknüpft sind. Es ergeben sich vier Felder und Handlungsempfehlungen:

1. Hohe Wichtigkeit für den Projekterfolg, hohe Dringlichkeit: So schnell wie möglich selbst erledigen.
2. Hohe Wichtigkeit für den Projekterfolg, niedrige Dringlichkeit: Aufgaben terminieren und selbst erledigen.
3. Hohe Dringlichkeit für den Projekterfolg, niedrige Wichtigkeit: delegieren oder automatisieren.
4. Niedrige Dringlichkeit für den Projekterfolg, niedrige Wichtigkeit: nicht bearbeiten, Aufgabe löschen oder archivieren.

Gerade bei dieser Methode empfiehlt es sich, im Team zusammenzuarbeiten, etwa im Rahmen eines Workshops, und bei Bedarf je nach Bereich oder Stoßrichtung individuell zu priorisieren.

PRAXISBEISPIEL: PRIORISIERUNG

Ein deutscher Automobilzulieferer mit mehreren Werken und rund 1 000 Mitarbeitern war in großer Sorge. Er schrieb rote Zahlen, und das bei sinkenden Umsätzen. Vor allem mit Beginn der Corona-Pandemie im Frühjahr 2020 war das Geschäft massiv eingebrochen, weil die Hersteller von PKW und LKW ihre Produktion heruntergefahren hatten. Zwar war die Liquidität fürs Erste gesichert, doch klar war: Die Erträge mussten wieder steigen. Nach einer Analyse stand fest, dass für die Verluste ein Standort maßgeblich war. Doch das Management war optimistisch: »Im Grunde haben wir die Probleme dort schon gelöst«, hieß es, und »wir haben bereits viele Maßnahmen definiert«. Diese müssten nur konsequent abgearbeitet werden, dann sähen die Zahlen rasch besser aus.

Das Problem: Die Gruppe hatte mit bester Absicht mehr als 300 Maßnahmen definiert. Weder hatten die Verantwortlichen die Ziele fixiert, die sie damit erreichen wollten, noch die erhofften Effekte quantifiziert. Nachdem SMP im Sommer 2021 gerufen worden war, zeigte sich bald, dass viele Ideen eher vage oder Nichtigkeiten waren und die Verbesserungen häufig Hoffnungswerten glichen – weniger Planwerten, die durch harte Zahlen untermauert waren. Zugleich waren die Verantwortlichen ob der großen Maßnahmenzahl überfordert; sie wussten nicht, wo sie anfangen sollten.

Lösungsansatz: Es bedurfte langer, intensiver Debatten, um das Management zu überzeugen, sich auf 10 bis 15 Teilprojekte zu konzentrieren – vom Abbau des Bestands über Preiserhöhungen und Produktivitätssteigerungen bis hin zur erwünschten Senkung des Ausschusses. Erst als dieser Fokus klar war, bildete das Unternehmen eine Umsetzungsorganisation samt Lenkungsgremium. Es fing an, die Fortschritte zu messen und regelmäßig zu diskutieren, hielt die Aufmerksamkeit aller Beteiligten hoch. Anfang 2024 ist der Turnaround noch im Gange, doch die Umsetzung der Initiativen zeigt erhebliche Wirkung. Allerdings haben die gestiegenen Energiepreise die Rückkehr in die Gewinnzone erschwert.

Ein effizienter Aktionsplan ist ein wichtiges strukturelles Element. Fast noch wichtiger als eine Planung bis ins Detail ist aber, dass die Teammitglieder das Zielbild verinnerlichen und die Verantwortlichkeiten des Einzelnen klären – sprich die menschlichen Aspekte der Aktionspläne.

Entscheidend ist der zählbare Beitrag jeder Maßnahme zur Steigerung der unternehmerischen Performance, sprich ihr Wertsteigerungspotenzial. Unsere Empfehlung: Bohren Sie nicht gleich am Anfang die dicksten Bretter, sondern planen Sie bewusst auch frühe kleinere Erfolge ein – Etappenziele, die schnell, aber auch sicher erreicht werden und eine hohe Motivationswirkung haben. So vermeiden Sie Frust im Team oder schnell nachlassende Aufmerksamkeit für das Umsetzungsprogramm. Quick Wins, wie sie auch Kotters weitverbreitetes Acht-Stufen-Modell oder Büchels Ansatz für das IMD thematisieren (siehe Kapitel 3.1), erhöhen die Erfolgswahrscheinlichkeit Ihrer Initiative. Ein Unternehmen, das in einem Turnaround schon früh mit einem Hauptkunden günstigere Konditionen verhandelt, die für das wirtschaftliche Ergebnis erhebliche Bedeutung haben, und diesen Erfolg dann auch noch gebührend feiert, wird die Motivation seiner Projektverantwortlichen merklich steigern.

Mittelfristige Leuchtturmziele wiederum geben Orientierung und helfen, das hohe Niveau auch zu halten. Sie haben einen hohen kommunikativen Wert für das Projekt, denn Strategie und Leitbild können zu Beginn sehr abstrakt wirken. Das eigentliche Ziel, das erreicht werden soll, liegt noch fern und nebulös in der Zukunft. Die Mitarbeiter aber fragen sich zu Recht: Wie kommen wir da hin? Deshalb ist es wichtig, sich diesen Marathon in kurze Etappen einzuteilen. Wählen Sie übersichtliche Zeiträume mit Zwischenschritten, zum Beispiel Quartale oder 100-Tage-Fristen.

AUF EINEN BLICK

Aktionspläne erfordern eine Orientierung an allen drei Dimensionen des Frameworks »Strukturen, Menschen und Performance«. Am Ende kommt der Motivation aller durch eine Verinnerlichung der Ziele und schnelle Erfolge wahrscheinlich mehr Bedeutung für eine gute Performance zu als möglichst ausgefeilten Plänen und detaillierten Listen.

Strukturen: Aktionspläne übersetzen abstrakte Ziele in konkrete Schritte und bilden die Basis für das Zuordnen von Verantwortlichkeiten und das Delegieren. Zugleich gilt es bei ihrer Formulierung, die Handelnden in den Blick zu nehmen mit ihren Fähigkeiten, Wünschen, Sorgen und Widerständen.

Menschen: Die Verantwortlichen haben die Kernaufgabe, stets die begrenzten Ressourcen der Beteiligten zu bedenken und im Aktionsplan auf richtige Priorisierungen zu achten. Sie strukturieren den gesamten Maßnahmenplan vor, operationalisieren daraus die Einzelaufgaben und achten darauf, dass die Mitarbeiter rasch erste Erfolge sehen sowie stets den roten Faden erkennen.

Performance: Der beste Erfolg im Kleinen nützt wenig, wenn das Scheitern im Großen droht. Priorisieren Sie daher nach dem Prinzip »First things first«: erst einmal überleben, dann optimieren, dann neu ausrichten. Halten Sie dies den Menschen vor Augen, wenn Verständnis oder Geduld schwinden sollten.

4.1.2.4 ROADMAP: Deadlines, Meilensteine und Messgrößen definieren

Bereits in der Konzept- und Analysephase ist es wichtig, einen Zeitplan für das Projekt als Ganzes sowie Meilensteine für Teilprojekte zu definieren; finanzielle Ressourcen, Materialien und Mitarbeitende müssen zugeteilt werden. Ohne dies ist eine Freigabe des Konzepts nicht denkbar (mehr zum Zeitplan einer Umsetzungsinitiative siehe Kapitel 4.1.2.5, Abbildung 17 oder Werkzeug 4 der Toolbox in Kapitel 5, Abbildung 35).

Dienen Meilensteine in der Konzeptphase noch mehr der Planung, müssen sie in der Initialisierungsphase um einiges stärker konkretisiert werden. Sie bilden den Aktionsplan (das »Was«) möglichst realistisch auf der Zeitleiste ab (das »Wann«) und definieren zugleich klare Zieltermine (»Deadlines«), über deren Erreichen oder Verfehlen zuvor festgelegte Messgrößen entscheiden.

Definiert werden Meilensteine parallel zur Aufstellung des Aktionsplans. Damit stehen ebenso etliche wesentliche Deadlines schon früh fest. Nehmen Sie eine Werksschließung: Dann ist der geplante Zeitpunkt der Schließung ein sehr relevanter Meilenstein, denn dieser muss mit der Zeitplanung für die Verlagerung der Produktion, der Mengenplanung der Kundenabrufe und dem Zeitpunkt für die entsprechenden Personalmaßnahmen korrespondieren.

Meilensteine geben nicht nur die Struktur vor, sondern bilden auch die Grundlage für objektivierte Entscheidungen dahingehend, ob ein Teilprojekt fortgeführt, angepasst oder – im Fall nachhaltig ausbleibenden Erfolgs – abgebrochen wird. Wichtig ist daher, bei den Meilensteinen bewusst ausgewählte, klare Eskalationspunkte zu setzen, um rechtzeitig zu erkennen, ob die Entwicklung in die richtige Richtung geht oder ob in den Prozess eingegriffen werden muss (zum Beispiel, indem die Zeitplanung angepasst oder mehr Geld bereitgestellt wird).

Anpassungen, die den vereinbarten Transformationspfad infrage stellen, sollten nicht ohne Weiteres verhandelbar sein. Weniger leistungsorientierte Verantwortliche reagieren auf das Verfehlen von Meilensteinen schon einmal gern mit Alibiargumenten wie »Naja, ist nicht so schlimm, dann schaffen wir es eben später« oder »Es ist doch ohnehin wichtiger, dass die anderen Abteilungen Ziel A und B erreichen, als dass wir Ziel C schaffen«. Wer dieser Haltung folgt, statt nach der Ursache zu suchen und Gegenmaßnahmen zu ergreifen, handelt kurzsichtig und gefährdet den Erfolg des Umsetzungsvorhabens (respektive jenen des Unternehmens).

Bei der Definition von Meilensteinen und Deadlines ist auf einiges zu achten: So sollte es als Daumenregel je Handlungsstrang maximal einen Meilenstein pro Quartal geben, nach dem das Geschehen gesteuert wird. Damit bietet sich einerseits für die mittel- und langfristige Steuerung auf Quartals- und Jahressicht die Orientierung am Meilensteinplan an und andererseits für die kurzfristige Feinplanung und Operationalisierung in den Quartalen (respektive Monaten) die Arbeit nach einer Sprintplanung oder nach der OKR-Methodik (siehe Kapitel 3.1.2.1). Im letzteren Fall dient der jeweilige Quartals-Meilenstein als »Objective«, aus dem die Teams ihre »Key Results« ableiten.

Seien Sie sich bewusst, dass nicht immer alle Meilensteine zu 100 Prozent erreicht werden. Wichtig ist jedoch, dass sich der Umsetzungsfortschritt in einer akzeptablen Bandbreite um die Meilensteine herumbewegt und die Ergebnisse nicht wesentlich später erzielt werden. Handlungsbedarf besteht insbesondere dann, wenn die Ist-Termine in erheblichem Umfang von den Plan-Terminen abweichen, wenn diese Abweichungen von Quartal zu Quartal weiter verschleppt oder Probleme niemals richtig gelöst werden. Ist dies doch einmal der Fall, empfehlen wir den Einsatz einer Problemlösungstechnik (wie das Ishikawa-Diagramm oder die 5-Warum-Analyse) zur Ergründung der wahren Ursache. Gemeinsam haben diese Methoden, dass sie strukturiert vorgehen und die Ursache dauerhaft abzustellen versuchen. Dabei sollte stets der dysfunktionale Prozess im Fokus der Überlegungen stehen, nicht das Verschulden der Verantwortlichen oder die Suche nach »Sündenböcken«. Werden alle prozessualen oder methodischen Ursachen ausgeschlossen und erhärtet sich die These, dass der Fortschritt an der fehlenden Überzeugung oder Widerstandskraft des Verantwortlichen scheitert, so empfiehlt sich ein persönliches Coaching oder – bei geringer Aussicht auf eine Verbesserung – eine personelle Veränderung im Umsetzungsteams respektive ein Austausch des Projektleiters.

Stellt sich im Zuge der Analyse heraus, dass ein Meilenstein tatsächlich zu ambitioniert gesetzt wurde, heißt es: Größe zeigen. Anzeichen dafür, dass ein Ziel unrealistisch ist, ist dabei weniger die Klage der Beteiligten (die ja schnell einmal ertönt) als vielmehr das mehrmalige Reißen der Vorgaben. Findet sich auch nach sorgfältiger Prüfung keine Ursache, die sich mit vertretbarem Aufwand abstellen lässt, bedeutet ein starres Festhalten am betreffenden Meilenstein nur, die Beteiligten unnötig unter Druck zu setzen. Wer Vertriebsziele oder eine Liquiditätsplanung ausgibt, die eher Wunschdenken gleichen, riskiert, dass der Druck ins Destruktive kippt und die Stimmung leidet. In so einem Fall würde die Führung nicht nur an Glaubwürdigkeit verlieren, sondern ebenso den Rückhalt der Mitarbeiterinnen und Mitarbeiter. Räumen Sie Fehler in der Planung also lieber ein, und formulieren Sie neue Meilensteine.

AUF EINEN BLICK

Deadlines und Meilensteine sind primär strukturelle Elemente einer Umsetzung. Zugleich sind sie eng mit menschlichen Aspekten und dem Erreichen der gewünschten Performance verwoben.

Strukturen: Deadlines und Meilensteine weisen den aus dem Konzept heruntergebrochenen Aktionsplänen Zieltermine zu, sodass ein übergreifender Zeitplan entsteht. Sie setzen wichtige Orientierungspunkte und stellen verbindliche Ziele dar, deren Verfehlen fixe Prozesse in Gang setzt.

Menschen: Deadlines und Meilensteine werden nur akzeptiert, wenn sie ambitioniert, aber auch erreichbar sind – was weniger bedeutet, dass die Menschen sie von vornherein für realistisch halten, sondern vielmehr, dass sie sich objektiv in die Tat umsetzen lassen. Werden Deadlines gerissen und Meilensteine verfehlt, ist es essenziell, nach den Gründen zu suchen, nicht nach »Sündenböcken«.

Performance: Ohne ehrgeizige und klare Meilensteine keine Performance – so einfach ist das. Zugleich definieren diese überhaupt erst die Zeitpunkte für Messungen und Soll-Ist-Vergleiche sowie für die Frage, wann die Beteiligten ein Problem innerhalb der Organisation eskalieren.

4.1.2.5 ROADMAP: Maßnahmen-Controlling implementieren

Das Team steht, das Organisationsdesign hat den Rahmen des Umsetzungsvorhabens abgesteckt, die Maßnahmen sind über den Aktionsplan operationalisiert und über Meilensteine und Deadlines mit klaren Endterminen fixiert. Somit sind jedem im Team neben dem »Warum« und »Wohin« inzwischen auch das »Wer«, »Wie«, »Was« und »Wann« bekannt. Der Marathon kann starten. Die Projektteams laufen los, sie haben einen langen Weg vor sich und keine Zeit zu verlieren.

Doch halt: Wie schnell sind sie? Welche Distanz haben sie bereits zurückgelegt? Wie weit ist es noch? Wird das Ziel erreicht werden, oder sind Hindernisse in Sicht?

Eine regelmäßige Positionsbestimmung ist nötig – durch ein konsequentes Maßnahmen-Controlling! Dieses verfolgt den Fortschritt der Umsetzung unterschiedlichster Projekte und Teilprojekte. Es schafft Transparenz über die Effekte auf Finanzzahlen wie GuV, Bilanz und Cashflow.

Was wir allerdings in der Praxis immer wieder feststellen müssen: Die Unternehmen versäumen es, ihre Umsetzungsvorhaben messbar zu machen. Klare Ziele fehlen häufig, und wenn sie existieren, werden sie nur selten quantifiziert. Entsprechend ist ein gutes Maßnahmen-Controlling noch seltener. Wer aber eine Transformation oder ein Großprojekt so angeht, für den wird die Umsetzung zu einem Blindflug und Erfolg zur Glückssache – bestenfalls. Ein effektives Maßnahmen-Controlling ist weit mehr als »nur« das Messen und Berichten von Erreichtem und Effekten in standardisierten Formaten und Tools – es umfasst auch Regelmeetings zur Interpretation der Daten sowie zur Diskussion und Ableitung eventueller Re-Priorisierungen und Gegenmaßnahmen.

An dieser Stelle lohnt ein kleiner Ausflug in die Welt der Managementweisheiten. Dem 2005 verstorbenen, in Wien geborenen und in den USA zu Ruhm gelangten Managementguru Peter F. Drucker werden heute viele Zitate zugeschrieben, die er in Wahrheit nie gesagt hat. Eines davon ist nach Angaben des Peter Drucker Institutes die Aussage: »(Only) what gets measured, gets managed.« Interessant daran ist zum einen, dass der Satz keineswegs, wie gern kolportiert wird, die Bedeutung des Messens feiert, sondern vielmehr besagt, dass vieles, was wichtig ist, nicht gesteuert wird, nur weil es nicht gemessen wird – und vieles gemessen und daher gesteuert wird, obwohl es gar nicht wichtig ist. Interessant ist zum anderen, dass die Aussage von Drucker, die dem Zitat laut Peter Drucker Institute noch am nächsten kommt, die Wirklichkeit deutlich besser trifft: »Unless we determine what shall be measured and what the yardstick of measurement in an area will be, the area itself will not be seen.« Heißt: Drucker betonte die aktive Rolle des Managements bei der Festlegung dessen, was überhaupt gemessen wird, sowie die Frage, welcher Maßstab verwendet, sprich woran und wie es gemessen wird. Ohne all das wisse das Unternehmen gar nicht, wo es sich befinde. Damit umreißt er die Komplexität und Bedeutung des Messens weit besser.

»Viel Arbeit« und »noch mehr Kontrolle durch die da oben«, so lautet häufig die Kritik am Maßnahmen-Controlling. Und klar, natürlich ist es auch ein Führungsinstrument. Wir sehen darin aber vor allem eine Motivationshilfe, weil die Teams auf diese Weise im laufenden Projekt stets sehen können, wo sie stehen, welche Wirkung sie erzielen und welchen Beitrag zum Erfolg des gesamten Vorhabens sie damit leisten. Zudem gewährleistet das regelmäßige Messen und Kontrollieren, dass die Verantwortlichen und die Stakeholder im Verlauf der Transformation oder eines Turnarounds möglichst früh erkennen, ob es Abweichungen, externe Hindernisse und interne Widerstände gibt.

Ein funktionierendes Maßnahmen-Controlling muss drei Voraussetzungen erfüllen:

1. Es braucht klar formulierte und quantifizierte Ziele.
2. Es muss ein einheitliches Verständnis geben, wie und mit welchen Zahlen gemessen wird.
3. Die Zahlen und Ergebnisse müssen allen Projektbeteiligten zugänglich sein, auf aktuellem Stand.

Der Aufbau eines solchen Maßnahmen-Controllings ist vom Format her bestechend einfach. Kern ist die *quantitative Messung* der erzielten monetären Effekte. Empfehlenswert ist dabei das bereits erläuterte Vorgehen entlang der Härtegrad-Logik (siehe Kapitel 4.1.1.1). Ein Beispiel zeigt, wie sich Maßnahmen vom Härtegrad 5 in einem Unternehmen der Gießerei-Industrie auswirkten. Dass der Plan um fast eine halbe Million Euro übererfüllt wurde, trug stark zur Motivation und anhaltenden Fokussierung der Teams bei (Abbildung 16).

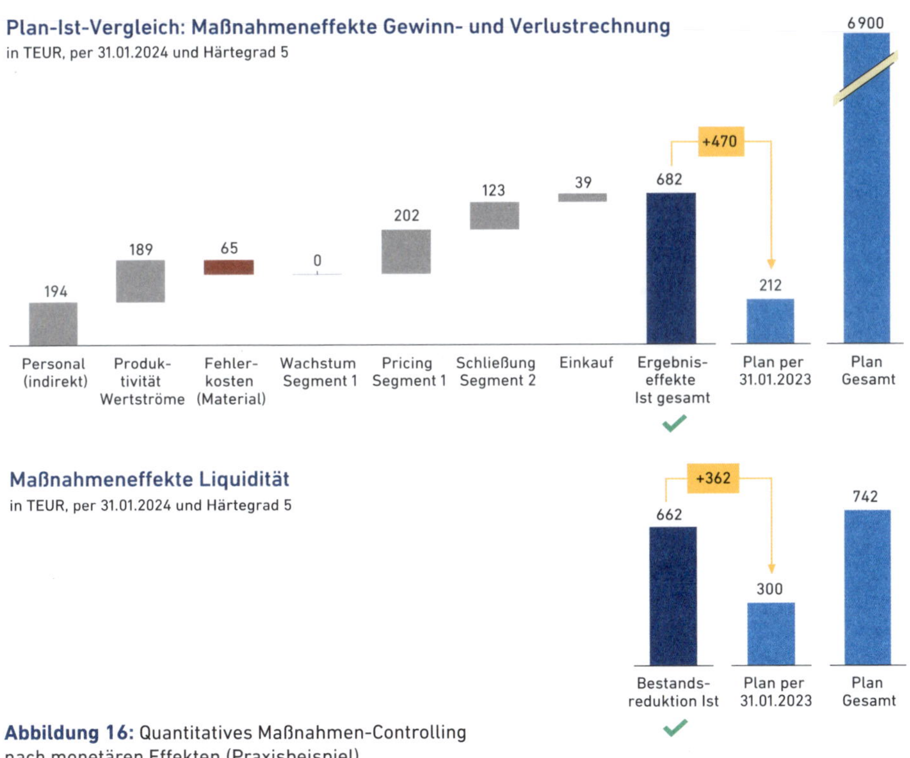

Abbildung 16: Quantitatives Maßnahmen-Controlling nach monetären Effekten (Praxisbeispiel).

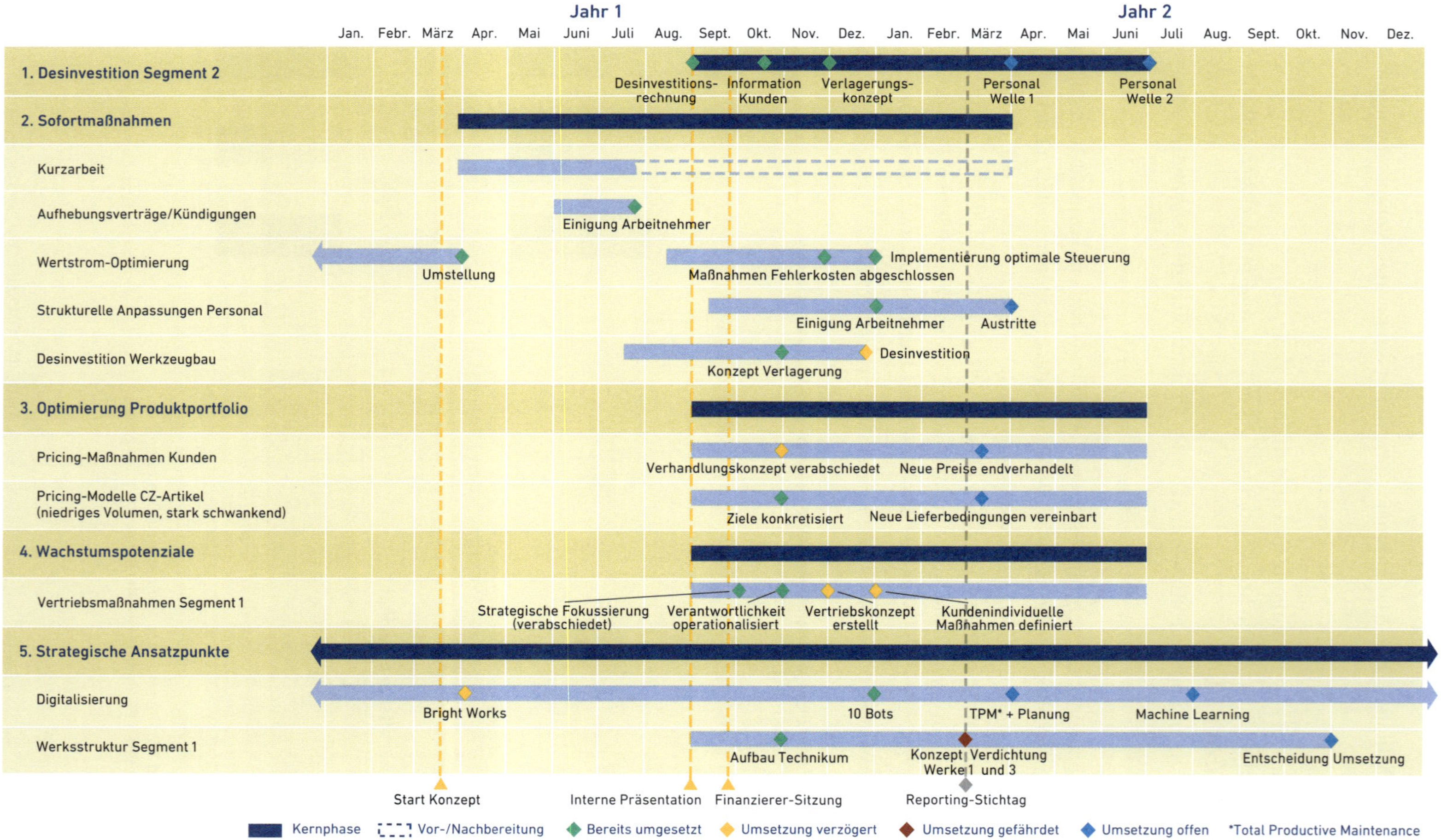

Abbildung 17: Qualitatives Maßnahmen-Controlling nach Erreichungsgrad der Meilensteine (Praxisbeispiel).

Die *qualitative Beurteilung* der Erreichung von Meilensteinen gibt Orientierung, insbesondere bevor monetäre Effekte in der GuV oder der Liquidität festgestellt werden können. Es handelt sich um eine Methodik der Vorsteuerung, die deshalb häufig auch zu den Anforderungen an das Stakeholder- oder Finanzierer-Reporting gehört. In dem Fall wird das Meilenstein-Reporting zum zweiten Bestandteil der Berichterstattung, als Ergänzung zum monetären Maßnahmen-Controlling wie im bereits erwähnten Praxisbeispiel (Abbildung 17).

Eine große Herausforderung im Maßnahmen-Controlling liegt darin, einerseits mit mittel- und langfristigen Meilensteinen zu arbeiten und die Kernfrage »Was muss in den nächsten zwei Jahren erreicht werden, um die Transformationsziele zu erreichen?« zu beantworten, andererseits agil zu agieren und sich auch auf kurzfristigere Sprints fokussieren zu können. Eine sehr gut geeignete Methodik, um beides zu kombinieren, ist ebenso hier wieder OKR. Sie rückt die nächsten rund sechs Monate in den Mittelpunkt, stellt die Messbarkeit von Fortschritten schon in frühen Projektphasen sicher und erfüllt zugleich den Anspruch an Agilität (mehr dazu in Kapitel 3.1.2.1). Im Grunde strukturiert OKR (Kolbusa/Martin 2021, Doerr 2018) den Fortschritt entlang von Input (Aktivitäten), Output (Ausstoß), Outcome (Ergebnis) und Impact (monetärer Wirksamkeit). Dabei ist der Impact die finale Ausprägung – er ist das, was für eine erfolgreiche Umsetzung zählt, und im Übrigen auch das, was die Umsetzungsteams motiviert! Achten Sie bei der OKR-Definition auf einen Mix aus »Top-down«- und »Bottom-up«-Erarbeitung durch die Teams. Hier folgen nun die vier Stufen, illustriert an einem Beispiel (Abbildung 18):

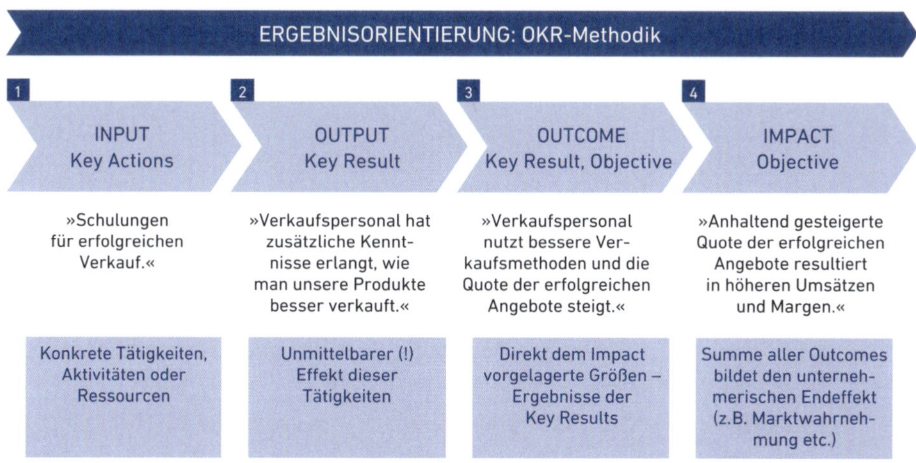

Abbildung 18: Maßnahmen-Steuerung entlang der OKR-Methodik (in Anlehnung an Kolbusa/Martin 2021).

Um die Fortschritte der kommenden drei Monate messbar zu machen, werden klare »Objectives« (Zielzustände) in zwei bis vier Sätzen ausformuliert und dafür jeweils zwei bis drei »Key Results« (Fortschrittsgrößen) benannt, die monatlich nachgehalten werden. Der regelmäßige Abgleich des ursprünglich formulierten Zielzustands mit dem realisierten Istzustand zeigt auf, ob und wie sehr das Unternehmen oder die Abteilung dem Ziel nähergekommen ist. Dabei bezieht sich ein OKR immer auf den einzelnen Zielzustand eines Projekts oder Teilprojekts.

Ein ambitioniertes Umsetzungsteam befolgt vor allem folgende goldene OKR-Regeln:

- Nur Outcome oder Impact werden als Ziel formuliert, niemals Inputs oder Outputs.
- Es muss einen monatlichen Fortschritt geben. Die zwei bis drei »Key Results« zur Fortschrittsmessung sollten entweder die Teamleistung als Output beschreiben oder den Outcome.
- Jedes OKR muss nach drei Monaten mindestens einen messbaren Outcome (einen vorgelagerten Effekt), besser noch einen direkt messbaren finanziellen Impact vorweisen.

So wird sichergestellt, dass im Verlauf der monatlichen Sprints nicht nur im Sinne einer Input-Orientierung viel erledigt, sondern auch im Sinne von Output oder Outcome etwas erreicht wurde.

Weitere Anforderungen an den Aufbau des Maßnahmen-Controllings sind:

- Maßnahmen-Controlling muss **regelmäßig** stattfinden. Das heißt: mindestens einmal im Monat – und häufig im Gleichtakt mit dem Stakeholder-Reporting.
- Die projektweise Bewertung des Fortschritts bildet die Grundlage der weiteren operativen Steuerung. Dabei hilft als Frühwarnindikator ein einfaches, visuelles **Ampelsystem**. Springt die Ampel auf Gelb oder Rot, braucht es für den Lenkungsausschuss sauber vorbereitete Entscheidungsvorlagen für alternative Wege. Für die mit dem Controlling Betrauten heißt das: Am Ball bleiben, relevante Entwicklungen rechtzeitig erkennen und das Heft des Handelns in der Hand behalten.
- Die Erläuterung von Status und Abweichungen sowie die Beschreibung der nächsten Schritte (respektive von Gegenmaßnahmen) liefern nicht nur die nötigen Informationen, sie sind ebenso Basis der regelmäßigen **Reflexion der**

Verantwortlichen. So werden aus einem Controlling-Instrument eine vergemeinschaftete Aufgabe und Verantwortung fürs Ganze.
- Für die Stakeholder-Kommunikation (z. B. im Finanzierer-Reporting) bewertet im Kontext von Turnarounds oftmals ein **neutraler Dritter** den Grad der Zielerreichung von Maßnahmen. Externe erkennen Zusammenhänge häufig leichter und können unabhängig von Hierarchien gegensteuern oder adjustieren, sollte das Unternehmen von der geplanten Transformation abweichen.

Mit das Wichtigste ist allerdings, immer in enger Abstimmung mit den Verantwortlichen der Projekte oder Teilprojekte sowie mit den Mitarbeitern zu stehen – ob bilateral, informell oder in Regelmeetings. Zahlen sind Zahlen, aber was die Zusammenhänge sind, woran es hakt im Projekt, das erfährt man nur beim Blick hinter die Kulissen, in offenen Gesprächen und durch Zuhören. Die Interpretation der Fakten und das Ziehen der richtigen Schlüsse für den weiteren Weg des Umsetzungsprozesses – das ist die hohe Kunst des Maßnahmen-Controllings.

Zur Optimierung werden zunehmend digitale Kontroll- und Steuerungsinstrumente eingesetzt. Ein digitales Dashboard bietet die Chance auf dauerhafte Transparenz und einheitliche Darstellungen und hilft, manuellen Aufwand und Doppelarbeit zu vermeiden. Dieses sollte zur möglichst effektiven Programm- und Projektsteuerung folgende Anforderungen erfüllen:

- Projektspezifische Kennzahlen mit Plan-/Ist-Abgleich, gerade zur Wirksamkeit in Euro.
- Aus- und Bewertung des Erreichungsgrads von Meilensteinen – und zwar auf Knopfdruck.
- Dokumentation und managementgerechte Visualisierung der Maßnahmen und Ergebnisse.
- Schnelle Information über die nächsten Schritte.
- Interaktionsschnittstelle mit den Projektverantwortlichen sowie automatisierte »Reminder-Funktion« für wichtige Vereinbarungen/Meilensteine.

Richtig eingesetzt, erhöht eine Digitalisierung die Effizienz des Maßnahmen-Controllings enorm. Daten, Zahlen und Fortschritte im Projekt können schneller zusammengetragen und für alle übersichtlich aufbereitet werden. Digitale Schnittstellen und Dashboards helfen allen Teilnehmern, dass sie gezielt und schnell auf verschiedenen Detaillierungsebenen einen Überblick bekommen. Unserer Erfahrung nach ersetzen digitale Lösungen aber nie das Gespräch mit Mitarbeitern und Teams, sie dienen vielmehr dazu, die begrenzten Kapazitäten für wirklich wertschöpfende Aufgaben zu nutzen (mehr zu digitalen Tools für die Umsetzungssteuerung siehe Kapitel 4.4).

Zum Schluss möchten wir noch auf die drei größten Fehler hinweisen, die wir beim Maßnahmen-Controlling immer wieder beobachten:

- Keine Management-Attention! Das Topmanagement schenkt dem Maßnahmen-Controlling zu wenig Aufmerksamkeit.
- Blindes Vertrauen in viele grüne Ampeln!
- Geltenlassen von Ausreden wie »Den Effekt kann man nicht messen« oder »Der Effekt wird nur von anderen überlagert«.

AUF EINEN BLICK

Ein aussagekräftiges Maßnahmen-Controlling als Grundlage einer effektiven Projektsteuerung ist keine Garantie, wohl aber Voraussetzung für Performance und Erfolg einer Umsetzung. Haben Methoden, Messgrößen und Kennzahlen erst ihren Schrecken verloren, werden sie dem Transformationsteam in Fleisch und Blut übergehen – und viel Anlass für Inspiration und Ideen geben.

Strukturen: Die klare, überschneidungsfreie Zuordnung von Maßnahmeneffekten zu den Projekten ist eine wesentliche strukturelle Anforderung. Außerdem hilft die Strukturierung von Effekte-Treibern und operativen Kennzahlen (z. B. mithilfe von OKR), um den Fortschritt schon vor der Messbarkeit monetärer Effekte aufzuzeigen.

Menschen: Liegen die Projektziele in entfernterer Zukunft, kann die OKR-Steuerung auch in kürzeren Sprints die Aufmerksamkeit hochhalten. Die Durchsprache des Maßnahmen-Controllings bindet alle Beteiligten ein und hilft, Wissen, Ziele und Verantwortung zu vergemeinschaften.

Performance: Ambitionierte Umsetzungsteams setzen sich leistungsorientierte Ziele und formulieren Outcome-orientierte OKRs. Sie setzen sich aktiv mit dem Umsetzungsfortschritt auseinander und lassen sich an den monetären Fortschritten messen.

4.1.2.6 ROADMAP: Akzeptanz erzeugen und aufrechterhalten

Eine Transformation, ein Turnaround oder die Umsetzung einer neuen Strategie – das ist eine Ausnahmesituation für alle Beteiligten im Unternehmen. Umso wichtiger ist es gerade während der Initialisierungsphase, ein hohes Maß der Akzeptanz für das Vorhaben zu erzeugen und es im späteren Verlauf aktiv hochzuhalten. So sahen in einer hohen Akzeptanz der Beteiligten für die Projektziele auch innerhalb unserer Mittelstandsstudie mehr als 90 Prozent der Befragten den wichtigsten Faktor für den Erfolg einer Umsetzung (Faerber et al. 2023b).

Entscheidend, um eine hohe Akzeptanz zu schaffen und hochzuhalten, ist insbesondere eine kontinuierlich hohe Aufmerksamkeit der Führung – für Fragen, Sorgen, für feine Friktionen, aufkommende Unruhe und versteckten oder gar offenen Widerstand. Ein fehlendes Gespür des Topmanagements für derlei atmosphärische Aspekte und unterschwellige soziale Dynamiken ist eine der häufigsten Ursachen für das Scheitern von Transformationen oder Turnarounds, denn mit ihm schwindet – häufig erst unmerklich, dann aber umso unaufhaltsamer – die Akzeptanz der direkt Beteiligten sowie in der Belegschaft als Ganzes. In der Folge geht der Fokus verloren. Und Energie, die eigentlich für die Umsetzung benötigt wird, fließt in Konflikte, Grabenkämpfe und Versuche zur Rettung der Motivation und der Ziele.

Sieben Grundsätze für das Topmanagement, die Aufmerksamkeit und Akzeptanz sichern:

Binden Sie die späteren Umsetzer schon in der Konzeptphase ein: Je stärker Sie die Schlüsselfiguren der anstehenden Umsetzung in die Entwicklung des Konzepts einbinden, desto größer wird deren Akzeptanz für die Maßnahmen ausfallen. Und desto stärker wird ihr Wille sein, die Veränderungen aktiv mitzugestalten. Machen Sie die Betroffenen daher früh zu Beteiligten, statt die typische Abwehrhaltung gegen Konzepte zu provozieren, die von der Führung im stillen Kämmerlein entwickelt und den Leuten von oben übergestülpt werden. Wie gesagt: Nach bisher nicht publizierten Daten unserer Erhebung stimmten 71 Prozent der Teilnehmer der Aussage zu, dass die Erfolgswahrscheinlichkeit eines Umsetzungsvorhabens gestiegen ist, je höher die Einbindung der direkt Umsetzungsverantwortlichen in der Phase der Konzeptentwicklung war.

Kommunizieren Sie kontinuierlich: Kommunizieren Sie offen, klar, adressatengerecht, häufig und regelmäßig, was die Notwendigkeit und den Fortschritt der Maßnahmen betrifft. Unsicherheiten dürfen möglichst gar nicht erst aufkommen. Achten Sie zum einen darauf, dass Ihre Botschaften sowohl vertikal auf verschiedenen Ebenen der Hierarchie wie auch horizontal gleich ausfallen; hilfreich ist hierfür die Verständigung auf zentrale Informationen und Statements im Anschluss an das monatliche Treffen des Lenkungsausschusses (siehe Kapitel 4.1.2.2). Achten Sie zum anderen auf einen Mix verschiedener Formate und darauf, dass Sie die Adressaten emotional packen. Dass die Beteiligten ein Vorhaben als persönliches Projekt begreifen und entsprechend engagiert angehen, erreichen Sie nur mit der richtigen Mischung von Kognition und Emotion. Gern erinnern wir noch einmal an das hilfreiche Bild vom Reiter auf einem Elefanten (siehe Kapitel 2.2.1). Allein mit Vernunft und reiner Willenskraft (dem Reiter) wird der Schritt von der Erkenntnis zur Umsetzung kaum gelingen, es braucht auch die Begeisterung, die Lust auf Veränderung, kurz: positive Gefühle (den Elefanten), um etwas in Gang zu setzen (Michailov 2023). Entsprechend wichtig ist zum Beispiel gutes Storytelling!

Kommunikation verläuft immer in zwei Richtungen. Hören Sie gut zu, was die direkt für die Umsetzung Verantwortlichen berichten. Erfassen Sie die Situation und Stimmung im Team – gehen Sie auf die Bedürfnisse Ihrer Mitarbeiter ein. So vermeiden Sie Reibungsverluste und das Aufkommen von Unruhe oder Widerstand. Versuchen Sie aktiv, Probleme zu erkennen und früh moderierend einzugreifen, bevor sich diese auswachsen. Nutzen sie verschiedene Formate, um zu erfahren, wie die Lage gesehen wird, von informellen, persönlichen Gesprächen fürs ungeschminkte Feedback über Treffen in kleinen Runden bis hin zu großen Versammlungen. Lassen Sie die Tür zu Ihrem Büro sichtbar offen, ermuntern Sie zu direktem Feedback etwa per E-Mail – und antworten Sie, wann immer möglich, persönlich. Wer anderen Aufmerksamkeit schenkt, hat ihre Aufmerksamkeit sicher.

Holen Sie sich Feedback über Umfragen und digitale Tools: Im Gegensatz zu Maßnahmeneffekten lässt sich die Aufmerksamkeit der Umsetzungsteams nur schwer messen. Zusätzlich zur erwähnten direkten, persönlichen Kommunikation zwischen Mitarbeitenden, Verantwortlichen und Führung kann auch die Einrichtung sogenannter »Sounding Boards« hilfreich sein – zu verstehen als kleine Gruppen ausgewählter Mitarbeiter, als eine Art Resonanzraum, in dem Sie in geschütztem, informellem Rahmen und gewisser Regelmäßigkeit ehrliche Rückmeldungen einholen, Ideen offen diskutieren und neue Perspektiven kennen lernen können. Zudem gibt es digitale Feedback- und Umfragetools, mit denen Sie Motivation, Identifikation, Zufriedenheit und Kritik der Umsetzungsverantwortlichen und der Belegschaft leichter sowie ohne große Hürden abfragen und objektivieren können.

Formulieren Sie Etappenziele: Die Erfahrung aus der Praxis zeigt, dass es sehr anspruchsvoll ist, die Energie und Aufmerksamkeit in einer Umsetzung länger als sechs Monate hochzuhalten. Etappenziele sollten daher möglichst kürzere Zeiträume abbilden und Etappensiege gebührend gefeiert werden. Quick Wins geben allen Beteiligten ein Erfolgserlebnis. In Kombination mit dem Maßnahmen-Controlling werden Erfolge messbar und zu einem wichtigen Element für die gemeinsame Würdigung und Motivation (siehe Kapitel 4.1.2.3).

Halten Sie auch Ihre persönliche Aufmerksamkeit dauerhaft hoch: Dass die Aufmerksamkeit erfahrungsgemäß nach rund sechs Monaten spätestens nachlässt, gilt auch für die Umsetzungsverantwortlichen selbst, sei es ganz oben an der Spitze oder in den Projekten. Achten Sie daher auf eigene Ermüdungserscheinungen oder erste Warnsignale wie allzu große Lässigkeit und zunehmende Kritik aus Ihrem Umfeld – und reagieren Sie konsequent, fangen Sie gar nicht erst an, Ihr eigenes Verhalten schönzureden. Setzen Sie sich gezielt feste Regeln und Anreize (»Nudges«), die bei Ihnen selbst gewünschtes Verhalten fördern (Michailov 2023).

Priorisieren Sie durch neue Rituale und Routinen: Hohe Aufmerksamkeit verschaffen Sie dem Transformationsprogramm, indem Sie für neue Vorgehensweisen Rituale einführen und diese in kurzer Taktung wiederholen. Rituale, die sich im Alltag und in den Köpfen der Beteiligten verankern, werden zu neuen Routinen, geben in unsicheren Zeiten Halt und schaffen Vertrauen. Halten Sie zum Beispiel konsequent am Treffen des Lenkungsausschusses alle vier Wochen fest, und gehen Sie dabei stets die gleichen Schritte in der gleichen Reihenfolge durch, von der Feststellung der Umsetzungsfortschritte über Beschlüsse neuer Prioritäten bis zur finalen Debatte offener Punkte und Feedback. Ebenso sollten die Projektverantwortlichen Treffen in ihrem operativen Bereich im immer gleichen Rhythmus abhalten und neue Rituale einführen. Denkbar ist das Feiern besonderer Leistungen, das Hervorheben einzelner Personen und Teilprojekte oder das regelmäßige aktive Einholen von Ideen und Abfragen von Eindrücken.

PRAXISBEISPIEL: RITUALE

In einem Unternehmen des Maschinenbaus mit rund 1 200 Mitarbeitern und einem Jahresumsatz von circa 140 Millionen Euro pro Jahr stand die Einführung eines Shopfloor-Managements in der Produktion an. Dieses Projekt war eingebunden in eine tiefgreifende Transformation, die auch zu einer Veränderung der Wertschöpfungstiefe führte. Einige Aktivitäten standen daher absehbar vor einem Outsourcing, was bei den Produktionskräften für große Unsicherheit sorgte. All dies geschah in einem Werk, in welchem es keine regelmäßige Besprechung der Produktionsleistung zwischen den Führungskräften und den direkt produktiven Mitarbeitern gab, somit auch keinen Austausch über Erfolge und Hindernisse für eine höhere Leistung. Kennzahlen wurden nur monatlich im Führungskreis interpretiert, die operativen Mitarbeiter hatten jedoch keinen Zugang zu den Informationen und somit zu Beginn des Projekts auch keinerlei Bezug zu den Zahlen.

Als externe Berater der Transformation brachen wir diese Distanz zwischen Führung und operativem Team auf, indem wir tägliche Kurzabstimmungen bei der Schichtübergabe einführten. Zunächst handelte es sich dabei nur um Treffen, bei denen die übergebenden Mitarbeiter im Beisein der Meister kurz ihre Schichtleistung und dabei aufgetretene Probleme (wie Materialmangel, Maschinenausfall etc.) erläuterten. War anfangs die Unsicherheit und Skepsis noch groß, dass es sich hier wieder um eine neue Art der Leistungskontrolle durch die Führung handeln könnte, so erkannten die Mitarbeiter doch schnell, dass die gemeinsame Reflexion mit den Führungskräften und die Vergemeinschaftung der Lerneffekte aus der Interpretation der Kennzahlen es ihnen selbst erleichterte, ihre Ziele zu erreichen. Am Ende war es jedem der Betroffenen wichtig, an diesen neu eingeführten Shopfloor-Meetings teilzunehmen und diese auch für Fragen im Zusammenhang mit den drohenden Outsourcing-Maßnahmen zu nutzen. Ein Ritual war geschaffen, das den Mitarbeitern Sicherheit und Orientierung gab. Dieses wurde für sie mit der Zeit mehr und mehr zu einer festen Kommunikationsroutine. Die Veränderung wurde nicht mehr ausschließlich negativ wahrgenommen, die Kennzahlen verbesserten sich signifikant.

Neuen Ritualen und Routinen verschaffen Sie insbesondere eine hohe Aufmerksamkeit, indem Sie alte Routinen unterbrechen und hinter sich lassen. Für den Managementberater Reinhard K. Sprenger sind Störungen des Bekannten eine Ressource zur Revitalisierung der Kraft und Anpassungsfähigkeit des Unternehmens. In seinem erstmals 2012 erschienenen Buch *Radikal führen* spricht er gar von einem »Störungsauftrag« der Führung (Sprenger 2023). Gemeint ist eine regelmäßige Beunruhigung der Organisation, ein aktives Aufbrechen eingeübter, als selbstverständlich wahrgenommener Muster, das Betätigen eines Alarms. In der Umsetzungspraxis kann dies durch eine Versetzung von Führungskräften, die Neubesetzung von Schlüsselpositionen, eine Neugestaltung von Meetings im Führungskreis oder in den Teams sowie durch neue Formate zur Unternehmenssteuerung erreicht werden. Auf diese Weise gerät die Organisation in eine produktive Unruhe, in Bewegung, sie bleibt fit und wach. Auch die neuen Routinen, die zunächst Sicherheit geben für die Umsetzung der Transformation, werden später wieder infrage gestellt und vom Management gezielt gestört.

Führen Sie durch Vorbild und Alignment: Gerade als Topmanager haben Sie sicher schon die Erfahrung gemacht, dass Sie bei Ihren Mitarbeitern durch das konsequente Vorleben neuer Prozesse, Routinen und Verhaltensweisen umfassendere und nachhaltigere Veränderungen bewirken als durch alle anderen Führungsinstrumente. Dies gilt umso mehr in einer Phase der Umsetzung tiefgreifender

Veränderungen und Transformationen, die in aller Regel mit vielen Unsicherheiten verbunden ist. Unterschätzen Sie daher in einer Umsetzung niemals Ihre Vorbildfunktion, und setzen Sie in der Transformation täglich wahrnehmbar die richtigen Prioritäten.

Dass dieser siebte Grundsatz von exponierter Bedeutung ist, zeigte unsere gemeinsame Studie zur Umsetzung im Mittelstand. So hielten es 47 Prozent der High-Performer für (eher) wahrscheinlich, dass alle Führungskräfte eines typischen mittelständischen Unternehmens die gleichen Initiativen nennen, würden sie nach den drei bis fünf wichtigsten Umsetzungsvorhaben des Unternehmens gefragt. Bei den Middle-Performern waren es nur noch 30 Prozent, bei den Low-Performern gar nur 13 Prozent (Faerber et al. 2023a). Laut bisher nicht publizierten Daten unserer Erhebung hielten es insgesamt 58 Prozent der Teilnehmer für (eher) unwahrscheinlich, dass alle Führungskräfte eines typischen mittelständischen Unternehmens die gleichen Initiativen nennen (Abbildung 19).

Wenn mehr als die Hälfte von 139 Topmanagern glaubt, dass nicht einmal die Führungskräfte die gleichen Prioritäten und Vorhaben nennen können, lässt dies auf ein großes Kommunikationsdefizit im Mittelstand schließen, das an der Spitze beginnt und sich kaskadenweise in der Hierarchie nach unten fortsetzt. Denn wenn schon die Spitze selbst sich nicht im Klaren ist, wohin die Reise geht – wie soll sie das dann den Projektleitern und Mitarbeitenden überzeugend vermitteln?

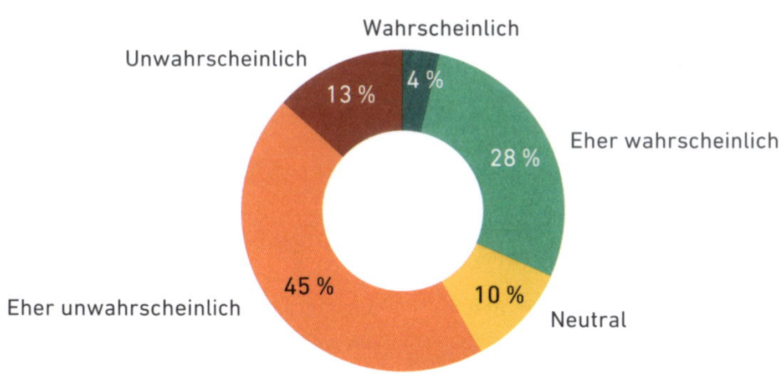

Abbildung 19: Alignment auf Prioritäten im Führungskreis.

Unsere Resultate bestätigen Daten einer Studie über die Umsetzung von Strategien in Konzernen, die Donald Sull, Erfinder des »Strategy Loop« und Dozent am MIT in Boston, vor Jahren veröffentlichte. Er hatte Mitglieder der Führungsteams von 124 Unternehmen nach den fünf wichtigsten Prioritäten ihres jeweiligen Unternehmens gefragt – und nur in 27 Prozent der Unternehmen stimmten die Angaben der Führungskräfte zu mehr als 60 Prozent überein (Sull et al. 2017).

Warum ist das ein Problem? Erstens, weil die Funktionsbereiche nicht unterschiedliche Ziele verfolgen sollten. Und zweitens, weil die übergreifenden Prioritäten Orientierung geben, wenn es interne Konflikte zu lösen gilt. Geschieht dies nicht, werden die Uneinigkeiten der Führung über die Hierarchie tiefer ins Unternehmen diffundieren und Konflikte verstärken.

Ohne ein Alignment in der Strategie zwischen den Führungskräften und Stakeholdern sowie zwischen Konzept- und Umsetzungsteams fehlt es in einem Umsetzungsvorhaben an Priorisierung, an Aufmerksamkeit für die Must-win-Battles und an Koordination zwischen den Beteiligten. Nutzen Sie die Initialisierungsphase zur Fokussierung auf diesen Aspekt. Er ist für den Umsetzungserfolg zentral.

Der Punkt ist zudem: Die Vorbildfunktion der Unternehmensführung funktioniert natürlich leider auch umgekehrt. Unterminieren Manager das Umsetzungsprogramm durch ihr Handeln oder ihre Worte, hat das meist fatale Folgen. Wenn Mitarbeiter beispielsweise beobachten, wie ihre Führungskräfte Regelmeetings ohne triftigen Grund ausfallen lassen, den Zyklus verlängern oder unentschuldigt bei wichtigen Terminen fehlen, führt das bei ihnen zu Verunsicherung und Demotivation. Auch ausbleibende Würdigungen von Erfolgen oder Großanstrengungen sind ein im negativen Sinne »bewährtes Mittel«, um die Aufmerksamkeit in kurzer Zeit unter die kritische Schwelle zu drücken. Denn warum sich Mühe geben, wenn die schmerzhaften Maßnahmen wohl doch nicht ganz so wichtig sind? Kontraproduktiv ist auch eine Verwässerung der Sprache und der Inhalte.

PRAXISBEISPIEL: NEGATIVES VORBILD

Dieses mittelständische Unternehmen befand sich mitten in einer existenzbedrohenden Absatz- und Ergebniskrise. Trotzdem hatte der Geschäftsführer unternehmensweit verboten, die Turnaround-Situation und die entsprechenden Maßnahmen beim Namen zu nennen. Statt Turnaround- oder Restrukturierungsmaßnahmen durften sie nur »strategische Initiativen« heißen, obwohl jeder wusste, wie ernst die Lage war. Es war ein wenig wie bei *Harry Potter*, wo lange Zeit niemand den Namen »Lord Voldemort« ausspricht, und viele beim bösen Magier nur von »Der, dessen Name nicht genannt werden darf« reden, ganz so, als ließe sich das Problem dadurch bannen. Wie auch immer, jedenfalls waren hier Aufmerksamkeit und Prioritäten im Unternehmen sofort dahin.

Hier sind weitere typische kommunikative Fehler der Führung, die wir immer wieder beobachten:

- **Hauptsitz-Zentrismus:** Allzu häufig denkt das Topmanagement an das, was es täglich sieht – die Zentrale, deren Mitarbeitende und Nöte. Fragen Sie sich daher regelmäßig: Binden Sie Ihre übrigen Standorte inhaltlich und kommunikativ ausreichend in die Transformation mit ein? Kommunizieren Sie auch auf Englisch oder in der Landessprache relevanter Auslandsstandorte? Finden in Ihrer Kommunikation auch die spezifischen Herausforderungen und Erfolge der Standorte ihren Platz? Besuchen Sie und die Geschäftsführung die Standorte ausreichend? Führen Sie Aktionstage oder Roadshows durch?
- **Gegen Windmühlen kämpfen:** Die Aufmerksamkeit Ihrer Belegschaft für die Transformation unterliegt natürlichen Schwankungen, etwa in der Zeit der Sommerferien oder über Weihnachten. Unser Rat, wenn Sie sich den langen Atem für Ihre Transformation erhalten wollen: Akzeptieren Sie die Welt, wie sie ist, gleichen Sie Ihren Rhythmus an. Verzichten Sie zum Beispiel im August auf Meetings des Lenkungsausschusses und der Kernteams. Lassen Sie auch mal Leine, holen Sie gemeinsam Luft – und starten Sie lieber danach erholt durch.
- **Stärken ungenutzt lassen:** Ein Mitglied Ihres Transformationsteams ist der geborene Redner? Dann geben Sie diesem Mitarbeiter die Möglichkeit, »öffentliche« Auftritte abzuhalten, statt darauf zu beharren, es selbst zu tun, nur weil es Ihre Rolle als Verantwortlicher so vorsieht. Kommunizieren Sie klar, dass dieser Mitarbeiter besser darin ist, die Mannschaft zu überzeugen. Sie demonstrieren damit nicht Schwäche, sondern Stärke.
- **Das Transformationsteam vernachlässigen:** Achten Sie auf gute Stimmung und ein konstruktives Miteinander bei Ihren wichtigsten Mitstreitern. Halten Sie ein Team-Event ab, oder lassen Sie den Arbeitsalltag gemeinsam bei einem guten Getränk ausklingen. Auch das ist Teil der informellen Kommunikation, es stärkt den Zusammenhalt enorm und ist nicht selten ein Quell neuer Inspiration.

Wichtigste Voraussetzung für das Topmanagement ist, sich die nötige Zeit zu nehmen

Eines haben diese sieben Grundsätze gemeinsam: Sie erfordern vom Topmanagement einen hohen Zeiteinsatz, einerseits um den Umsetzungsinitiativen (neben dem Tagesgeschäft) selbst ausreichend Aufmerksamkeit zu schenken, andererseits um ihnen bei anderen im Unternehmen kontinuierlich eine hohe Aufmerksamkeit angedeihen zu lassen. Doch im Alltag hapert es daran oft – wie eine spannende Selbsterkenntnis von Topführungskräften aus unserer Umsetzungsstudie im Mittelstand (Faerber et al. 2023b) zeigt.

So investierten nach bisher nicht veröffentlichten Daten aus unserer Erhebung alle Teilnehmenden im Durchschnitt nur 24,3 Prozent ihrer Zeit in die erfolgskritische systematische Entwicklung und Umsetzung von Konzepten – obwohl sie selbst im Durchschnitt einen Zeiteinsatz von 40,9 Prozent für optimal hielten. Sie müssten ihren Einsatz somit, gemessen an ihren eigenen Maßstäben, um fast 70 Prozent erhöhen.

Dieses »Dilemma der Führung«, wie wir es nennen, verdeutlicht eine der größten Herausforderungen für Umsetzungsarbeiten im Topmanagement – mit Folgen für alle im Unternehmen. Die motivierende Botschaft ist: Ein hoher Zeiteinsatz begünstigt die Erfolgsquote von Umsetzungsvorhaben. So wendeten die High-Performer in unserer Studie signifikant mehr Zeit für die Konzeptentwicklung und -umsetzung auf als die Low-Performer (Abbildung 20).

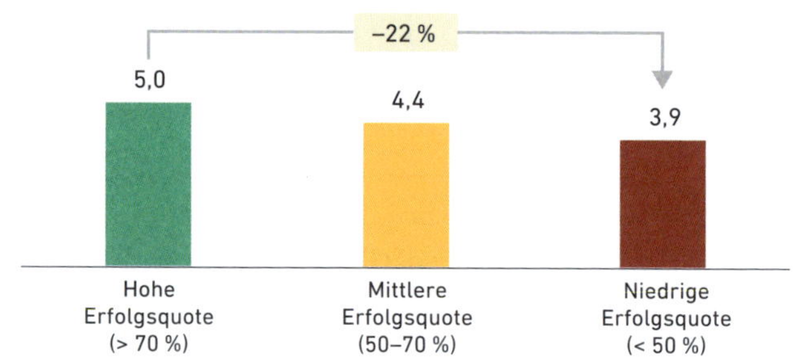

Abbildung 20: Zeitaufwand für Entwicklung und Umsetzung von Konzepten, bei High-, Middle- und Low-Performern (in Arbeitstagen, bei 20 Tagen/Monat, Faerber et al. 2023b).

Zwar garantiert ein hoher Zeitaufwand allein keinen Umsetzungserfolg. Zulässig scheint jedoch der Schluss, dass mit einem Topmanagement, das der Umsetzungsinitiative und den Projekten in der Initialisierungsphase weder bei sich selbst noch in den Teams ausreichend Aufmerksamkeit schenkt, ein Scheitern deutlich wahrscheinlicher ist. Reflektieren Sie daher im Fall von Engpässen des obersten Managements, wo Ihr höchster Wertbeitrag liegt und wo Sie sich kompetente Unterstützung holen könnten, sei es durch neues Personal oder durch vorübergehend an Bord zu holende externe Berater.

Das Commitment des Topmanagements ist für den gesamten Umsetzungsprozess das A und O. Denn ohne die Akzeptanz der Geschäftsführung und der Schlüsselpersonen im Projekt und ohne ein gemeinsames Engagement ist das Vorhaben von Beginn an zum Scheitern verurteilt. Sie müssen verständlich erklären, warum diese Transformation sein muss und warum welche Maßnahmen getroffen werden. Sie brauchen gerade auf der emotionalen Ebene das Einverständnis Ihrer Mitarbeiter, ein inneres Ja, sonst wird es nicht funktionieren. Das Commitment Ihrer Leute ist für Sie der Schlüssel zum Erfolg.

Initialisierung des Stakeholder-Managements

Auch die dauerhaft hohe Aufmerksamkeit und Akzeptanz der Stakeholder für den Umsetzungsprozess ist zu gewährleisten (gerade in Phasen, in denen es Gegenwind gibt und die Umsetzung langsamer vorwärtskommt). Setzen wir einmal voraus, dass die strategische Stoßrichtung, das Konzept, seine Inhalte und Meilensteine sowie vor allem Investitions- und Finanzierungsbedarfe und die erwartete Renditesteigerung mit den verschiedenen Interessengruppen (siehe Kapitel 4.1.1.4) abgestimmt sind – dann richtet sich der Fokus in der Initialisierungsphase insbesondere auf das Reporting oder auch die Einbindung der Gremien in die Lenkungsausschussorganisation. Zudem kann ein gemeinsames Verständnis über Eskalationspunkte und -prozesse geschaffen werden. Holen Sie die Erwartungen jeder Gruppe ein und berücksichtigen Sie diese. Später, in der konkreten Implementierung, zählt dann vor allem eine strukturierte, systematische und offene Kommunikation (siehe Kapitel 4.1.3.1).

Bestimmt wird Ihnen schnell klar werden, dass Sie keinen einheitlichen Standardbericht für alle Stakeholder nutzen können, denn die Erwartungen an Detaillierungsgrad, Tiefe und Breite sowie Kommentierung der Umsetzungsfortschritte sind erfahrungsgemäß sehr unterschiedlich (Grabow et al. 2015). Vereinbaren Sie daher mit den Stakeholdern den Umfang der Berichte, aber auch feste Zyklen für das Reporting. Achten Sie auf Skalierbarkeit: Auch wenn die Gruppen divergierende Anforderungen haben, sollten Sie die Berichte aus Gründen der Effizienz und Datenkonsistenz so aufbauen, dass wesentliche Kerninhalte modular für interne Zielgruppen sowie externe Stakeholder genutzt werden. Spezifische Inhalte wie standardisierte Steckbriefe zum Projektfortschritt, KPI-Analysen oder das Effekte-Controlling können so bei Bedarf aufwandsarm ergänzt werden. Automatisieren Sie dabei so weit wie möglich und nutzen Sie digitale Werkzeuge wie beispielsweise Projektmanagementtools (siehe Kapitel 4.4.1).

AUF EINEN BLICK

Akzeptanz zu erzeugen und die Aufmerksamkeit unter den Mitarbeiterinnen und Mitarbeitern hochzuhalten, bespielt vor allem die zweite Dimension (Menschen). Das Bemühen sollte aber über strukturelle Elemente hinaus System bekommen, ebenso sollten die Verantwortlichen stets die Performance im Blick behalten. Nur aus der parallelen, ausgewogenen Anwendung des Dreiklangs wird Akzeptanz als Werttreiber voll wirksam.

Strukturen: Feste Elemente wie Etappenziele, Rituale und regelmäßiges Feedback über Tools und Umfragen führen weiter als bloße Appelle. Sie zeigen den Ernst des Bemühens. Schaffen Sie die Voraussetzungen für ein systematisches Stakeholder-Reporting.

Menschen: Umsetzungsverantwortliche müssen sich – mit fix geblockten Zeitfenstern oder wiederkehrenden Runden – die nötige Zeit nehmen. Sonst absorbiert das Tagesgeschäft allzu schnell all ihre Aufmerksamkeit. Sie sollten die Wünsche und Eigenheiten diverser Stakeholder kennen.

Performance: Möglich ist ein überzeugendes Vermitteln des »Wohin«, »Was« und »Wie« nur, wenn sich die Führung hinsichtlich der Ziele und sowie der nötigen Schritte explizit einig ist. Erst dann lassen sich auch die Umsetzenden und Stakeholder gewinnen, motivieren und gemeinsam zum Erfolg führen.

4.1.2.7 ROADMAP: Praxistauglichkeit sicherstellen

Stellen Sie sich vor, Sie planen eine Bergtour mit mehreren Teilnehmern. Wenn Sie dabei möglichst viele aus Ihrem Team auf den Gipfel führen wollen, können Sie nicht die kürzeste, aber schwierigste Route nehmen. Sie wählen dann einen für alle Teilnehmer gangbaren Weg aus und passen Geschwindigkeit und Pausenzeiten an die Fitness der Teilnehmer an.

Genau diese Empfehlung geben wir Ihnen auch für die Umsetzung von Maßnahmenprogrammen in Transformationen: Überprüfen Sie Ihr Programm kontinuierlich auf Praxistauglichkeit! Diese steht zwar erst hier, am Ende der siebenstufigen ROADMAP, aber der letzte Schritt bildet eine Klammer, die alle Stufen umschließt. Praxistauglichkeit ist der wichtigste Maßstab für die Erfolgsaussichten eines Maßnahmenpakets!

Wie sichern Sie Praxistauglichkeit in Ihren Projekten ab? Aufgelöst nach unserem Dreiklang »Strukturen, Menschen und Performance« ergibt sich folgende Operationalisierung:

Strukturen – sicherstellen, dass diese der Unternehmensgröße angemessen sind

Wenn Unternehmen uns zur Unterstützung hinzuziehen, fokussieren wir die Aufmerksamkeit aller Beteiligten zu Beginn eines Projekts zunächst darauf, effektive Strukturen zu schaffen. Dieses stabile organisatorische Fundament bildet die Basis für die Kommunikation des »Wie« und für eine eigenverantwortliche Umsetzung durch die Verantwortlichen. Für die Praxistauglichkeit ist es wichtig, dass diese Strukturen der Unternehmensgröße angemessen sind und von den Beteiligten akzeptiert werden. So ist es für einen Mittelständler mit 100 Millionen Euro Umsatz im Jahr sicher übertrieben, wenn vor einem Treffen des Lenkungsausschusses anstehende Themen oder Entscheidungen mit großen Präsentationen angemeldet werden müssen, die dann noch größere Qualitätssicherungs- und Korrekturschleifen durchlaufen. Sehr wohl angebracht ist es hingegen, dass es eine Agenda gibt und Themen angemeldet werden müssen – nebst kompakter Informationen zu Zahlen und Gründen (die dann im Treffen ausgeführt werden).

Unserer Erfahrung nach steigt die Akzeptanz dieser Strukturen signifikant, wenn die Mitarbeiter früh im Prozess schnellere Entscheidungen erleben auf Basis gut vorbereiteter Entscheidungsvorlagen sowie kurzer und agiler Entscheidungswege. In einem Fall, bei dem eine Führungskraft entscheidungsschwach war, immer neue Informationen anforderte und sich in den Details verlor, führten eine personelle Veränderung und frühe Abstimmungen zu schnelleren, pragmatischeren Entscheidungen – was unter den Untergebenen, die fast schon resigniert hatten, eine wahre Aufbruchsstimmung auslöste.

Auch die Konzepte, Aktionspläne und Steckbriefe eines Umsetzungsprogramms müssen praxistauglich sein. Sind sie so formuliert, dass die Beteiligten sie verstehen und als ambitioniert, aber realistisch einschätzen?

Menschen – »on the Job« befähigen und eigenständig arbeiten lassen

Die Antwort auf die vorige Frage hängt stark von der Kompetenz der verantwortlichen Mitarbeiterinnen und Mitarbeiter ab, vor allem von ihren Kompetenzen im Projektmanagement. Gehen Sie nicht davon aus, dass die Fähigkeiten zur Steuerung von Projekten mit multifunktionalen Teams schon bei allen vorhanden sind! Zudem sind Projekte, die Teil eines Umsetzungsvorhabens sind, meist komplexer und enger mit anderen Teilen des Unternehmens verwoben als klassische operative Projekte. Die Befähigung und Schulung aller Beteiligten in Projektmanagement und agilen Methoden ist daher zentral.

Beobachten Sie laufend, ob die Personen, die Sie ausgewählt haben, auf dem richtigen Weg sind: Übernehmen diese Verantwortung für das Erreichen der Ziele in den Umsetzungsprojekten? Mit Sparring oder Coaching (eventuell durch externe Partner) lässt sich die Praxistauglichkeit des Teams »on the Job« erhöhen.

Stellen Sie die Durchdringung der neuen Arbeitsweisen, Logiken und Maßnahmen bis in die dritte und vierte Führungsebene sicher. Es nützt nichts, einen ambitionierten Umsetzungsplan zu kreieren, den am Ende keiner versteht oder den nicht jeder Hauptakteur im Unternehmen verinnerlicht hat.

PRAXISBEISPIEL: SCHEITERN DURCH FEHLENDE EINBINDUNG

Als Teil von Bemühungen, seine Liquidität zu sichern, startete ein mittelständisches Unternehmen mit einem Umsatz in dreistelliger Millionenhöhe eine Initiative zur Senkung von Beständen. Es wurden neue Dispositionsparameter ausgearbeitet, die zu einer Glättung der Produktion unter Wahrung der Lieferfähigkeit führen sollten, und diese im System eingestellt. Doch seltsam: Die produzierten Losgrößen änderten sich trotzdem nicht. Aber warum? Nun, keiner der Akteure hatte daran gedacht, dass der operative Disponent auf dem Shopfloor die vom System vorgeschlagenen Losgrößen manuell überschreiben konnte. Da er nicht eingebunden gewesen war, hatte er die neuen Parameter natürlich auf Basis seiner bisherigen Routinen und Erfahrungen überschrieben. Die Initiative scheiterte somit zunächst, und zwar weder am Können noch am Wollen, sondern an der fehlenden Einbindung aller Beteiligten und am fehlenden Verständnis für das »Warum«.

Häufig scheitern Umsetzungen gar nicht daran, dass die mittleren Führungsebenen und die gesamte Belegschaft nicht wollen, sondern daran, dass es der Organisation nicht gelingt, die Intentionen des Topmanagements in operatives Handeln zu übersetzen. So entsteht ein Mangel an Übereinstimmung zwischen dem, was das Management – basierend auf einer mühsam entwickelten neuen Strategie – als Entscheidungs- und Priorisierungsverhalten wünscht, und dem, was die Verantwortlichen und Teams dann tatsächlich tun. Der langjährige Unternehmensberater Stephan Bungay spricht in solchen Fällen von einem »Alignment Gap«. In seinem 2011 erstmals erschienenen Werk *The Art of Action* (Bungay 2021) rät er dem Management angesichts dieses Mangels, einen Auftrag wirksam zu erklären – und den unmittelbar Verantwortlichen dann die nötige Freiheit zur Umsetzung zu geben. Die für viele näherliegende Alternative, den

Verantwortlichen noch detailliertere Informationen und Handlungsanweisungen mit auf den Weg zu geben, löse das Problem nicht. Dies habe nur hohe Transaktionskosten und eine sinkende Motivation zur Folge.

Als jemand, der aus der Analyse berühmter Militärschlachten des 19. und 20. Jahrhunderts gern Erfahrungswerte destilliert, zieht Bungay zur Illustration die vernichtende Niederlage der preußischen Armee gegen Napoleon bei Jena und Auerstedt im Jahr 1806 heran. Er sieht darin die Niederlage eines überholten Führungsmodells gegen die ersten Umrisse eines modernen Führungsmodells: Während die alte preußische Armee auf sklavischen Gehorsam getrimmt gewesen sei, hätten in Napoleons Armee die Befehlsketten nicht funktioniert – mit dem Effekt, dass die Einheiten vor Ort sich auf ihre eigene Einschätzung der Lage und eigene Ideen verlassen mussten. Bungay verallgemeinert diese Analyse zu einem Führungsverständnis, wonach die Spitze sich auf das Vorgeben der großen Richtung beschränken und aus den operativen Details heraushalten soll. Um dieses Prinzip zu realisieren, müsse das Personal die Strategie und seine Rolle darin verstehen sowie ausreichend qualifiziert sein, die Situation richtig einzuschätzen und geeignete Entscheidungen zu treffen. Umgekehrt müssten die Vorgesetzten bereit sein, den Führungskräften und operativen Mitarbeitern das nötige Vertrauen zu schenken.

Um die Kommunikation zwischen Führung und Mannschaft zu verbessern und das »Alignment Gap« sicher zu überbrücken, hilft Bungays Umsetzungsmethode, die wir bereits vorgestellt haben (siehe Kapitel 3.1.7.1) und die sich auch als »Briefing und Backbriefing« beschreiben lässt. Sie soll einerseits gewährleisten, dass das Briefing klar und nachvollziehbar ist. Andererseits soll sie der Überprüfung dienen, was die Adressaten tatsächlich verstanden und für sich daraus abgeleitet haben. Vor allem Letzteres ist ein großer Fortschritt gegenüber einer rein pauschalen Bestätigung des Konzeptverständnisses. Jeder kennt die beliebte in die Runde gerichtete Abschlussfrage: »Alles klar?« Doch das schnelle und knappe »Ja!«, das darauf fast immer folgt, lässt den Vorgesetzten im Ungewissen, was und wie viel die Adressaten wirklich mitgenommen haben.

Zunächst sollten Sie im **Briefing** vor allem den Sinn und Zweck des formulierten Auftrags klar verdeutlichen. Gehen Sie auf die Rahmenbedingungen ein, auf die gewünschten Ergebnisse sowie auf unerwünschte Nebenwirkungen. Vermitteln Sie konsequent nur die Intention, das Ziel – geben Sie nicht das Vorgehen im Detail vor.

Ein wirksames **Backbriefing** besteht darin, die Verantwortlichen und Mitarbeitenden den Auftrag mit eigenen Worten wiederholen zu lassen. Die dann folgenden Formulierungen machen sichtbar, ob der Auftrag richtig verstanden (und somit von Ihnen selbst auch klar genug erklärt) worden ist. Entscheidend weiter geht der Schritt, den Auftrag mit einer groben Skizze des geplanten Vorgehens für die Umsetzung beantworten zu lassen. Nach dem Motto: »Bitte sagen Sie mir, wie Sie unser Transformationskonzept verstanden haben, und geben Sie mir eine grobe Idee, wie Sie es realisieren wollen!« So wird der andere auch gleich mit ins Handeln einbezogen, seine Meinung zählt und seine Motivation steigt.

Um es klar zu sagen: Ziel ist nicht die Kontrolle der Kollegen, sondern ihre Befähigung, um später eben nicht mehr alles kontrollieren zu müssen. Bei größeren, komplexen Transformationskonzepten und neuen Strategien bedarf es sicher mehrerer Gespräche, Schleifen und Revisionen.

Hindernisse für solch einen Führungsstil sind Bungay zufolge vor allem in zwei Typen von Managern zu finden: in solchen mit einem ausgeprägten Hang zum Mikromanagement (das oft von einem großen Misstrauen in andere Menschen getrieben ist) sowie in autoritären Personen mit ausgeprägtem Hang zum Kontrollwahn. Was unterstreicht: Auswahl und Qualität der Führung ist ein zentraler Erfolgsfaktor für wirksame Umsetzungen!

Performance – nachhaltig im Unternehmen verankern

Wenn wir Unternehmen bei Transformationen oder Turnarounds unterstützen, beobachten wir kontinuierlich und gezielt, ob und wie hartnäckig Projektleiter ihre Teams steuern, auch mit welchem Leistungsanspruch sie ihre Ziele verfolgen und Maßnahmen umsetzen. Gibt es Handlungsbedarf beim Können und Wollen, steuern wir nach. Dazu wenden wir gegenüber den Projektleitern und Umsetzungsakteuren einen ausgewogenen Mix aus Fördern und Fordern an. Unsere Empfehlung: Messen Sie auch qualitative Erfolgsfaktoren systematisch, beispielsweise anhand der folgenden Fragen: Wie steht es um die Zufriedenheit im Team? Wie gut verstehen die Beteiligten das »Warum« der Ziele? Auch das hilft, Praxistauglichkeit »on the Job« sicherzustellen und eine nachhaltige Performancekultur zu etablieren.

AUF EINEN BLICK

Praxistauglich ist ein Umsetzungsvorhaben vor allem dann, wenn es die Menschen – ihre Stärken, Schwächen, Bedürfnisse, Fähigkeiten – im Blick hat. Trotzdem sollten seine Ziele und Maßnahmen alle drei Dimensionen des Dreiklangs berücksichtigen.

Strukturen: Die Gremien und Abläufe müssen effektiv funktionieren, der Größe des Unternehmens angemessen sein und sichtlich schnellere Entscheidungen ermöglichen. Nicht robuste Strukturen bedeuten eine hohe Fehleranfälligkeit und ein hohes Risiko des Scheiterns.

Menschen: Die Verantwortlichen müssen die Mitarbeiterinnen und Mitarbeiter einbinden, sie mittels »Briefing und Backbriefing« befähigen und eigenständig arbeiten lassen. Das erfordert Vertrauen.

Performance: Bei zu wenig Information und Einbindung droht ein »Alignment Gap«. Bei zu viel Information und Kontrolle droht innere Resignation oder gar aktiver Widerstand. Beides schadet der Performance. Nehmen Sie Projektleiter, Teams und ihr Zusammenspiel in den Blick.

4.1.2.8 ROADMAP: Kick-off und letzte Checks

Eine, wenn nicht sogar *die* wesentliche Aufgabe in der Initialisierungsphase ist es, allen Mitwirkenden den Hintergrund des Vorhabens zu vermitteln und so Betroffene zu Mitstreitern zu machen.

Wir erleben es immer wieder: Die Leitwirkung einer klar formulierten und systematisch verankerten Botschaft ist für den Erfolg von Umsetzungsprozessen entscheidend. Die Mindsets und Narrative der Beteiligten gleich zu Beginn zu berücksichtigen und zu adressieren, lohnt sich sehr. Als Führungskraft können Sie Ihre Zeit kaum besser investieren als in das Kommunizieren und Erklären, worum es geht, was die Gründe sind und wohin das Unternehmen strebt. Eine Transformation, die umgesetzt werden soll, darf nie nur ein Vorhaben der Führung sein, sondern möglichst das gemeinsame Vorhaben von vielen. Daher gilt für die Initialisierungsphase: Stecken Sie 80 Prozent Ihrer Zeit und Kraft in die Vermittlung des »Warums«, in den Aufbau von Transparenz und Akzeptanz, und nur 20 Prozent in den Aufbau des »Was«, sprich in die Strukturierung des Projekts und das Aufsetzen der Organisation. Die besten Strukturen nützen Ihnen wenig, wenn die Beteiligten nicht überzeugt sind und unmotiviert bleiben.

Bei der Formulierung des »Warums« liegt die Frage nach dem »Purpose« nahe, und damit jener – zuletzt von BlackRock über den Business Roundtable in den USA bis hin zu Social-Media-Plattformen wie LinkedIn oder Xing – viel diskutierten Vorstellung, dass vor allem der Sinn ihrer Arbeit die Menschen motiviere. Und in der Personalarbeit ist zu erleben, dass das Unternehmensziel für Bewerber ein wesentliches Kriterium darstellt. Allerdings sind einige Wissenschaftler klar der Ansicht, dass ein übergeordneter, aber abstrakter Sinn niemanden antreibe – den größten Antrieb erhielten die Menschen demnach vielmehr aus dem Ergebnis dessen, was sie tun, und dem, was sie damit erreichen (Beck 2022, Nieto-Rodriguez 2021). Entscheidend dabei ist erstens die Sichtbarkeit des Fortschritts – Menschen, die sehen, was sie geschafft haben, erleben große Zufriedenheit. Zweitens zählt das Erreichen des Ziels: Einen Vorsatz zu fassen und erfolgreich in die Tat umzusetzen, ist für viele Menschen an sich schon eine Belohnung. Sie erleben sich dann als selbstwirksam, als Herr der Lage, und fassen Vertrauen in die eigenen Fähigkeiten.

Investieren Sie daher nicht zu viel Energie in die Formulierung eines schönen, aber schwammigen Purpose hinter Ihrer Initiative. Formulieren Sie lieber klar das Umsetzungsziel sowie das »Warum« dahinter, und installieren Sie ein geeignetes Maßnahmen-Controlling, um für die involvierten Menschen Fortschritte sichtbar zu machen. Hier sollten erst kleine, dann große Meilensteine erreichbar werden, damit darüber Motivation geweckt werden kann.

Ein wesentliches Element zur Verbreitung von Akzeptanz ist ein inspirierender Umsetzungs-Kick-off mit allen Projektbeteiligten und ausgewählten Stakeholdern im Rahmen der Initialisierungsphase. Der hierfür richtige Zeitpunkt ist dann, wenn die zentralen Aufgaben dieser Phase entlang der ROADMAP abgeschlossen sind und mit den zentralen Projektverantwortlichen die Auftragsklärung erfolgt ist.

Bei einer solchen Kick-off-Veranstaltung helfen Ihnen mehrere Elemente, um bereits zu einem frühen Zeitpunkt eine nachhaltige Aufbruchsstimmung zu erzeugen:

- **Vorstellung des Umsetzungsprogramms durch das Topmanagement:** Signalisieren Sie, dass die Umsetzungsziele kein »Weiter so« der bisherigen Unternehmenspolitik darstellen. Kommunizieren Sie die angestrebten Veränderungen im Geschäftsmodell sowie die konzipierten Ziele und Maßnahmen.
- **Claim und Logo:** Auch wenn diese manchmal den Spott von Presse oder Mitarbeitenden auf sich ziehen – ein guter Claim und ein Logo mit Wiedererkennungswert tragen zu einer hohen Identifikation der Projektbeteiligten mit dem Umsetzungsprogramm maßgeblich bei. Zudem können Sie beide

über den gesamten Umsetzungszeitraum hinweg immer wieder nutzen, etwa für Newsletter, Podcasts, Townhall-Meetings, Workshops oder Sitzungen des Lenkungsausschusses. Lassen Sie die Teilnehmer im Kick-off über Entwürfe für Claim und Logo abstimmen, oder rufen Sie einen Wettbewerb zur Einreichung eigener Vorschläge aus.
- **Visualisierung und Interaktion:** Stellen Sie das Umsetzungsprogramm auf kreative Weise vor. Nutzen Sie Flipcharts statt frontal präsentierter Powerpoint-Folien. Oder geben Sie Workshopelementen den Vorzug vor »Top-down«-Vorträgen. Denn: Fühlen sich die Teams stärker an der Gestaltung des Vorgehens beteiligt, steigert das signifikant ihre Identifikation mit dem Programm.
- **Vorstellung der Umsetzungsprojekte durch deren Leiter:** In der Praxis hat sich dafür das Format eines »World-Cafés« bewährt. Dabei werden die einzelnen Umsetzungsprojekte wie auf einer Messe präsentiert, und das Plenum bewegt sich frei von Stand zu Stand, wo die Projektleiter ihre Projekte erläutern und zur Mitarbeit einladen. Dabei entsteht ein kreativer Raum für den Austausch der Beteiligten hinsichtlich Projektzielen, Maßnahmen, Chancen und Risiken. Jeder Teilnehmer kann seine Unterstützung auch bei solchen Projekten anbieten, für deren Team er bislang gar nicht vorgesehen war. Ideen und Impulse des Plenums werden synchron ergänzt an den Flipcharts, so kann Feedback direkt verarbeitet werden. Einen hohen Identifikationsgrad erreichen Sie, wenn Sie die Produktionsprojekte beispielsweise zusätzlich direkt auf dem Shopfloor vorstellen – und damit auch alle direkt produktiven Mitarbeiterinnen und Mitarbeiter miteinbeziehen können.

Wirksame Umsetzungsverantwortliche orientieren sich bei Gestaltung und Moderation des Kick-offs an einer Empfehlung von Reinhard K. Sprenger: Aufgabe des Managements ist es demnach nicht, die Führungskräfte und Umsetzungsteams zu motivieren, sondern alle demotivierenden Aspekte und Hindernisse zu beseitigen, die sie von einer wirksamen, dynamischen Umsetzungsarbeit abhalten könnten (Sprenger 2023). Reflektieren Sie diese Frage im Managementteam, und zwar gemeinsam und gesondert.

Der Abschluss der Initialisierungsphase ist ein wichtiger Meilenstein im Laufe des Umsetzungsprozesses. Wurden in der Analyse- und Konzeptphase die Fragen nach dem »Wohin« und »Was« beantwortet, sollten in der Initialisierungsphase die Fragen nach dem »Wer«, »Wie«, »Wann« und »Warum« geklärt worden sein. Um aber sicherzugehen, dass die Antworten ausreichend für jedes Projektteam erarbeitet, gemeinsam verinnerlicht und kommuniziert wurden,

PRAXISBEISPIEL: VERZAHNUNG VON KONZEPTION UND UMSETZUNG

Welchen Unterschied es macht, viel Zeit und Mühe in eine gute Initialisierung der Umsetzung zu investieren, illustriert ein Fall in der Beauty-Industrie aus der Zeit vor Corona. Der Hersteller hochpreisiger Geräte stand vor dem Problem, dass seine Branche das Ende eines Booms erlebte und Überkapazitäten herrschten. Die Idee war, die in den USA ansässige Produktion nach Deutschland zu verlagern und die bisher dort hergestellten einfacheren Produkte im Stammwerk zu produzieren. Doch der geschäftsführende Gesellschafter hatte Respekt vor der Aufgabe. Obgleich er früher in einem globalen Konzern gearbeitet hatte, traute er sich und seinem Management nicht zu, sie allein zu meistern. Zwar war der Produktionschef, der bei der Verlagerung die größte Rolle spielen würde, exzellent. Die Richtung im Alltag gaben aber häufig die Zuständigen für Marketing und Vertrieb vor. Es bestand ein gewisses Risiko, dass die Spitze das Unterfangen zu locker angehen und die Folgen oder Nebenwirkungen für den Rest des Unternehmens unterschätzen könnte. Nach dem Motto: »Leuten kündigen, Maschinen in Container packen, Werk schließen, Produktion in Deutschland starten, das kann ja wohl nicht so schwer sein – lasst uns loslegen.«

Kern der Lösung war ein in der Initialisierungsphase erarbeiteter Projektplan. Dieser wurde erst freigegeben, nachdem er einem Stresstest unterzogen und von den Beteiligten als robust eingestuft worden war. So startete das Unterfangen mit dem Einverständnis aller und mit einem klaren Vorgehen. So war klar, wann was nach Deutschland verlagert werden sollte. Ebenso stand fest, zunächst auf Vorrat zu produzieren, um den US-Markt auch in der Zeit der Verlagerung bedienen zu können. Festgeschrieben wurde ferner eine Marschroute für das Verschiffen der Maschinen, ein Konzept für die zeitige Schulung der Mitarbeiter in Deutschland, eine detaillierte Strategie für die Kommunikation an Betriebsräte, Banken und US-Kunden sowie die sichere Finanzierung des Ganzen. Das Unternehmen ernannte Zuständige, legte regelmäßige Termine im Management fest und setzte ein Controlling auf. Ergebnis war ein reibungsloser Neustart in der Heimat, ohne Stillstände oder Ausfälle, dafür mit großem Engagement der Belegschaft. Die Systematik sollte sich schnell zu einer neuen Führungsroutine für weitere Transformationen und Projekte entwickeln.

dass tatsächlich alle »ready to go« sind, ist die Analyse des Status quo als eigener Programmpunkt gegen Ende des Umsetzungs-Kick-offs unverzichtbar. Alternativ können Sie auch die Beteiligten anonym befragen (dafür empfehlen wir Onlinetools wie SurveyMonkey, LamaPoll oder Mentimeter).

Als gute Grundlage für den Erfolgscheck zum Abschluss der Initialisierungsphase nutzen wir den Robustheitstest von SMP (Abbildung 21). Dieser ist in sieben Module gegliedert, entlang der von uns empfohlenen Methodik für die Initialisierungsphase, der ROADMAP. Zu jedem Modul enthält der Test zwischen zwei und vier Checkfragen, mit deren Hilfe sich der Status der Umsetzungsinitiative zum Ende dieser Phase feststellen lässt. Um es einfach zu halten, lässt sich der Status jeweils nach »nicht gegeben«, »bedingt gegeben« oder »voll gegeben« unterscheiden. Aus dem Durchschnittswert, aber auch aus der Kurve der Einstufungen über die sieben Module hinweg, kann das Führungsteam bereits bestehende Stärken und noch kritische Punkte erkennen.

Liegt nun die Mehrzahl Ihrer Kreuze im roten oder gelben Bereich, sind die Voraussetzungen für eine wirksame Umsetzung nicht gegeben. In diesem Fall sollten Sie zwingend im Team überlegen, mit welchen konkreten Maßnahmen Sie die Vorrausetzungen für eine höhere Wirksamkeit verbessern, und zwar sowohl auf Ebene der ROADMAP als Ganzes als auch für kritische Punkte auf Ebene der Einzelfragen. Liegt die Mehrzahl Ihrer Kreuze im grünen oder gelben Bereich, sind bereits gute Vorrausetzungen gegeben, punktuelle Nachjustierungen jedoch empfehlenswert. Aber Vorsicht: Selbst, wenn die Ergebnisse des Robustheitstests in Ihrem Unternehmen weitestgehend im »grünen« Bereich liegen, kann im schlimmsten Fall ein einziges Kreuz im roten Bereich zum »Killer« Ihrer Umsetzungsinitiative werden!

Ein alternativer Test, um die Robustheit eines Umsetzungskonzepts und der nötigen Vorbereitung zu prüfen, ist der RIGOR-Test der Strategieberatung BCG (Keenan et al. 2013). Sie können diesen Test ergänzend zu unserem Robustheitstest durchführen, allerdings verfügen beide Tests über eine hohe Schnittmenge, weshalb einer von ihnen im Normalfall ausreichen sollte, um einen Eindruck der Lage zu gewinnen. Was wir Ihnen nur unbedingt ans Herz legen wollen: dass Sie zumindest einen der beiden Tests durchführen, bevor Sie mit der Implementierung Ihrer Umsetzung beginnen. Zeigen die Ergebnisse eine sehr robuste Ausprägung, steht deren Start nichts mehr im Weg. Unsere Erfahrung zeigt indes, dass vieles, was am Ende der Initialisierungsphase geklärt sein sollte, aus Sicht der Beteiligten häufig doch noch nicht »so richtig« klar ist. In dem Fall ist eine Vertiefung mit Fokus auf die identifizierten kritischen Punkte notwendig.

Unser Rat: Nehmen Sie sich die Tests nicht allein vor, sondern binden Sie die Management- und Projektteams mit ein. Gerade die Unterschiede zwischen der Selbst- und Fremdeinschätzung der einzelnen Akteure zu den Fragen der Tests liefern Ihnen hilfreiche Einsichten, an welchen Stellen die Umsetzung noch nicht ausreichend vorbereitet oder sogar gefährdet ist. Nutzen Sie diese Transparenz zur Optimierung Ihres Vorgehens. Die Praxis zeigt: Erfolgreiche Manager blicken lieber den harten Realitäten einer noch unscharfen Initialisierung ins Auge, als später die Verantwortung für kostspielige Folgen gescheiterter Umsetzungen zu tragen.

Erfolgskriterien nach Kategorie	nicht gegeben	bedingt gegeben	gegeben
R → Realisierungsteams gezielt zusammenstellen			
1.1 Schlagkräftige Teams sind zusammengestellt. Kapazitäten/Ressourcen für die Projektarbeit sind geregelt. Fokus Auswahl Projektleiter: Projektleiter hat die natürliche, nicht unbedingt die formelle Autorität und Akzeptanz, Entscheidungen zu treffen. Teamzusammenstellung: nach Funktionen (fachliche Expertise), nach Identifikation mit der Aufgabe, nach persönlicher Kapazität, nach Potenzialentfaltungsmöglichkeit (Talente).			
1.2 Die Teams haben Ziele, Sinn und Bedeutung der aus dem Transformationskonzept abgeleiteten Maßnahmen verstanden.			
1.3 Die Teams haben sich verpflichtet, die Ziele bestmöglich zu erreichen (Commitment).			
1.4 Verantwortlichkeiten, Aufgaben, Rechte und Pflichten sind akzeptiert und vereinbart.			
O → Organisationsdesign festlegen			
2.1 Organigramm der Umsetzungsorganisation ist erstellt und verabschiedet.			
2.2 Steuerungssysteme wie Projekt Management Office und Lenkungsausschuss, Projektmeetings und Projektleiter-Meetings sind definiert und terminiert.			
2.3 Steuerungstools (z.B. Scrum, Protokolle, digitale Dashboards) sind etabliert.			
2.4 Spielregeln, Entscheidungsbefugnisse, Eskalationsmechanismen und Rollenverteilung sind bekannt und akzeptiert.			
A → Aktionsplan systematisch operationalisieren			
3.1 Der Umsetzungsfahrplan und die Aktionspläne bzw. Steckbriefe sind aus dem Transformationskonzept abgeleitet und projektiert (unter Berücksichtigung von Abhängigkeiten und kritischem Pfad).			
3.2 Die Priorisierung der Maßnahmen erfolgt entlang des Wertbeitrags für das Geschäftsmodell.			
3.3 Die Aktionen wurden auf mögliche Risiken und Barrieren geprüft und gegebenenfalls adjustiert.			
3.4 Im Projektplan sind motivierende Quick Wins verankert.			
D → Deadlines, Meilensteine und Messgrößen definieren			
4.1 Alle Maßnahmen sind mit einem Zieltermin versehen. Meilensteine und kritische Entscheidungspunkte sind definiert und im Team abgestimmt.			
4.2 Ziel-/Messgrößen sind qualitativ und quantitativ eindeutig definiert und akzeptiert.			
M → Maßnahmen-Controlling implementieren			
5.1 Die Effekte aus den Maßnahmen sind bewertet (quantitativ in Euro, qualitativ in Meilensteinen) und die Messbarkeit ist eindeutig sichergestellt.			
5.2 Berichtsformate und Tools zum Maßnahmen-Controlling werden standardisiert eingesetzt.			
5.3 Das Maßnahmen-Monitoring (Soll-Ist-Vergleiche, Forecast) ist ein Standardpunkt der Regelmeetings und dient vor allem der Messung des Projektfortschritts.			

Erfolgskriterien nach Kategorie	nicht gegeben	bedingt gegeben	gegeben
A → Akzeptanz erzeugen und aufrechterhalten			
6.1 Die regelmäßige Kommunikation von Sinn, Zielen und Projektfortschritten nimmt im Unternehmen eine zentrale Stellung ein und findet abteilungsübergreifend statt.			
6.2 Die Geschäftsführung zeigt Commitment, spricht eine Sprache und richtet den notwendigen Fokus auf die Umsetzungsziele; dabei etabliert sie Mechanismen, um die Aufmerksamkeit für den Umsetzungsprozess hochzuhalten.			
6.3 Die Würdigung von Teams und Einzelleistungen ist Teil der Managementkultur.			
P → Praxistauglichkeit sicherstellen			
7.1 Die projektierten Maßnahmen des Umsetzungsfahrplans treffen die Erwartungen der Mitarbeitenden und sorgen dafür, dass diese sich gezielt verbessern können.			
7.2 Die Umsetzung wird von geteilten Werten und Regeln getragen, die das Mit- und Füreinander stärken.			
7.3 Daraus resultiert das Vertrauen der Mitarbeiter und Mitarbeiterinnen, dass sie die ihnen gestellten Aufgaben erfolgreich erfüllen können.			
7.4 Die Projektarbeit ist dabei so angelegt, dass das Projektmanagement sowie das eingesetzte Methoden-Know-how die Mitarbeitenden nachhaltig befähigt.			

Abbildung 21: Robustheitstest für eine Umsetzungsinitiative entlang der ROADMAP.

AUF EINEN BLICK

Vor dem Start der Implementierungsphase – der Umsetzung im engeren Sinne – ist es sinnvoll, ein letztes Mal alle Pläne auf ihre Übereinstimmung mit dem Dreiklang zu prüfen und die Beteiligten mittels eines ersten Treffens des Lenkungsausschusses (oder einer inspirierenden Kick-off-Veranstaltung) endgültig an Bord zu holen.

Strukturen: Der Robustheitstest oder der RIGOR-Test von der BCG helfen, die Robustheit von Konzept und Maßnahmen systematisch zu hinterfragen – der eine entlang der ROADMAP, der andere entlang der Kategorien »Klarheit«, »Wirksamkeit« und »Abhängigkeiten«. Übrigens ist es der Reflexion und der frühen Erkennung von Lücken dienlich, diese Tests auch später regelmäßig durchzuführen, etwa quartalsweise.

Menschen: Werden die Tests auch mit den Umsetzungsverantwortlichen auf den mittleren und unteren Ebenen sowie den Mitarbeitenden abgehalten, treten Diskrepanzen zwischen Selbst- und Fremdbild eher zutage, desgleichen Entwicklungs- und Schulungsbedarfe.

Performance: Setzen Sie im Rahmen der Initialisierungsphase eine Art »Startschuss«. Spätestens, wenn die Pläne der breiten Belegschaft vorgestellt und mit Claims greifbar gemacht werden, gilt es zu überzeugen, zu motivieren und das Konzept mit der Umsetzung im Alltag eng zu verzahnen. Ohne stichhaltige Pläne verlieren Sie die Menschen – und damit jede Aussicht auf Erfolg.

4.1.3 Implementierungsphase: Aktionen – Ergebnisse – Erfolge – Fähigkeiten

Anknüpfend an einen gelungenen, durch die ROADMAP gestützten Start der Umsetzung in der Initialisierungsphase gilt es in der Implementierungsphase, die inhaltlichen Themen auch tatsächlich umzusetzen. Dazu gehören eine gesamtheitliche Steuerung und die Aufgabe, Risiken abzuwenden, Probleme zu lösen und sich ergebende Chancen konsequent zu nutzen. Die Verantwortlichen der Umsetzung müssen in der Lage sein, Soll-Ist-Vergleiche und Plan-Wird-Entwicklungen hinsichtlich der Wirkung der Maßnahmen und Leistungen der Teams in Echtzeit zu analysieren und Anpassungen vorzunehmen! Als Basis dafür dient die in der Initialisierungsphase implementierte Infrastruktur.

4.1.3.1 Das Performance-Radar: Gefahren sehen und abstellen

In einer Transformation lässt sich die Performance eines Unternehmens vor allem dann wirksam managen, wenn die Führung die Prozesse und Ergebnisse der laufenden Umsetzung regelkreisartig im Blick hat, kontinuierlich auf Abweichungen reagiert, die Maßnahmen weiterentwickelt, zur Not eingreift und die Aufmerksamkeit der Beteiligten mithilfe erprobter Standards und Feedbackforen dauerhaft hochhalten kann. Dabei hilft das just für solche Situationen konzipierte Steuerungsinstrument »Performance Cycle«, vor allem aber das dazugehörige »Performance-Radar«.

Zunächst zum Performance Cycle. Dieser beruht auf der Kreislauflogik

- »plan«,
- »promote«,
- »push«,
- »proof«

und beginnt immer wieder von vorne. Zunächst müssen die Ziele, Projekte und Maßnahmen geplant werden (»plan«). Für eine erfolgreiche Umsetzung sind dann ausreichend viele Multiplikatoren und Unterstützer zu identifizieren und diese in die inhaltliche Umsetzungsarbeit sowie in Kommunikation und Marketing des Projekts einzubinden (»promote«). Werben genügend von ihnen im Unternehmen wahrnehmbar für die Umsetzung, bedarf es für die inhaltliche Umsetzung Projektteams und Projektleiter. Diese treiben die Umsetzungsarbeit gemeinsam mit den aktiven PMO-Verantwortlichen (»push«). Zum Schluss gilt es, die Wirksamkeit der Umsetzung stetig zu prüfen und insbesondere die monetären Effekte im Rahmen des Maßnahmen-Controllings zu tracken (»proof«).

Während der Performance Cycle sicherstellt, dass die Projektorganisation und Maßnahmenumsetzung qualitativ und quantitativ nach Plan laufen, soll das Performance-Radar helfen, die Abläufe so zu überwachen, dass mögliche Risiken schnell identifiziert und abgestellt werden können. Diese Überwachung erfolgt nach vier Suchfeldern (Abbildung 22):

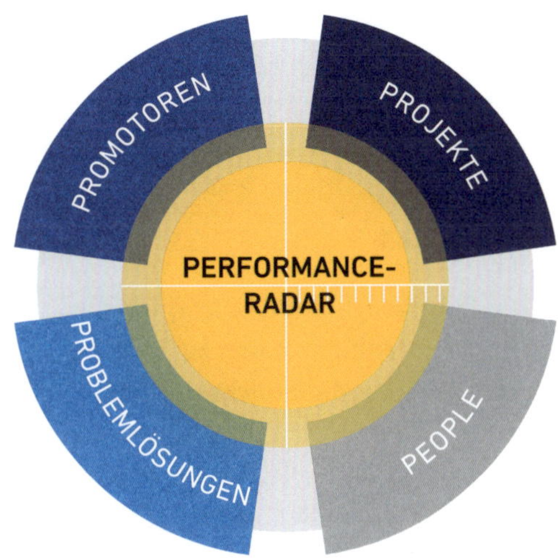

Abbildung 22: Performance-Radar.

Wie im Flug- und Schiffsverkehr, wo ein Radar dazu dient, ständig die Umgebung zu kontrollieren, dies mit dem Ziel, um mögliche Hindernisse früh auszumachen und Gefahren zu umgehen, müssen die Verantwortlichen eines großen Umsetzungsvorhabens stets alle wichtigen Umfeldentwicklungen »auf dem Schirm« haben! Nur so kann effektiv gesteuert, die nötige Agilität gewährleistet und die erforderliche Kurskorrektur rechtzeitig eingeleitet werden. Deshalb ist das Performance-Radar auch – neben der ROADMAP – das zentrale Element in unserer Umsetzungsmethodik.

Voraussetzung dafür, dass das Performance-Radar seine Funktion erfüllen kann – sprich die Leistung und Wirksamkeit der Umsetzung festzustellen und für alle Beteiligten transparent, in Echtzeit und wahrnehmbar zu vermitteln –, sind die in der Initialisierungsphase etablierten Bausteine: Berichte zu Status und Meilensteinen inklusive der erzielten monetären Maßnahmeneffekte sowie schlagkräftige Steuerungs- und Führungsstrukturen, um regelmäßige Reviews vorzunehmen und bei Abweichungen Prioritäten neu zu setzen oder Maßnahmen anzupassen.

Im Folgenden stellen wir Ihnen entlang der vier »P« des Performance-Radars (People, Promotoren, Projekte und Problemlösungen) methodische Ansätze detailliert vor, welche ein wirksames, situationsgerechtes Management des Umsetzungsprozesses sicherstellen.

People (Mitarbeiter-Commitment)

Im ersten Suchfeld richtet sich der Blick auf die Stakeholder-Gruppe der Mitarbeiterinnen und Mitarbeiter, die für eine erfolgreiche Transformation zentral sind. Diese Dimension ist nach innen gerichtet und hinterfragt regelmäßig, ob die internen Multiplikatoren vom Mindset her, emotional sowie inhaltlich weiter »an Bord« sind.

Konkret stellt sich die Frage, ob diese Gruppe von der Richtung und den Inhalten der Veränderung überzeugt ist und die Transformation intensiv vorantreibt. Sind die ausgewählten Multiplikatoren zu überzeugten Fürsprechern der Veränderung geworden? Wurden die Projektleiter entsprechend der Anforderungen und ihrer eigenen Kompetenzen fachlich wie methodisch ausreichend befähigt? Arbeiten die Projektgruppen als Team zusammen, unterstützen sie sich gegenseitig – und kennt jeder seinen Beitrag zum Gesamterfolg?

Der Fokus hier liegt auf der Ausgestaltung der Kommunikationsprozesse im Rahmen der Transformation. Sowohl unsere langjährige Umsetzungserfahrung in der Praxis als auch Literatur und Studienergebnisse bestätigen die Faustformel, dass das Management im Rahmen von Veränderungsprozessen gar nicht zu viel kommunizieren kann. Nur weil ihm selbst die Pläne klar sind, heißt das noch lange nicht, dass jeder im Unternehmen sie auch verstanden hat (Flynn/Lide 2023). Das Aufsetzen einer systematischen Kommunikationsstruktur ist daher obligatorisch.

Kombinieren Sie unbedingt informierende Bausteine (wie Newsletter, Videobotschaften und Podcasts des Managements) zur Erläuterung von Sinn, Ziel und Fortschritt der Veränderung mit Feedbackforen, die die Stimmung und Motivation der Belegschaft aufgreifen sowie Raum für Diskussion und Austausch bieten sollen. Solche Foren lassen sich digital organisieren oder kurzerhand persönlich abhalten. So nehmen wir den Führungskräften regelmäßig nach Sitzungen des Lenkungsausschusses »den Puls« – und zwar mittels einer Kurzbefragung zu ihrer Motivation, zu Ausmaß (oder Qualität) der Kommunikation, zu ihrer Einschätzung, ob die Projektziele klar sind, oder auch zu ihrer Zufriedenheit mit dem Mehrwert, den die Arbeit des PMO liefert. Der Nutzen liegt dabei weniger in der einzelnen Momentaufnahme als vielmehr in der Entwicklung im Zeitverlauf: Verbessern sich die Werte über die Monate, oder werden sie schlechter? Gehen sie in eine Richtung, oder gibt es je nach Aspekt Unterschiede? Aus Veränderungen der Zustimmungsraten im Zuge der Umsetzung leiten wir Handlungsschwerpunkte ab und passen die Umsetzungsorganisation an, soweit notwendig und sinnvoll (mehr zu Feinheiten der Kommunikation siehe Kapitel 4.2; mehr zu ihrer Architektur siehe Werkzeug 7 unserer Toolbox in Kapitel 5, Abbildung 38).

Promotoren (Stakeholder-Management)

Dieses Blickfeld zielt ab auf die Kommunikation und das Beziehungsmanagement zu allen relevanten externen Stakeholder-Gruppen, inklusive der Gesellschafter, Finanzierer, Kunden, Lieferanten, Arbeitnehmervertreter (wie Betriebsrat und Gewerkschaften) oder der lokalen Politik. Nach dem Aufbau der erforderlichen formellen Prozesse (wie Reportings) liegt hier der Schwerpunkt darauf, die Haltungen, Einschätzungen, Erwartungen und daraus resultierenden Entwicklungen früh zu erkennen, um sie erfolgreich bearbeiten zu können. Die Herausforderung besteht darin, die Partikularinteressen verschiedenster Parteien in Balance zu bringen. Insbesondere in einer radikalen Transformation oder Restrukturierung stellt dies für uns als Berater eine der wichtigsten Strukturierungs- und Kommunikationsaufgaben dar.

Um diese komplexe Herausforderung zu meistern, ist es hilfreich, die Interessen und die Positionierung der Stakeholder zunächst in einer formlosen, groben Matrix zu visualisieren und diese gemäß ihrer Einstellung gegenüber dem Unternehmen sowie ihres Einflussgrads einzuordnen. Analog zur »Eisenhower-Methode« in puncto Wichtigkeit und Dringlichkeit von Maßnahmen ergibt sich eine 2×2-Matrix mit vier Feldern. Vor allem Stakeholder, denen Sie einen »hohen Einfluss« und eine »kritische Einstellung« zuschreiben, sollten Sie in den Blick nehmen und früh im Prozess adressieren. Aus der Diskussion im Team ergibt sich schnell, bei wem Handlungsbedarf besteht, welche Lösungen denkbar sind und wie sich diese operationalisieren lassen.

Ein gesondertes Wort noch zu den Finanzierern: Sie nehmen gerade in einer Umbruch- und Krisenphase eine Sonderrolle ein, da sie über ausgeprägte Informationsbefugnisse und eine starke Machtposition verfügen. Für die Kommunikation mit ihnen (das gilt im Übrigen ebenso für alle anderen externen Stakeholder) gibt es erfahrungsgemäß drei zentrale Erfolgsfaktoren (Michailov/Stange 2022, Grabow et al. 2015):

- **Konsequente Offenheit:** Informieren Sie über neue Fakten zeitnah, gerade auch bei unliebsamen Überraschungen. Finanzierer schätzen eine proaktive Kommunikation.
- **In sich geschlossene Botschaften:** Erläutern Sie bei Abweichungen nicht nur die Situation, sondern direkt auch einen Lösungsweg, um auf den Planungspfad zurückzukehren – und eine positive Perspektive zu erreichen. Bei wesentlichen Risiken ist es ratsam, konkrete Angaben zu beabsichtigten Gegenmaßnahmen und deren Wirksamkeit zu ergänzen. Dies signalisiert den Finanzierungspartnern, dass Sie im »Driver Seat« sitzen. Falls sich aus dem Kontext Investitionsbedarfe ergeben, ergänzen Sie möglichst direkt Zeit- und Maßnahmenpläne sowie Amortisationseffekte und Erwartungen an die Wirksamkeit. Generell sind Unterlagen die Visitenkarte des Managements, achten Sie daher stets auf schlüssige und auch für Analysten nachvollziehbare Informationen!
- **Bedingungslose Gleichbehandlung aller Finanzierer:** Diese Anforderung betrifft sowohl die Gleichbehandlung aller Banken und Warenkreditversicherer als auch die symmetrische, zeitgleiche Information von Ansprechpartnern aus verschiedenen Abteilungen der Banken. Bilaterale Abstimmungen mit einzelnen Häusern sind zu vermeiden. Eine standardisierte, schriftliche, regelmäßige Kommunikation ist zu empfehlen.

Sie sollten stets im Bilde sein, ob die externen Stakeholder ihre Interessen ausgewogen vertreten wissen oder ob einzelne Gruppen unzufrieden sind – und somit potenziell den Umsetzungsprozess zu stören und das Interesse an einer konstruktiven Lösung zu verlieren drohen. Damit Sie früh die Anzeichen für mögliche Irritationen wahrnehmen, ist eine strukturierte, systematische Kommunikation gegenüber allen notwendig. Stellen Sie sicher, dass Ihre Stakeholder keine widersprüchlichen Informationen zum Umsetzungsfortschritt und zur aktuellen Performance erhalten. Die klare Zuordnung und Dokumentation von Aufgaben und Verantwortlichkeiten im Kommunikationsprozess reduziert Reibungsverluste und erleichtert es, entstehende Konflikte früh zu registrieren oder zu lösen respektive sie im Idealfall gar nicht erst entstehen zu lassen.

Zur besseren Strukturierung der Aufgaben im Stakeholder-Management empfiehlt sich eine Matrix, die nach der RASCI-Logik auszufüllen ist (Abbildung 23):

Leistung oder Aufgabe	Gesellschafter	CEO	CFO	COO	Werksleiter	Controlling	PMO	Partner	Projektleiter	Kanzlei NN	IG Metall	Betriebsrat	Projektleiter	Team
		Unternehmen						Berater		Jurist	Arbeitnehmervertreter		Finanzierungsberater	
Kommunikation														
Warenkreditversicherer	I	I	A					I		R	I		C	
Banken		A	R					I			I	I	C	
Verwaltungsrat	R	R												
Finanzierungslösung														
Factoringvertrag			S			I		I	I		I		R	
Factoring technische Umsetzung						R							I	
Waiverprozess		A	R					I	I				C	
Kreditdokumentation-wirtsch./rechtl.			A					I	I		C		R	
Transformationskonzept														
Erstellen	S	S	S			S	S	R	R	C		I	S	S
Koordination							A		R					
Information intern	C	R						C	C					
Liquiditätsplanung														
Erstellen			A			R								
Plausibilisierung			R			C		R						

PMO	PM	Gesellschafter	CEO	CFO	COO	Werksleiter	Controlling	PMO	Partner	Projektleiter	Kanzlei NN	IG Metall	Betriebsrat	Projektleiter	Team
Projekt 1	PL 1	C	I	I				S	I	R					
Projekt 2	PL 2	C	R	I				S	I	S					
Projekt 3	PL 3	I	C	I				R	I	S					
Projekt 4	PL 4	I	C	I	R			S	I	S					
Projekt 5	PL 5	I	I	C			R	S	I	S					

- R **Responsible:** Zugewiesen, um die Aufgabe oder das Ergebnis abzuschließen
- A **Accountable:** Hat die endgültige Entscheidungsbefugnis und ist für den Abschluss verantwortlich
- S **Support:** Bietet Unterstützung bei der Umsetzung
- C **Consulted:** Ein Stakeholder, Interessensvertreter, Experte oder Berater, der vor einer Entscheidung oder Maßnahme konsultiert wird
- I **Informed:** Muss nach einer Entscheidung oder Maßnahme informiert werden

Abbildung 23: Orientierung und Strukturierung im Stakeholder-Management gemäß der RASCI-Logik.

Projekte (Fortschritts- und Widerstands-Management)

In diesem Feld des Performance-Radars lauten die Leitfragen wie folgt: Stimmen Richtung und Geschwindigkeit der Fortschritte? Sind die vielen Umsetzungsprojekte konsistent und im Einklang? Gibt es inhaltliche Unwägbarkeiten – oder Chancen, die es zu ergreifen gilt? Müssen wir die Projektstruktur anpassen?

Wesentliche Instrumente sind das Controlling der Maßnahmen und monetären Effekte sowie ein aussagefähiges Reporting zum Erreichen oder Verfehlen von Meilensteinen. Dafür eignet sich eine stringente Kombination aus einer qualitativen Fortschrittsmessung (Abbildung 24) mit einem konsequenten quantitativen Maßnahmen-Controlling samt Vergleich der Soll-Ist-Effekte (Abbildung 16) und der Kontrolle des Fortschrittsgrads für die Haupt-Meilensteine des Umsetzungsprogramms (Abbildung 17).

Häufig stellen wir bei der Einführung eines Euro-basierten, die monetären Effekte quantifizierenden Maßnahmen-Controllings in Unternehmen interne Vorbehalte und Widerstände fest. Vorwiegend resultieren diese aus einem höheren Aufwand im Rahmen der Messung sowie aus Schwierigkeiten, auch qualitative Projekte wie die Steigerung der Mitarbeiterzufriedenheit in Euro zu messen. In diesem Fall bieten sich aus unserer Sicht folgende drei Merksätze an:

- Scheuen Sie nicht den initialen Aufwand! Keine Kennzahl ist so ehrlich wie eine Wirksamkeit in Euro.
- Fokussieren Sie sich mit der quantitativen Messung aber auf jene Projekte, die auch tatsächlich in Euro gemessen werden können (wie Einsparungen im Einkauf oder im Budget, Preiserhöhungen, Wachstumsmaßnahmen, Prozessoptimierungen, Kapazitätsreduktionen).
- Definieren Sie für qualitative Projekte trotzdem quantitative Kennzahlen, um auch diese per KPIs messbar zu machen. So können Sie etwa für die Mitarbeiterzufriedenheit Kennzahlen aus einer Umfrage oder aus Jobplattformen wie Kununu ziehen. Ebenso können Krankheitsquoten oder Fluktuationsraten wertvolle Aufschlüsse liefern.

Die Messung des Umsetzungsfortschritts dient neben dem Controlling auch als Basis für eine motivierende Mitarbeiter- und Stakeholder-Kommunikation. Haben Projekte ihre Ziele ganzheitlich erreicht, sollten sie konsequent abgeschlossen werden, selbstverständlich mit einer entsprechenden Würdigung und Abschlusskommunikation. Können die Transformationsziele mit den definierten Projekten weiter erreicht werden, oder sind zusätzliche Projekte nötig? Ist

Abbildung 24: Umsetzungsstatus der Projekte eines Umsetzungsvorhabens.

die Zielerreichung in einzelnen Projekten nicht mehr realistisch, und sollten diese besser abgebrochen werden, um die Ressourcen anderweitig sinnvoller zu nutzen? Gibt es neue Erkenntnisse und Herausforderungen, denen Sie mit neuen Projekten begegnen müssen? Wann immer Anpassungen angezeigt sein mögen – werden Sie lieber früher als später aktiv!

Unternehmen, welche die Transformation als Daueraufgabe verstehen, entwickeln auf Basis und im Vertrauen auf eingeschwungene Prozesse der Umsetzung fortwährend neue Maßnahmen und Projekte. Aus unserer Sicht ist dies ein wesentlicher Baustein für Erfolg, der von einem aktiven PMO oder TMO mit viel Aufmerksamkeit gesteuert wird.

Problemlösungen (Issue-Management)

Mehr als jedes andere erfüllt dieses Blickfeld die klassische Aufgabe des Radars: das Erkennen von Herausforderungen, Gefahren und Abweichungen sowie die Entwicklung adäquater Lösungen. Andere Umweltbedingungen, konjunkturelle Entwicklungen oder Veränderungen im Wettbewerb können jederzeit Ereignisse und Probleme mit sich bringen, die in den Annahmen des ursprünglichen Konzepts und Umsetzungsprogramms noch nicht berücksichtigt waren. Derlei Abweichungen rechtzeitig zu identifizieren und in Reaktion darauf Lösungen zu finden, neue Projekte zu entwickeln oder Prioritäten anders zu setzen, ist entscheidend, um Umsetzungsvorhaben zum Erfolg zu führen. In so einem Fall müssen womöglich Ressourcen neu verteilt und erweiterte Ertrags- und Liquiditätshebel definiert werden. Damit dies nicht nur in der Theorie, sondern auch in der Praxis gelingt, brauchen Unternehmen die passende Gremienstruktur und Kultur, um Probleme offen ansprechen und erkennen zu können, sowie schnelle und wirksame Entscheidungsmechanismen. Wie relevant eine hohe »Responsiveness« in Umsetzungen sein kann, das erfuhren vor Jahren zum Beispiel die Unternehmen der Automobilindustrie, die sich schon dem tiefgreifenden Wandel hin zur Elektromobilität stellen, ab 2020 aber auf einmal auch den Folgen der Corona-Pandemie und des Kriegs in der Ukraine begegnen mussten.

Aus den Funktionen des Performance-Radars leiten wir einen freundschaftlichen Rat an das Topmanagement und weitere Verantwortliche in Umsetzungssituationen ab: Seien Sie stets sensibel, und haben Sie eine gute Antenne für das, was in Ihrem Unternehmen vorgeht! Spricht Ihr Führungskreis die Elefanten im Raum an? Hören und spüren Sie, wenn sich im Hause Skepsis, ja Widerstände entwickeln? Eine Voraussetzung für ein funktionierendes Radar sind zudem eine gute Vernetzung in der Organisation und der konstante Austausch mit den Vertrauenspersonen. Diese sollten Ihnen offen und ehrlich Feedback geben und für eine konstruktive, wertschätzende Reflexion zur Verfügung stehen. Machen Sie sich regelmäßig bewusst, wer für Sie zu diesem wertvollen Kreis gehört. Sehen Sie in dieser Hinsicht Mängel, dann schaffen Sie förderlichere Rahmenbedingungen.

Zum Schluss finden Sie noch weitere Checkfragen zur Anwendung des Performance-Radars aufgelistet (Abbildung 25):

Dimension bezieht sich auf die entscheidenden Förderer

- Wer sind Förderer und Gegner der Transformation und warum?
- Wen müssen wir für eine erfolgreiche Umsetzung auf jeden Fall gewinnen?
- Zu welchen Stakeholdern bestehen kritische Beziehungen, wie können wir Vertrauen aufbauen?
- Sind unsere Stakeholder durch unsere Reportings zeitnah und umfassend über die Fortschritte informiert?

Dimension bezieht sich auf die Umsetzungsprojekte

- Welchen Status und Fortschritt haben die Projekte?
- Welche Annahmen haben sich verändert? Auf welche Ziel-Abweichungen müssen wir uns einstellen?
- Welche Kommunikations- und Steuerungsinstrumente sind erfolgreich, und welche fehlen bislang in der Steuerung?
- Auf welchem Projektmanagement-Niveau setzten wir auf (Standardisierung nicht vernachlässigen)?

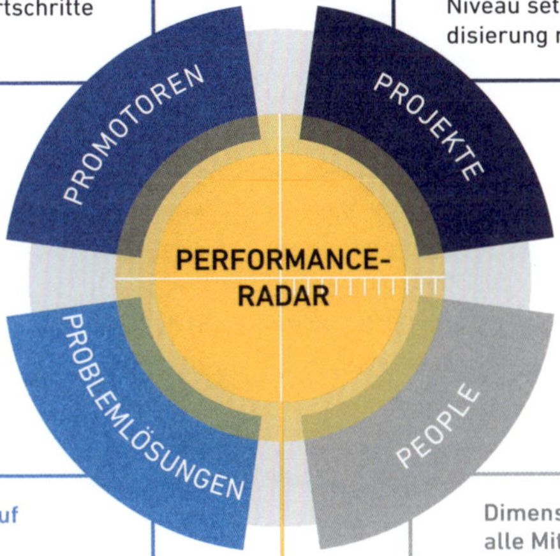

PROMOTOREN

PROJEKTE

PERFORMANCE-RADAR

PROBLEMLÖSUNGEN

PEOPLE

Dimension bezieht sich auf unerwartete Probleme

- Werden kritische Themen offen angesprochen, oder bleibt »der Elefant im Raum?«
- Ist die Meeting- und Kommunikationskultur geeignet, um effektiv unerwartete Probleme zu lösen (Fluktuation, Kapazitätsengpass, Umsatz)?
- Für welche Lösungen wird externes Know-how benötigt?
- Wie sind die Eskalationsstrukturen?
- Welche neuen und im Konzept noch nicht adressierten Probleme sind aufgetreten und erfordern zusätzliche Lösungen?

- Nutzen wir ein ausgewogenes Performance-Radar als zentrales Werkzeug zur Echtzeitmessung der ergebnis- und liquiditätswirksamen Verbesserung?
- Sind schlagkräftige Steuerungs- und Führungsstrukturen (z. B. Lenkungsausschussorganisation, Performance-Raum) etabliert und akzeptiert?
- Tragen regelmäßige Reviews/Previews zur Entwicklung von Teamgeist, Motivation sowie Führungs- und Managementqualitäten bei?

Dimension bezieht sich auf alle Mitarbeiter

- Sind unsere Kommunikationsformen geeignet, um das Commitment zu erzeugen und zu erhalten?
- Wie können wir die dauerhafte Motivation aufrechterhalten?
- Wie können wir ein Performance-Mindset schaffen?
- Existieren zwischenmenschliche Differenzen, die den Projekterfolg dämpfen?
- Ist eine wirksame Kollaboration in den Projektteams gegeben?
- Wie sind »Wollen/Können/Dürfen« in der Mannschaft verteilt? Welche Mitarbeiter können befähigt werden?

Abbildung 25: Reflexionsfragen zur Nutzung des Performance-Radars.

AUF EINEN BLICK

Auch in der Implementierungsphase gilt es, die drei Dimensionen des Dreiklangs durchgängig zu adressieren. Dies gelingt mit dem Performance-Radar, das ständig prüft, wo es läuft – und wo es hakt.

Strukturen: Wer die Unterstützung der Mitarbeitenden (People) wie auch aller anderen Stakeholder (Promotoren) sicherstellen will, braucht wiederkehrende Touchpoints, Foren und Messungen. Häufig erschließt sich erst im Zeitverlauf, dass der Zusammenhalt schwindet (und ebenso, wo und bei wem). Schaffen Sie deshalb einen Überblick sowie klare Verantwortlichkeiten in Ihrer Stakeholder-Kommunikation.

Menschen: Hier ist eine intensive Kommunikation zentral, in beide Richtungen. Verantwortliche müssen gut zuhören, über Drähte ins Unternehmen verfügen und für jeden zugänglich sein. Dies gilt intern wie auch gegenüber allen externen Stakeholdern. Denn: Probleme hier können zum Showstopper werden!

Performance: Die regelmäßige und faktenbasierte Darstellung der Unternehmens- und Umsetzungsperformance ist in der Implementierungsphase unerlässlich. Wo gibt es Fortschritte, wo bleiben sie aus, wo drohen gar Widerstände (Projekte)? Existieren die Strukturen, Personen und die Kultur, die nötig sind, um neu auftauchende Schwierigkeiten zu meistern (Problemlösungen)?

4.1.3.2 Das Performance-Mindset: Leistungsdenken fördern

Kennen Sie die Wahrnehmung, dass es beispielsweise Fußballmannschaften gibt, denen Fans oder Journalisten von vornherein einen höheren Anspruch an die Performance zuschreiben als anderen Vereinen? In Unternehmen werden solche Unterschiede im Rahmen der ersten Impulsgespräche und Führungskräftemeetings ebenfalls sehr schnell wahrgenommen. Sehr spannend ist die Frage, ob und wie sich dieser Leistungsanspruch und Leistungswille in Organisationen steigern lässt. Denn auf eine gelingende, wirksame Umsetzung haben diese kulturellen Bedingungen einen enormen Einfluss.

In Anlehnung an die Axiome der Systemtheorie kann eine Unternehmenskultur nicht direkt verändert werden. Im Verständnis einer Organisation als soziales System ist es deutlich Erfolg versprechender, die institutionellen Rahmenbedingungen so zu verändern, dass das gewünschte Denken, Handeln und Verhalten wahrscheinlicher werden.

Eine Option, dies zu erreichen, ist das sogenannte »Nudging«. Bekannt geworden durch das erstmals 2008 erschienene Buch *Nudge* des Wirtschaftswissenschaftlers Richard H. Thaler und des Juristen Cass Sunstein (Thaler/Sunstein 2022), arbeitet dieses Konzept mit kleinen Impulsen, die Menschen dazu bewegen, die richtigen Entscheidungen zu treffen, ohne sie zu bevormunden. Dabei helfen emotionale Elemente, die teils auch auf der unterbewussten Ebene funktionieren. Für seine Arbeiten zur Integration psychologischer Erkenntnisse über das menschliche Entscheidungsverhalten in ökonomischen Analysen, Theorien und Modellen erhielt Thaler 2017 den Nobelpreis für Ökonomie. Seine Überlegungen und Modelle sorgten für eine breite Debatte und werden inzwischen von vielen Politikern, Ökonomen und Unternehmen genutzt.

PRAXISBEISPIEL: KULTURVERÄNDERUNG

Als Paradefall für die Veränderung einer Unternehmenskultur gilt heute die spektakuläre Transformation von Microsoft unter der Führung von Satya Nadella seit 2014. Zwei systemische Hebel, die dabei zum Tragen kamen, waren die Anpassung der Anreizsysteme und »Nudging«.

Essenziell war die Abschaffung des »vergiftenden« alten Beurteilungssystems. Das sogenannte »Stack Ranking« teilte die Mitarbeiter alle sechs Monate in die Kategorien »top«, »gut«, »durchschnittlich« und »unterdurchschnittlich« ein. Jeder arbeitete daher gegen jeden – und agierte politisch, um seine individuelle Bewertung zu verbessern. Konstruktive Zusammenarbeit wurde bereits im Keim erstickt, das Unternehmen verlor viele seiner besten Mitarbeiter. Nur die Abschaffung dieses Anreizsystems führte das Unternehmen zurück in eine von Teamspirit geprägte Innovationskultur.

Die zweite Säule des Erfolgs war die indirekte Einflussnahme auf kulturelle Aspekte. Anfang 2015 hatte Nadellas Frau ihm ein Buch der Psychologieprofessorin Carol Dweck geschenkt, in dessen Zentrum die durch Studien bestätigte Überzeugung steht, dass ein »Growth Mindset« langfristig besonders erfolgreich mache – der Glaube an die eigene Selbstentwicklung, unabhängig von »naturgegebenen« Begabungen. Das Gegenteil ist ein »Fixed Mindset«, wonach Talent respektive Intelligenz einmal gesetzt sind und das Verhalten eines Menschen sowie seinen Erfolg determinieren (Dweck 2006). Vor allem der Umgang mit Fehlern unterscheidet sich: Menschen mit einem »Growth Mindset« nehmen Fehler als notwendige Lernerfahrungen auf dem Weg zum Ziel wahr und eben nicht als peinliches persönliches Versagen. Und so wollte Nadella der Microsoft-Organisation auch eine andere Haltung mitgeben, nämlich: »The Learn-it-All does better than the Know-it-All«.

Microsoft arbeitete methodisch an seiner internen Kultur und setzte dafür unter Nadella auch auf eine Strategie der »Nudges«, also der vielen kleinen Anstöße und kontinuierlichen Wiederholungen. So fragten Manager zum Beispiel nach jedem Meeting die Teilnehmer, ob die im Meeting wahrzunehmenden Verhaltens- und Kommunikationsweisen eher einem »Growth Mindset« oder einem »Fixed Mindset« entsprochen hätten – und warum. Auch Nadella selbst präsentierte regelmäßig seine wichtigsten Lehren und Erkenntnisse (Michailov 2022c). Damit trug die Idee dazu bei, Microsoft wieder zu einem höchst erfolgreichen Unternehmen zu machen, das am Ende seines Geschäftsjahres 2023 weltweit 221 000 Mitarbeiter beschäftigte (verglichen mit 128 000 bei Nadellas Amtsantritt) und einen Umsatz von 212 Milliarden Dollar verzeichnete (verglichen mit 87 Milliarden Dollar bei Nadellas Amtsantritt).

Abbildung 26: Tägliche Impulse zur Stärkung des Performance-Mindsets.

Infolge der hohen Relevanz und Wirksamkeit haben wir die Methode des »Nudgings« auch auf unsere Umsetzungspraxis im Mittelstand übertragen. Wir haben dafür unter anderem einen Abreißkalender mit 100 Impulsen für die ersten 100 Tage der Umsetzungsphase entlang des Dreiklangs »Strukturen, Menschen und Performance« entwickelt (Abbildung 26). Dieser soll die Umsetzungsteams zur bewussten Reflexion ihres Vorgehens animieren, ihnen einen »Schubs« geben. Es sind 100 Impulse, da nach unserer Erfahrung die ersten 100 Tage die wichtigsten sind, um die Verantwortlichen früh zu mobilisieren und eine hohe Wirksamkeit zu erreichen – im Sinne eines Rucks, der durch die Organisation geht. Aus der täglichen Auseinandersetzung mit der Frage, ob alle Tätigkeiten darauf ausgerichtet sind, die Motivation und den Anspruch an die eigene Performance zu steigern, folgt – so unsere Erfahrung – eine Optimierung der Strukturen, eine Intensivierung der Kommunikation sowie eine Steigerung der Leistungsbereitschaft – dies ganz ohne Zwang, Regeln und Bürokratie.

AUF EINEN BLICK

Für den Erfolg in der Implementierungsphase ist der Faktor Kultur zentral. Häufig sind Veränderungen im Handeln, Denken und Fühlen erforderlich – zugleich aber schwer herbeizuführen.

Strukturen: Appelle führen selten zu Veränderungen, das lehrt uns die Praxis, aber auch die Systemtheorie. Durch richtige Anreize, kleine »Nudges«, kontinuierliche Anstöße und regelmäßige Fragen oder Diskussionsrunden ist es jedoch möglich, die Organisation weg von einem »Fixed Mindset« und stärker hin zu einem »Growth Mindset« zu bewegen.

Menschen: Organisationen sind komplexe soziale Systeme, bestehend aus vielen Individuen. Wer etwas verändern will, muss am System arbeiten, an Bedingungen, Anreizen (wie Vergütungs- und Beurteilungssystemen) und Impulsen.

Performance: Kurzfristig gilt es, die Systeme und mit ihnen die Kultur zu ändern. Langfristig heißt es, ein Performance-Mindset, ja eine richtiggehende Leistungs- und Erfolgskultur tief in der Organisation zu verankern, die losgelöst vom Einzelnen existiert und weitergegeben wird.

4.1.3.3 »Always-on«: Von den Umsetzungserfolgen zu den Fähigkeiten

Wenn Sie die Implementierungsphase abgeschlossen oder zumindest den anvisierten Zieltermin für die Maßnahmen erreicht haben, sollten Sie mit Ihrem Team zwei Fragen bearbeiten:

- Hat die Umsetzung der Maßnahmen zum gewünschten Erfolg geführt, ja oder nein? Warum ist das so?
- Was lässt sich aus der Umsetzung lernen und in den Alltag übernehmen?

Erfolge prüfen und feiern

Zunächst zur Frage des Erfolgs: Grundsätzlich lassen sich Umsetzungserfolge anhand quantitativer und qualitativer Kriterien feststellen, die sinnvollerweise bereits im Rahmen der Konzepterstellung sehr klar definiert und verankert wurden (siehe Kapitel 4.1.2.5). Welche Kriterien Sie vorrangig heranziehen, hängt von der Situation Ihres Unternehmens ab. Falls es um die Umsetzung einer Restrukturierung oder Sanierung geht, sollte der Erfolg insbesondere in quantitativen Messgrößen zu beziffern sein. So sollte das Unternehmen wieder branchenübliche Renditen erwirtschaften, wettbewerbsfähig sein und sich am Kapitalmarkt refinanzieren können. Für alle anderen Umsetzungsvorhaben –

wie etwa strategische oder digitale Transformationsprozesse – können übliche, allgemeingültige Finanzkennzahlen oder auch eigens definierte quantitative Messgrößen herangezogen werden. Wenden Sie bei der Beurteilung unbedingt das Wesentlichkeitsprinzip und das Ursache-Wirkung-Prinzip an: An welchen Messgrößen machen Sie den Erfolg fest – und sind dies die entscheidenden Messgrößen?

Bei den Soll-Ist-Vergleichen und der Bewertung der Maßnahmeneffekte sollten Sie zunächst prüfen, ob die Zielwerte erreicht oder gar überschritten wurden. Falls ja, prüfen Sie im nächsten Schritt, ob dies auf die ergriffenen Maßnahmen zurückzuführen ist oder ob womöglich die allgemeine Entwicklung des Marktes dafür verantwortlich ist – und Ihr Unternehmen womöglich nur durch günstige Umstände bessere Zahlen ausweist, aber nicht aufgrund der Maßnahmen. Können Sie beide Aspekte positiv beantworten, dürfen Sie die Umsetzung erfolgreich nennen. Dieses Vorgehen gilt auch für den umgekehrten Fall: Wurden die Zielwerte verfehlt, ist zu prüfen, ob dies daran liegt, dass die Maßnahmen unzureichend umgesetzt wurden (respektive falsch waren), oder daran, dass ungünstige Umstände (wie eine Verschlechterung der Marktlage) den Erfolg verhindert haben. Denken Sie dann über eine Verschärfung oder Ausweitung Ihrer Maßnahmen nach, weniger über die Maßnahmen als solche.

Auch für Umsetzungsprojekte, die eine primär qualitative Prägung haben (wie die Verbesserung der Prozessstabilität oder Prozessgeschwindigkeit, der Kundenzufriedenheit und Kundennähe, der internen Zusammenarbeit) sollte sich Erfolg in operativen Kennzahlen manifestieren. Exemplarisch sei hier die Verbesserung des »Net Promotor Scores« als Kennzahl für Kundenzufriedenheit genannt.

Generell ist es immer geboten, den Erfolg eines Umsetzungsvorhabens nicht erst an dessen Ende zu überprüfen, sondern die Einhaltung des Umsetzungspfads bereits unterwegs ehrlich und quantifiziert einzuschätzen. Ratsam scheinen uns Checks in einem 4- oder 6-Wochen-Takt. Und wir erinnern daran, dass finanzielle Kennzahlen häufig »Lagging Indicators« sind, die Veränderungen erst mit Zeitverzug anzeigen, weshalb Sie im Zuge eines Umsetzungsvorhabens auch »Leading Indicators« einführen und messen sollten – selbst wenn diese einen eher weichen, sprich (noch) keinen monetären Charakter haben. Verbesserungen in den KPIs für vorgelagerte Aktivitäten oder Zwischengrößen sind häufig ein frühes Indiz für Verbesserungen in den harten Zahlen (siehe Kapitel 2.1.3).

Im Übrigen gilt: Lassen Sie die Implementierung nicht einfach wortlos auslaufen! Markieren Sie das Ende des Umsetzungsvorhabens – und zwar sichtbar für alle. Begehen Sie es bewusst, feiern Sie den Erfolg! Denn die Führung und das gesamte Unternehmen wachsen durch geteilte Erfolge und Emotionen zu einem noch besseren und wirksameren Team zusammen. Zudem braucht es für die Mannschaft schlicht ein Signal, dass die Sonderanstrengung abgeschlossen ist und sich gelohnt hat.

Kompetenzen verankern und erhalten

Kommen wir zur zweiten Frage und dazu, was sich bei einem erfolgreichen Abschluss der Umsetzung lernen und daraus an Routinen in den Alltag überführen lässt.

Für den Führungskreis empfehlen wir einen Moment des Innehaltens. Führen Sie gemeinsam ein Debriefing durch, das jedem (und jeder) hilft, die erreichten Leistungen und gewonnenen Erkenntnisse zu reflektieren und zu verinnerlichen. Dies ist gerade dann von enormer Bedeutung, wenn Sie die erlernten Fähigkeiten beibehalten wollen – und glauben Sie uns, das sollten Sie!

Versuchen Sie im Zuge dieses Debriefings, folgende Fragen zu beantworten:

- Wurden neben den monetären auch die angestrebten inhaltlichen Effekte erzielt?
- Was waren die High- und Lowlights der vergangenen Monate – und wie kam es dazu?
- Was waren die Top-3-Learnings, die Sie gern im Führungsteam (oder mit ausgewählten externen Stakeholdern) explizit teilen möchten?
- Was können und sollten Sie tun, um Ihre Umsetzungsroutine weiter zu verbessern?

Reflektieren Sie die Lernreise, die Sie zusammen seit der ersten Erkenntnis (nämlich der, dass Ihr Unternehmen einen Transformationsbedarf hat) hinter sich gebracht haben – von der Analyse und Konzeptentwicklung über die Initialisierung bis hin zur Implementierung, sprich von der Einsicht zur Absicht, von der Absicht zu den Aktionen, von den Aktionen zu Ergebnissen und Erfolgen (siehe Kapitel 1, Abbildung 3). Im Zuge der Umsetzung hat Ihre Organisation sicher neue Kompetenzen aufgebaut und alte Fähigkeiten weiterentwickelt, die alle zusammen die Resilienz des Geschäftsmodells erhöhen. Destillieren Sie diese im Gespräch heraus, und versuchen Sie, die neuen Kompetenzen und Routinen tief im Unternehmen zu verankern sowie als Gemeinschaft zu verinnerlichen.

Sofern Sie diese Reflexion strukturierter angehen wollen, entlang des Dreiklangs »Strukturen, Menschen und Performance«, empfehlen wir Ihnen zum einen, noch einmal den Selbsttest zu machen (siehe Werkzeug 3 in Kapitel 5, Abbildung 34) und Ihre Antworten tagesaktuell – nach erfolgter gelungener Implementierung – mit Ihren Antworten vor der Initialisierungsphase zu vergleichen. So sehen Sie schnell, wo sich Ihr Unternehmen im Zuge der Umsetzung verbessert hat und wo Veränderungen ausgeblieben sind. Zum anderen helfen Ihnen hier noch weitere Fragen, die vor allem das soziale System Ihres Unternehmens betreffen und ebenfalls den drei Dimensionen zugeordnet werden können. Einige Beispiele:

- Wurden im Umsetzungsvorhaben neue **Strukturen** in Führung und Management eingeführt, die das Unternehmen widerstandsfähiger machen gegenüber exogenen Einflüssen?
- Fördern die neuen Strukturen die Zusammenarbeit über Sparten, Funktionen, Abteilungen und Teams hinweg?
- Werden Entscheidungen nun schneller und auf nachvollziehbarer Grundlage getroffen?
- Werden Entscheidungen häufiger in der Hierarchie nach unten delegiert – und hat dies die Motivation der Beteiligten erhöht, gerade auch auf der zweiten oder dritten Führungsebene?
- Haben sich die **Menschen** methodisch weiterentwickelt – im Projektmanagement, in der Moderation von Meetings und Konflikten, im Lösen von Problemen?
- Sind Führungskräfte und Mitarbeitende heute offener für Veränderungen?
- Werden hilfreiche Ideen von Mitarbeitenden heute schneller identifiziert und umgesetzt?
- Haben sich Kollaborationen und Kommunikationsroutinen verbessert, hat sich ein vertrauensvolles Miteinander eingestellt?
- Hat sich in der Organisation ein neuer Leistungsanspruch, ein an **Performance** orientiertes Mindset verfestigt? Ist ein nachhaltiger Erfolgshunger entstanden (»good to great«)?
- Werden KPIs nun durch die intensive quantitative Steuerung der Umsetzung positiver gesehen und im Unternehmen inzwischen wie selbstverständlich genutzt?
- Hat sich die Fähigkeit der Führungskräfte verbessert, die Effekte von Maßnahmen in Euro schon im Vorfeld realistisch einzuschätzen?

Stellen Sie Aspekte, die zum aktuellen Zeitpunkt noch nicht als voll gegeben eingeschätzt werden, in den Fokus Ihrer nächsten Umsetzungsinitiativen.

Ein sicheres Indiz, dass die neuen Umsetzungsprozesse als Kompetenz in die Kultur Ihres Unternehmens aufgenommen worden sind, ist, wenn Mitarbeiter verschiedener Ebenen mit Stolz davon erzählen und sagen: »So machen wir das schon immer.«

Bei Überlegungen, welche Elemente eines Umsetzungsvorhabens sich in den Alltag überführen lassen, sollten Sie einerseits bedenken, dass die Organisation bei Großprojekten »unter Volldampf« läuft, dieser Zustand sich aber kaum auf Dauer aufrechterhalten lässt. Und nicht jedes Instrument, das in der Umsetzung wertvolle Hilfe bietet, ist im Tagesgeschäft vonnöten. Andererseits haben die Organisation und die Menschen im Rahmen der Umsetzung neue Fähigkeiten erworben, neue Strukturen eingeführt und sich neues Wissen angeeignet. In einer Zeit, in der ständiger Wandel das neue Normal ist und die Führung eines Unternehmens »always-on« sein sollte, gilt es zu schauen, was sich beizubehalten lohnt. Ein paar Gedanken dazu:

- Ist bereits absehbar, dass Ihnen die **Umsetzungsstrukturen** (wie PMO, Lenkungsausschuss, Taskforces oder Projektteams) in weiteren Großprojekten von Nutzen sein können, sollten Sie diese erhalten und nur bei Bedarf in den Dimensionen anpassen oder neu komponieren. Falls nicht, sollten Sie diese Infrastruktur nicht länger vorhalten, wobei es sich anbieten könnte, zum Beispiel das PMO ins Team des strategischen Controllings zu überführen.
- Wurden neue **KPIs, Messungen und Controlling-Routinen** eingeführt, die auch in Zukunft hilfreich sind, sollten diese in die operativen Prozesse überführt werden. Allerdings sollte diese Entscheidung bewusst und auf valider Grundlage getroffen werden, sonst produziert das Unternehmen nur Datenberge, die Geld kosten, die Belegschaft von wirklich produktiven Tätigkeiten abhalten und zudem den Blick auf das Wesentliche verstellen. Das gilt es in jedem Fall zu vermeiden.
- Haben sich neue Strukturen, Plattformen, Kanäle und Standards der **Kommunikation** etabliert, die über das konkrete Umsetzungsvorhaben hinaus sinnvoll erscheinen, so behalten Sie diese gern bei. Prüfen Sie aber aktiv, was wirklich weiter nützlich ist. Andernfalls erhalten Sie vieles, was nur Zeit und Geld frisst, aber ohne Relevanz ist.
- Haben Sie neue Methoden und Tools für ein systematisches, regelmäßiges und transparentes **Stakeholder-Management** eingeführt, kann es äußerst angebracht sein, diese fortzuführen. Sie sollten aber Umfang und Tiefe prüfen respektive reduzieren (und sie bei Bedarf – im Fall eines neuen Großprojekts – einfach wieder »hochfahren«).

- **Digitale Tools** für Projektmanagement und Maßnahmennachverfolgung sollten Sie weiter nutzen, aber in Umfang und Tiefe ans Tagesgeschäft oder an neue Ziele anpassen.
- Vorübergehend eingeführte Posten wie auf Vorstandsebene das Ressort eines **CRO oder CTO** sollten genau das bleiben: vorübergehend. Schaffen Sie diese nach erfolgreicher Umsetzung wieder ab (wenn sie nicht ohnehin von vornherein befristet wurden).

Generell lautet unser Rat: Orientieren Sie sich bei der Frage, was Sie verstetigen sollten, an Inhalten und deren Relevanz, weniger an Strukturen und Abläufen. Steigert etwas die Leistungsbereitschaft und Leistungsfähigkeit, die Performance über das Projekt hinaus und damit die Resilienz Ihres Unternehmens? Falls nicht, ist der Rückbau geboten. Gehen Sie das Ganze zudem als gemeinsame Führungsaufgabe aktiv an, statt darauf zu hoffen, dass sich die Dinge »von selbst erledigen« oder »sicher jedem klar« sind. Sonst droht wie bei Staatsbehörden oder einigen Konzernabteilungen, dass vieles, was einst aus gutem Grund und zu einem bestimmten Zweck eingeführt wurde, ein Eigenleben entwickelt – selbst wenn Grund und Zweck längst entfallen sind. Unterschätzen Sie nicht den Selbsterhaltungstrieb einmal etablierter Gremien und Prozesse sowie deren Potenzial, die interne Bürokratie zu vergrößern und auf lange Sicht neue Probleme zu verursachen.

AUF EINEN BLICK

Nach dem erfolgreichen Abschluss des Umsetzungsvorhabens gilt es abzuwägen, was sich in seinem Verlauf bewährt hat. In einer Zeit voller Umbrüche sichert der Erhalt der neu gewonnenen Umsetzungskompetenz auch den Erfolg in der Zukunft.

Strukturen: Prüfen Sie, welche Elemente (z.B. PMO, Anreizsysteme, Tools für Stakeholder-Management etc.) zu Verbesserungen geführt haben und weiter nützlich sein könnten. Passen Sie die Größe und Aufhängung bei Bedarf an den »Normalbetrieb« an. Bauen Sie den Rest zurück.

Menschen: Schauen Sie, wie sich Kultur, Umgang und Fähigkeiten der Mitarbeitenden in der Umsetzung entwickelt haben, und verstetigen Sie, was positiv war (z.B. neue Routinen, Tools etc.).

Performance: Festigen Sie ein stärker auf Performance orientiertes Mindset und behalten Sie KPIs, Messungen und IT-Tools bei, sofern sie die Leistungskultur im Unternehmen weiter fördern.

4.2 Sonderfall langfristige Umsetzungsvorhaben: Wie Sie auch die Erfolgsquote komplexer Initiativen steigern

Die Umsetzung von Transformationsprogrammen ist kein Sprint, sondern ein Marathon, der in der Regel 18 bis 36 Monate in Anspruch nimmt (respektive in der heutigen VUCA-Welt nie richtig endet, sondern nur seine Natur ändert). Sowohl aus der Literatur als auch aus unser eigenen Transformationserfahrung ergibt sich jedoch ein sehr klarer Zusammenhang zwischen der Dauer eines Programms und seiner Erfolgsquote: je länger, desto niedriger.

In unserer gemeinsamen Studie zur Umsetzung im Mittelstand (Faerber et al. 2023a) lag die Erfolgsquote von Vorhaben mit einer Umsetzungsdauer von länger als 18 Monaten um bis zu 24 Prozentpunkte niedriger, verglichen mit Projekten kürzer als 6 Monate. Die Verschlechterung der Performance konnte fast parallel für alle Gruppen der Befragten nachgewiesen werden, nur mit dem Unterschied, dass die High-Performer auch bei langfristigen Vorhaben mit 63 Prozent noch mehr als die Hälfte der Initiativen zum Erfolg führten – als einzige Gruppe (siehe Kapitel 1, Abbildung 2).

Für die niedrigere Erfolgsquote langfristiger Umsetzungsvorhaben kann es gute Gründe geben: Externe Rahmenbedingungen ändern sich, gewisse Vorhaben sind nicht mehr sinnvoll und werden zu Recht neu justiert oder ganz abgebrochen. Andererseits scheitert aber auch ein beachtlicher Anteil an langfristigen Initiativen, obwohl diese inhaltlich weiter notwendig sind.

Häufig liegt dies an den Themen. So förderte unsere Studie zutage, dass kurzfristige, konkrete und leichter messbare Projekte offenbar bessere Erfolgsaussichten haben als längerfristige, komplexe und schwer operationalisierbare Projekte. Dies gilt unabhängig von der Performanz der Umsetzungsverantwortlichen. Konkret: Projekten zum organischen Wachstum, zu Kostensenkungen oder zur Bereinigung des Portfolios und Sortiments billigten die Befragten eine relativ hohe Erfolgschance zu (durchschnittlich 2,7 Punkte auf einer Skala von 0 bis 4). Projekte zur Veränderung der Unternehmenskultur, zu anorganischem Wachstum oder Nachhaltigkeit schätzten sie als deutlich schwerer ein (1,7 bis 1,8). Derlei Initiativen sind geprägt durch lange Laufzeiten, hohe Unsicherheiten und Herausforderungen bezüglich der Menschen und des sozialen Systems (Faerber et al. 2023a).

Diesen Zusammenhang bestätigt die Studie »#Shifthappens2022«, für die Experten gebeten wurden, die Maßnahmen mit der häufigsten und seltensten Abbruchquote zu benennen (Abbruch definiert als nicht erfolgreicher Abschluss). Geschäftsmodellinnovationen, die einen langfristigen Fokus erfordern, werden demnach am häufigsten abgebrochen; Kostensenkungs- und Effizienzmaßnahmen, die meist einen kurzfristigen Horizont haben, am seltensten (Nordantech 2022).

Warum ist das so? Als exemplarische Veranschaulichung für langfristige Transformationsbedarfe wollen wir uns diesem Problem über den Kampf gegen den Klimawandel nähern. Dieser erfordert von vielen Akteuren eine konsequente Verhaltensänderung, sowohl im persönlichen Leben als auch im Unternehmenskontext. Doch viele Menschen tun sich damit schwer. Zur Erklärung führt die deutsche Neurowissenschaftlerin Maren Urner zwei Punkte an, die sich alle Change-Verantwortlichen intensiv vor Augen führen sollten: Einerseits fällt es unserem Gehirn, welches noch stark aus den Erfahrungen der Steinzeit und dem dort trainierten kurzfristigen Fluchtverhalten geprägt ist, sehr schwer, langfristig zu denken und zu planen. Andererseits gibt es drei Elemente, die Menschen das Gefühl geben, ein Problem beträfe auch sie (weshalb sie zur Lösung beitragen sollten): zeitliche, räumliche und soziale Nähe (Urner 2021). Und beim Klimawandel will sich diese Nähe (bisher) häufig noch nicht so recht einstellen:

- **Zeitliche Nähe:** Zu oft und zu lange haben die Menschen die Einschätzung gehört, dass die signifikanten Temperaturanstiege wahrscheinlich in 10 oder 20 Jahren zu erwarten seien. Dies entspricht in der menschlichen Wahrnehmung eher zeitlicher Distanz als Nähe.
- **Räumliche Nähe:** Das typische Foto zu den Folgen des Klimawandels ist der Eisbär auf der Eisscholle. Auch diese Situation ist für die meisten sehr weit weg.
- **Soziale Nähe:** Die Botschaft, dass sich der Wasserpegel weltweit erhöhen wird, beunruhigt jene, die nicht am Wasser leben, nur am Rande.

Der logische Schluss: Methoden, die den Problemen langfristiger Umsetzungen begegnen wollen, sollten zeitliche, räumliche und soziale Nähe herstellen. Eine Hauptidee aus unserem Werkzeugkasten besteht deshalb salopp gesagt darin, »aus langfristigen Transformationsvorhaben kurzfristige zu machen«. Auch in unserer Studie stimmten 96 Prozent der Teilnehmer der These eher oder voll zu, dass es »essenziell ist, die Umsetzungsfortschritte mithilfe messbarer Zwischenschritte zu überwachen, insbesondere wenn monetäre Erfolge erst spät messbar sind« (Faerber et al. 2023b). Stellen Sie fest, dass ein hoher Anteil Ihres Konzepts langfristige Projekte umfasst und zugleich das soziale System betrifft, sollten Sie diese daher möglichst in kurzfristige Zyklen unterteilen – mit regelmäßigen Meilensteinen in schon frühen Projektphasen.

Eine denkbare Methodik dafür ist die OKR-Logik (siehe Kapitel 3.1.2.1). Eine andere, die sich insbesondere für Transformationen in Krisenzeiten eignet, folgt der Logik der Notfallmedizin: »Treat first what kills first.« Dabei geht es um eine strikte Priorisierung nach Dringlichkeit und um das richtige Timing. Unternehmen können nicht alles auf einmal machen, gerade in der Krise, daher sollten sie ihre Aktivitäten gut staffeln. Sie müssen zunächst die Liquidität stabilisieren, die Finanzierung sichern und die Kosten reduzieren, um wieder in die Gewinnzone zu kommen. Frühe Quick Wins, Gespräche mit Stakeholdern, ein Liquiditätsoffice oder ein aktiveres Forderungsmanagement helfen hier weiter! Wichtig ist aber vor allem eine harte Restrukturierung: die Schließung von Sparten oder Standorten, der Verkauf von Tochterfirmen, eine Bereinigung des Portfolios oder Personalmaßnahmen. Kümmern Sie sich erst dann um operative Maßnahmen zur Steigerung von Absatz, Umsatz oder Effizienz sowie um Anpassungen in der Strategie nach dem Motto »good to great« (Collins 2001).

Je nach Situation sind zunächst andere Prioritäten zu setzen. In einer akuten Liquiditätskrise wird das Management strategische Überlegungen zurückstellen. Aber schon in der anschließenden Phase operativer Maßnahmen – und erst recht in der Zeit der strategischen Neuausrichtung – muss es tiefer in alte Strukturen und Prozesse eingreifen. Diese drei Subphasen fallen unterschiedlich lang aus, die Erfahrung zeigt aber, dass Maßnahmen zur Lösung der Liquiditätskrise zumeist nach spätestens 6 Monaten abgeschlossen sein sollten, die Phase der Restrukturierung in der Regel nach 9 bis 12 Monaten (weitgehend) abgeschlossen ist und die Phase der strategischen Maßnahmen häufig zwei bis drei Jahre nach Beginn der Umsetzung endet.

Vorstellen möchten wir Ihnen in diesem Kapitel indes vor allem den »Circle of Change«: Diesen Ansatz haben wir im Zuge vieler Restrukturierungs- und Transformationsprogramme, deren Umsetzung wir über die Jahre begleitet haben, entwickelt. Er besteht aus einem Regelkreis sich wiederholender Schritte und hat sich als sehr hilfreich erwiesen, um die Erfolgsquote langfristiger Initiativen zu erhöhen, insbesondere wenn er kombiniert wird mit dem Herunterbrechen der Implementierungsphase in mehrere Subphasen. Heißt: In jeder Subphase wird der »Circle of Change« aufs Neue durchlaufen. Auf diese Weise lassen sich langfristige Projekte in mehrere, kurzfristige Programme unterteilen, ohne den langfristigen Fokus zu verlieren. Leitgedanke ist dabei vor allem, das Verständnis, die Partizipation und die Motivation aller Beteiligten sicherzustellen.

4.2.1 »Circle of Change«: Funktionen

Was für kurzfristige Maßnahmen gilt, ist für langfristige Umsetzungsvorhaben umso wichtiger: die aktive Partizipation und Motivation der Menschen. Standortschließungen oder Personalabbau können in kleineren Teams entschieden und realisiert werden, doch tiefgreifende Transformationen erfordern Mitwirkung in der Breite. Zudem steigt die Komplexität langfristiger Umsetzungsvorhaben gerade in der VUCA-Welt stark an. So können Führungskräfte nur ein Ziel oder einen Rahmen abstecken und müssen die Mitarbeiter befähigen, konzeptionell zu erarbeiten, was in ihrem Bereich zu tun ist, und sie motivieren, dies auch eigenständig und pragmatisch umzusetzen. Langfristige Vorhaben scheitern gerade in mittelständischen Unternehmen häufig daran, dass die Übersetzung ins Operative ausbleibt – zumindest mit der nötigen Konsequenz und dem nötigen langen Atem.

(Self-)Assessment: Erste Funktion des »Circle of Change« ist, Ihnen bei der Beurteilung der Frage zu helfen, in welchem Stadium sich Ihre Transformation hinsichtlich der Dimension Mensch befindet. Überlegen Sie sich für jedes Element, wie stark es die Anforderungen des Modells berücksichtigt. Welche Methoden und Tools haben Sie eingesetzt? Welche wollen Sie in Zukunft einsetzen? Wie viel Zeit investieren Sie? Betrachten Sie den Prozess, seine Folgen und die Kommunikation auch einmal bewusst aus Sicht eines Mitarbeiters in der Produktion – oder aus anderen operativen Bereichen.

Inspiration und Werkzeugkiste: Nutzen Sie die beschriebenen Ansätze als Quell der Inspiration. Welche Methoden passen zu Ihrer heutigen Unternehmenskultur? Wie können Sie Methoden bewusst einsetzen, um diese aufzubrechen? Was könnte Ihre Mitarbeiter irritieren – in einem positiven Sinn? Sind Methoden anpassbar? Wir haben zum Beispiel gute Erfahrungen damit gemacht, junge, engagierte Kollegen in Kreativ-Workshops einzubinden, um ein konkretes Maßnahmen- und Methoden-Set zu entwickeln.

Sie merken es an den offenen Fragen: Der »Circle of Change« bietet keine Schritt-für-Schritt-Anleitung. Um Mitarbeiter erfolgreich in Transformationsvorhaben einzubinden, gibt es für uns kein Patentrezept. Stattdessen sollte die herrschende Unternehmenskultur berücksichtigt, zugleich aber auch die gewünschte künftige Kultur früh angelegt werden. Schauen Sie hin, nehmen Sie sich Zeit, hören Sie ins Unternehmen hinein! Als systemisch geprägter Transformationsmanager wissen Sie, dass Sie nicht an einer Kultur arbeiten können. Sie können aber durch Irritationen das System stören und so eine Veränderung (auch der Kultur) auslösen.

Absicherung der Performance: Auch für den »Circle of Change« ist Performance eine Maßgabe. Nutzen Sie die Erkenntnisse des Performance-Radars sowie Ihre subjektive Wahrnehmung. Um den erhöhten Anspruch zu vermitteln, können Sie im Rahmen regelmäßiger Mitarbeiterbefragungen oder über »Sounding Boards« gezielt Fragen zur Transformation stellen. Positive Erfahrungen haben wir zudem mit Ad-hoc-Befragungen gemacht, etwa in Terminen des Lenkungsausschusses. Fragen Sie das Realisierungsteam ohne große Umschweife, wie zufrieden es aktuell ist, wie nachvollziehbar die Ziele sind, ob es diese für erreichbar hält. Wichtig ist stets, dass Sie Ergebnisse zeitnah kommunizieren, gegebenenfalls eine Austauschplattform schaffen, und dass die Mitarbeiter schnell konkrete Verbesserungen spüren. Sonst sparen Sie sich die Mühe lieber.

4.2.2 »Circle of Change«: Elemente

Der »Circle of Change« orientiert sich in seiner Grundstruktur am Drei-Phasen-Modell nach Lewin (siehe Kapitel 3.1). Dieses hält zur Erzielung von Veränderungen das Aufbrechen der alten Strukturen (Unfreezing), Veränderung und Bewegung (Moving) sowie das Festigen neuer Strukturen und Verhaltensweisen (Freezing) für nötig. Die zehn Schritte des »Circle of Change« operationalisieren diese drei Phasen für Unternehmen und gehen fließend ineinander über (Abbildung 27). Ausgangspunkt ist stets die Entwicklung eines Change-Narrativs. Entsprechend legen wir ein besonderes Augenmerk auf kommunikative Elemente, wenn wir die zehn Schritte nacheinander beschreiben.

Change-Narrativ entwickeln

Am Anfang jeder konsistenten Veränderungsinitiative steht die einfache, aber schwere Frage nach dem »Warum«. Ein kleiner Zirkel aus dem Topmanagement (respektive dem Kreis der Transformationsverantwortlichen) muss darauf eine

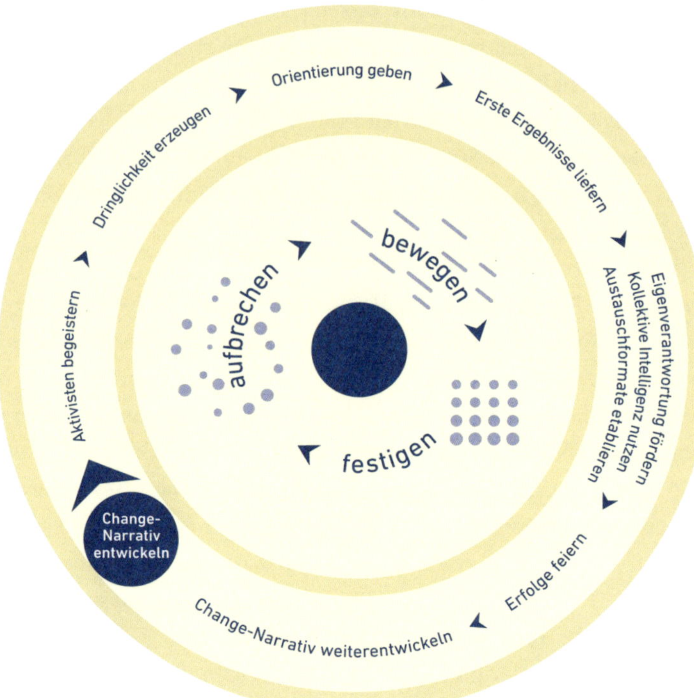

Abbildung 27: »Circle of Change« mit drei Phasen (im Kern) und zehn Schritten im Alltag (außen).

griffige Antwort formulieren. Soll das Change-Narrativ verständlich, glaubhaft und erfolgreich sein, sollte es folgende Charakteristika aufweisen:

- **Individuell:** Ein gutes Narrativ entsteht nicht auf der »grünen Wiese«, sondern berücksichtigt die Historie und Traditionen des Unternehmens, seine Werte, Normen und grundlegenden Prinzipien (z. B. breite Beteiligung, kennzahlenbasierte Entscheidungen).
- **Handlungsleitend:** Ein erfolgreiches Narrativ sollte das Gefühl eines akuten Handlungsdrucks und -bedarfs erzeugen. Andernfalls könnte intern schnell der Eindruck entstehen, dass die Transformation auch noch getrost im nächsten Jahr noch angegangen werden kann.
- **Inspirierend:** Verzichten Sie auf Copy-Paste-Narrative und abgedroschene Allgemeinplätze. Transformationen sind kein Selbstzweck, sondern sollten letztlich immer den Menschen dienen, ob Kunden, Mitarbeitern oder anderen. Welchem Zweck dient Ihr Vorhaben?

- **Emotional:** Sie brauchen ein Zielbild, das ohne generische Aussagen auskommt (»Abwicklungseffizienz steigern«), dafür aber Bilder im Kopf Ihres Empfängers weckt.
- **Beständig:** Weiter sollte das Narrativ eine gewisse Resilienz aufweisen. Punktuelle Korrekturen gehen in Ordnung, Ihre Kolleginnen und Kollegen sollten aber beim ersten exogenen Schock nicht das Gefühl bekommen, dass alles über den Haufen geworfen wird.
- **Stabil:** »Stressen« Sie Ihr Narrativ im Transformationsteam oder Unternehmen, aber auch im Austausch mit Außenstehenden. So lernen Sie neue Perspektiven kennen.

Um ein solches Narrativ zu entwickeln, müssen Sie zunächst gut zuhören. In der Regel gibt es in Organisationen immer eine gewisse Erzählung (der Vergangenheit), die identitätsstiftend ist. Um unterschiedliche Blickwinkel wahrzunehmen, hilft zum Beispiel ein Workshop mit einem breiten Spektrum an Teilnehmern (unterschiedliche Bereiche, Betriebszugehörigkeiten, Charaktere). Wir bitten dabei gern darum, dass jeder die Frage, was die Erfolge der Vergangenheit waren und wie sich das Unternehmen entwickelt hat, still für sich überdenkt und eine Antwort niederschreibt. Eine anschließende Diskussion der Ergebnisse führt meist zu einer stimmigen Geschichte der bisherigen Entwicklung und der aktuellen Lage. Treten Sie nun gedanklich einen Schritt zurück und betrachten das große Ganze, wesentliche Trends sowie die Realität – unverblümt. Wirtschaftliche Kennzahlen können hier helfen. Schließlich schlagen Sie im Laufe dieses Prozesses den Bogen zu »Ihrem« Transformationsprogramm. Hinterfragen Sie, ob Sie mit diesem die richtigen Dinge angehen.

Haben Sie die Gedanken zur Erzählung der Vergangenheit, der gegenwärtigen Situation und dem Transformationsprogramm für die Zukunft gesammelt, geht es an die Verschriftlichung. Verwenden Sie eine einfache Sprache und wenige (bis keine) Nebensätze. Verzichten Sie nach Möglichkeit auf Fachbegriffe oder Anglizismen. Vermeiden Sie langwierige Aufzählungen und Wiederholungen. Am Ende sollte ein griffiges, leicht verständliches Narrativ stehen, eine – im Wortsinn – gute Story!

Unserer Erfahrung nach entstehen im Prozess des Formulierens und Feilens häufig sehr kompakte Narrative, nur eine halbe bis eine ganze Seite lang. Eine Verkürzung auf einen knackigen Dreizeiler kann als Konzentrat für den Betriebsgebrauch nützlich sein, ist – für sich allein genommen – aber zu knapp. Umgekehrt landet ein Papier von fünf bis zehn Seiten ziemlich sicher schnell im Papierkorb.

Haben Sie Ihr Change-Narrativ entwickelt, sollten Sie es an verschiedenen Personen im kleinen Kreis testen. Erzählen Sie Ihre Story, wieder und wieder, schauen Sie, wie sie aufgenommen wird, was sie auslöst – und justieren Sie bei Bedarf nach, bevor Sie es weithin kommunizieren.

Aktivisten begeistern

Transformation stemmen Sie nur mit Verbündeten. Das sind Menschen, die mit Ihnen inhaltlich arbeiten, aber auch Menschen, die andere überzeugen können. Haben Sie das Change-Narrativ im kleinen Kreis entwickelt, sollten Sie solche Aktivisten suchen. Wählen Sie die Personen nach drei Dimensionen:

- **Inhaltlich-sachlich:** Ihre wichtigsten Aktivisten in dieser Dimension sind die Leiter Ihrer Umsetzungsprojekte sowie anderer relevanter Funktionen wie der IT. Diese werden automatisch zu »Botschaftern« der gesamten Transformation, daher sollten sie hinter ihrem eigenen Projekt stehen. Gerade bei »unpopulären« Vorhaben, bei denen von Anfang an mit Gegenwind zu rechnen ist, bedarf es intrinsisch motivierter Projektleiter. Hinterfragen Sie sich bei deren Auswahl kritisch, ob die Erfolgswahrscheinlichkeit im Zweifel mit einem fachlich weniger geeigneten, aber stärker engagierten Anführer des Teams höher wäre. Ideal ist es, wenn Ihre inhaltlichen Aktivisten auch auf der emotional-persönlichen Ebene überzeugen.
- **Emotional-persönlich:** In diese Kategorie fallen Aktivisten, die eigentlich nichts direkt mit dem Transformationsvorhaben zu tun haben, es aber auf emotionaler, persönlicher Ebene unterstützen können – oder Menschen, die in der informellen, sozialen Hierarchie des Unternehmens eine wichtige Rolle spielen. Wir haben gute Erfahrungen damit gemacht, diese Aktivisten zu sogenannten »Change Agents« zu machen, deren Ziele und Aufgaben gemeinsam zu definieren sind. In der Regel kommt den »Change Agents« eine stark kommunikative Aufgabe zu – von oben nach unten, von unten nach oben.
- **Rechtlich-formell:** Vor allem der Betriebsrat ist (zumindest im deutschen Rechtsgebiet) bei vielen Entscheidungen einzubinden oder zumindest zu informieren. Entsprechend unserer Erfahrung ist es sinnvoll, ihn aktiv in die Erarbeitung, Umsetzung und Kommunikation der Transformation miteinzubeziehen (statt dies als lästige Pflicht zu betrachten). Selbst, wenn es um Personalmaßnahmen geht, spricht nichts gegen Transparenz. Allerdings sollten zunächst erfahrene Arbeitsrechtler hinzugezogen werden, auch braucht es einen hohen Härtegrad der geplanten Maßnahmen. Ist der Betriebsrat

transparent in die Abwägung von Argumenten eingebunden, kann er Maßnahmen, Entscheidungen und ihre Gründe besser nachvollziehen, zudem fällt es ihm dann leichter, sie gegenüber der Belegschaft zu verteidigen. Sprechen Sie, wenn Sie eine Einbindung des Betriebsrats erwägen, frühzeitig ganz offensiv mit Ihren Projektleitern und Führungskräften. Denkbare Formate zur Einbindung sind ein regelmäßiger Jour fixe zwischen Betriebsrat, Transformationsmanager und Geschäftsleitung, eine Einladung des Betriebsrates zu Treffen des Lenkungsausschusses oder operativen Meetings sowie Ad-hoc-Informationen.

Die Auswahl der Aktivisten erfolgt in der Regel in einer Mischung aus natürlicher Logik und gezielter Ansprache. Nehmen Sie – insbesondere für die Auswahl von emotional-persönlichen Aktivisten – eine Art erweiterter Stakeholder-Landkarte in den Blick. Welche Subgruppen oder Subkulturen gibt es in Ihrem Unternehmen? Denken Sie an Standorte oder Abteilungen, aber ebenso an informelle Netzwerke, die Sie besser berücksichtigen sollten. So sind wir in unserer Arbeit schon auf die »Kegel-Connection«, die »Schwaben-Mafia« oder einflussreiche Netzwerke aus Mitarbeitern gestoßen – etwa solchen, die zuvor alle beim gleichen Konkurrenten tätig waren. Sie müssen nicht von Anfang an Aktivisten in allen Standorten, Bereichen oder Netzwerken haben, sollten aber Acht geben, dass bei einflussreichen Akteuren nicht der Eindruck entsteht, als irrelevant zu gelten, vergessen worden zu sein oder bewusst ignoriert zu werden. Wer sich vor den Kopf gestoßen fühlt, wird wenig Begeisterung an den Tag legen oder gar zum aktiven Gegenspieler werden.

Dringlichkeit erzeugen

Transformationen als ganzheitliche und tiefgreifende Veränderung betreffen jede Mitarbeiterin, jeden Mitarbeiter und fordern in der Regel auch von (fast) allen einen Wandel im individuellen Arbeiten. Jeder sollte daher verstehen, warum die Transformation nötig ist. Die Dringlichkeit im Kollektiv zu verankern, bedeutet nicht nur zu erkennen, dass die Welt, in der das Unternehmen agiert, sich stark ändert, sondern auch, dass die Transformation eine Aufgabe für hier und heute ist. Nun ist es wohl eher selten der Fall, dass ein massiver externer Schock bei allen mit einem Schlag das gleiche Gefühl an Dringlichkeit erzeugt. Legen Sie dieses Gefühl daher bereits in Ihrem Change-Narrativ an, und machen Sie sich vor allem die asynchrone Wahrnehmung im Unternehmen bewusst. Häufig kommt im Topmanagement bereits Ungeduld auf, dass nichts passiert,

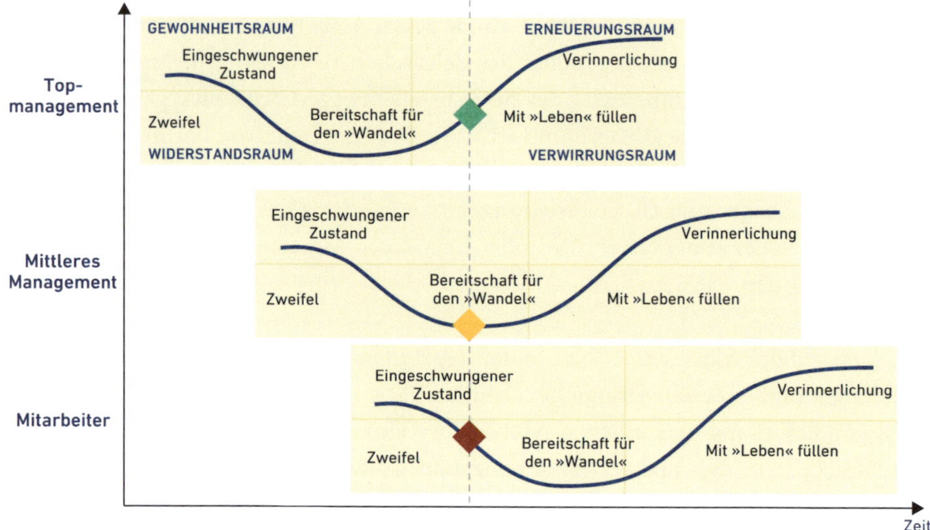

Abbildung 28: Dilemma der verzögerten Dringlichkeit.

während die Mitarbeiterinnen und Mitarbeiter sich innerlich noch an die neue Lage gewöhnen müssen. Anders gesagt: Die Führung befindet sich bereits im »Erneuerungsraum«, die Belegschaft aber noch im »Gewohnheitsraum«. Ein einfaches Schema (Abbildung 28) hilft zu verstehen, wie sich die drei klassischen Arbeitsebenen eines Unternehmens zu ein und demselben Zeitpunkt gedanklich in gänzlich unterschiedlichen Stadien des Wandels befinden können (und das ist häufig harte Realität)

Das Motto während dieses Schrittes lautet: »Die Veränderung spüren, nicht nur davon hören.« Wenn das Organigramm geändert wird, Abteilungen zusammengelegt werden, Kollegen die Firma verlassen und Mitarbeiter künftig an einem neuen Tisch werkeln müssen, ist die Veränderung mit einem Mal spürbar.

So stark wahrnehmbar muss die Veränderung sein, dass sie dem dahinterstehenden Anspruch des »Aufbrechens« gerecht wird. Denken Sie daher an Themen mit starker Signalwirkung. Beispiele für erste sichtbare, spürbare Veränderungen können radikal vereinfachte Freigaberegeln oder Prozesse sein, kurzfristige Änderungen im Organigramm und in der Raumplanung, aber auch so vermeintlich lapidare Dinge wie das Streichen alter Privilegien. Scheuen Sie nicht vor »heiligen Kühen« zurück.

Ziehen Sie als verantwortlicher Transformationsmanager das Organigramm zurate: Wo gibt es welche Veränderungen? Nicht alle Bereiche werden die Veränderung direkt und sofort zu spüren bekommen, umso wichtiger ist die umfassende Kommunikation. Und glauben Sie uns: Sie müssen dabei um ein Vielfaches mehr kommunizieren, als Sie es zunächst annehmen würden. Wenn Sie denken, dass es schon keiner mehr hören kann, kommt Ihre Botschaft bei vielen überhaupt erst an. Setzen Sie auf eine große Bandbreite an Kanälen, Medien und Formaten. Dabei stellt bereits die Wahl des Kanals selbst die erste Kommunikation dar, denn sie vermittelt, ob Sie modern, lebensnah oder glaubwürdig sind. Wer den Aufbruch in eine neue digitale, nachhaltige Welt beschwört, darf sich kaum auf Zettel an den Schwarzen Brettern beschränken. Bedenken Sie aber zudem, dass nicht jeder Mitarbeiter regelmäßigen Zugriff auf einen PC hat. Wählen Sie innovative Formate daher mit Blick und abhängig von Ihrer Zielgruppe, Ihrer aktuellen Unternehmenskultur, aber auch von der Welt, in die hinein Sie das Unternehmen transformieren wollen. Seien Sie selbstkritisch sowie offen für Feedback und Input Ihrer Aktivisten. Wir haben gute Erfahrungen gemacht mit Videobotschaften der Unternehmensleitung oder der Projektleiter, mit Mini-Podcasts, Audio-Snippets, regelmäßigen und knappen Rundmails oder Roadshows – haben aber ebenso schon mit jedem dieser Formate Reinfälle erlebt.

Ja, das alles bedeutet Aufwand, es entscheidet aber auch über den Erfolg. Daher starten wir in Transformationen regelmäßig ein Projekt »Kommunikation«, um die nötigen Strukturen (z. B. Freigabe- und Verteilungsprozesse) und Inhalte (z. B. Schwerpunkte, rote Fäden) zu erarbeiten sowie die Führungskräfte, Projektleiter und weitere Aktivisten in der Aufbereitung zu unterstützen. Je nach Größe und Komplexität des Vorhabens kann ein großes Kommunikationsteam nötig sein.

Orientierung geben

Mit dem Verständnis der Dringlichkeit kommt für Einzelne schnell die Frage auf: »Was mache ich hier noch? Hat das Ganze eine Zukunft?«. Beginnen Sie daher früh und gezielt damit, den Menschen Orientierung zu geben. Der richtige Zeitpunkt ist schwer zu finden, aber lassen Sie intern zum einen kein Gefühl der Führungslosigkeit entstehen (indem Sie zu lang ein Gefühl der Dringlichkeit erzeugen, ohne neue Orientierung zu vermitteln), zum anderen keinen Mangel an Verständnis für die Notwendigkeit der Transformation (wenn Sie zu früh zu viel Orientierung geben, entsteht schnell der irrige Eindruck, man unternehme ja bereits genug).

In einer längerfristig angelegten Transformation lässt sich vieles erst im Verlauf erarbeiten und konkretisieren. Dabei sollten Sie eines beachten: Je tiefer man sich in die Hierarchie begibt, je weiter unten die Mitarbeiterinnen und Mitarbeiter angesiedelt sind, desto höher ist das Bedürfnis nach detaillierter Orientierung – so unsere Erfahrung.

Ziel dieses Schrittes ist es daher, Leitplanken vorzugeben sowie eine Struktur zur Orientierung zu schaffen. Dazu gehört vor allem eine regelmäßige transparente Kommunikation durch die Geschäftsleitung. Diese wird ergänzt um eine Lenkungsausschussorganisation, durch die konkreten Transformationsprojekte samt Zielbildern und kurzfristigen Aktionsplänen, eine Meeting- und Kommunikationsstruktur sowie einen Wissens- und Erfahrungsaustausch über die Transformation selbst, um eine selbstlernende Organisation zu erzeugen. Diese neuen Strukturen und Formate sollten ihren Weg ebenso in die tägliche Routine der Betroffenen finden – zum Beispiel in Form eines täglichen, zehn Minuten kurzen Stand-up-Meetings der Abteilung.

Erste Ergebnisse liefern

Quick Wins oder 100-Tage-Ziele sind klassische Ergebnisse des Bestrebens, schnell erste greifbare Ergebnisse zu liefern. Sehr wertvoll sind Quick Wins, auf die die Belegschaft drängt und die möglichst viele Personen selbst wahrnehmen können. Machen Sie sich bewusst, welche Ziele Sie damit verfolgen, dann fällt es Ihnen leichter, passende Maßnahmen auszuwählen. Mögliche Ziele sind:

1. Motivation durch sichtbare Erfolge erhöhen.
2. Selbstvertrauen der Organisation in sich selbst stärken.
3. »Bremsklötze« im Sinne von Routinen, die keinen Mehrwert stiften (wie zum Beispiel ein Drang zu Perfektionismus selbst in Nebensächlichkeiten oder auch zu komplizierte, zu stark formalisierte Entscheidungs- oder Freigabeprozesse), ausrangieren oder abgewöhnen.
4. Change-Mentalität fördern.

Eigenverantwortung fördern/Kollektive Intelligenz nutzen/ Austauschformate etablieren

Ein umfassendes Transformationsprogramm nur »von oben herab« vorzugeben, würde weder funktionieren noch die nötige Akzeptanz erfahren. Als Führungskraft muss es daher Ihr Bestreben sein, viele selbstbewusste und aktiv gestaltende Mitglieder im Führungsteam zu haben. Kotter hat diese Haltung treffend umrissen, als er bemerkte, dass es darauf ankomme, »more Leadership from more People« (Kotter et al. 2021) zu ermöglichen. Dies bedeutet auch, dass Ihr mittleres Management sowie Ihre Teamleiter offen sein sollten für konstruktives Feedback und Einflussnahme durch weitere Verantwortliche. Die Konsequenz hieraus: Jeder muss die Transformation mitgestalten – als Experte in seinem Bereich, aber auch in der interdisziplinären Zusammenarbeit mit anderen. Dieser Punkt besteht daher aus gleich drei Schritten, die sich gegenseitig beeinflussen und parallel ablaufen, idealerweise als sich selbst verstärkende Effekte (und daher hier zusammen behandelt werden):

- **Eigenverantwortung fördern:** Wenn Mitarbeiterinnen und Mitarbeiter sich Gedanken machen sollen, wie ihr Bereich und sie persönlich zum Transformationserfolg beitragen können, benötigen sie erstens Zeit, sich mit der Transformation zu befassen – was just im mittleren Management, das Initiativen häufig parallel zum Tagesgeschäft angehen muss, schwer ist. Zweitens braucht es ein Verantwortungsgefühl, das über das Aufdecken von Problemen – das Meckern über Dinge, die falsch laufen – hinausgeht und Auswege aufzeigt. Drittens müssen die Vorgesetzen bereit sein, etwas von ihrer Kompetenz abzugeben. Gerade in mittelständischen Unternehmen, die lange autoritär geführt wurden, müssen die Menschen auch lernen können, etwas selbst zu entscheiden und umzusetzen.
- **Kollektive Intelligenz nutzen:** Komplexe Probleme lassen sich nur durch unterschiedliche Blickwinkeln lösen. Auch für einfache Probleme lassen sich so häufig bessere Lösungen finden. Gerade in hierarchisch organisierten Bereichen kommt es gern vor, dass Teamleiter bereichsübergreifend kommunizieren, aber gar nicht die konkreten Probleme (oder Chancen) kennen. Vielleicht hat sich ein Mitarbeiter in einem Bereich eine Insellösung gebaut, die ebenso für andere nützlich sein könnte – nur weiß niemand davon. Fördern Sie den Austausch, nutzen Sie die Erfahrung aller.
- **Austauschformate etablieren:** Sie benötigen hier Formate, die Raum für Austausch und kreative Lösungen schaffen sowie an die Eigenverantwortung des Einzelnen appellieren. Hauchen Sie klassischen Formaten wie zum Beispiel dem betrieblichen Vorschlagswesen neues Leben ein, etwa durch zeitweise attraktivere Prämien. Hilfreich sind auch Workshops, in die bewusst kritische Kollegen eingeladen werden. Sehr gute Erfahrungen haben wir mit Fokusräumen gemacht, in denen Mitarbeiter aus verschiedenen Bereichen für eine abgegrenzte Aufgabe physisch zusammenkommen, dies ebenso mit Aktionstagen zur Information über den Status der Transformation sowie mit Gelegenheiten zum Einbringen von Verbesserungsvorschlägen. Liefern Sie schnell

sichtbare Ergebnisse, wenn Sie Impulse aufnehmen, aber auch Erklärungen, wenn Sie Ideen ablehnen oder Projekte abbrechen.

Erfolge feiern

In einer ernsthaften Transformationsinitiative ist jede abgeschlossene Aufgabe die Grundlage für drei neue. Gerade Transformationsmanager nehmen Transformationen daher oft als zu langsam wahr und werden ungeduldig. Denken Sie deswegen – und nicht trotzdem – daran, Erfolge zu feiern. Eine der besten »Werkzeuge« dazu ist persönliche Wertschätzung. Gehen Sie spontan an den Arbeitsplatz eines Kollegen, der einen Erfolg zu verbuchen hat, und gratulieren Sie ihm. Bitte nicht am Rande eines Termins oder wenn Sie ohnehin zu ihm gegangen wären, sondern eigens dafür! Menschen wollen gelobt, gesehen und respektiert werden, vergessen Sie das nie! So besteht Ihr Tag vielleicht aus vielen kurzen Telefonaten, nach denen Ihr Gesprächspartner am anderen Ende zufrieden lächelnd aufgelegt hat – das ist wichtig, gerade auch, wenn Sie als das Gesicht der Transformation wahrgenommen werden. Spielen Sie Erfolge im Intranet in passenden Formaten aus. Fragen Sie Teams, zum Beispiel im Lenkungsausschuss, nach ihrer Einschätzung, welcher Erfolg für sie zuletzt am wertvollsten war.

Change-Narrativ weiterentwickeln

Große Erfolge lassen sich in der Form würdigen, dass sie Niederschlag im schriftlichen Narrativ finden. Gerade in unseren Projekten formulieren wir im Narrativ oft das Ende der klassischen Restrukturierung und sorgen damit für Rückenwind für die anschließende Transformationsphase, frei nach dem Motto »Die erste harte Phase haben wir erfolgreich hinter uns gebracht«.

Glückwünsch! Sie haben den »Circle of Change« jetzt einmal durchlaufen, können die Werkzeuge neu justieren und die nächste Subphase der Implementierung angehen.

AUF EINEN BLICK

Langfristige Umsetzungsvorhaben stellen nochmals ganz andere Anforderungen an die drei Dimensionen des Dreiklangs. Daher bedarf es zusätzlicher Mühen und Methoden.

Strukturen: Mehr als ohnehin schon gilt es in komplexen, langwierigen und menschenzentrierten Transformationen, die Aufmerksamkeit und Motivation hoch sowie die Unsicherheit niedrig zu halten. Brechen Sie dafür große Projekte in kleine, überschaubarere Abschnitte herunter. Nutzen Sie den »Circle of Change«.

Menschen: In den verschiedenen Stadien langfristiger Projekte heißt es, geeignete Narrative zu entwickeln, Begeisterung zu wecken und Orientierung zu geben. Geht es ins Handeln, gilt es, die Intelligenz des »Schwarms« zu nutzen und das Erreichen von Zwischenzielen gebührend zu feiern.

Performance: Messen Sie noch mehr als sonst die Fortschritte (respektive ihr Ausbleiben). Nichts fördert den Erfolg stärker als der Erfolg! Und Sie müssen wissen, wo Sie stehen. Gerade bei langen Vorhaben gilt: Wer auch nur ein paar Grad vom Weg abkommt und dabei versäumt, früh wieder auf Kurs zu gehen, wird sein Ziel weit, weit verfehlen!

4.3 Führung im Umsetzungsmanagement: Bedeutung, Aufgaben, Rollen

Gemäß unserer Erfahrung sowie aus Kenntnis der einschlägigen Studien heraus hat sich für uns über die Jahre eine zentrale These immer weiter erhärtet: Ohne eine veränderungsbereite und starke Führung gelingt keine Transformation.

Mit vielem hat sich die Führungsliteratur über die Jahrzehnte befasst – mit den Eigenschaften der Führungsperson (Persönlichkeit, Eigenschaften, Fähigkeiten, Wissen, Intelligenz, Charisma), mit ihrem Verhalten (mit Führungsstilen von autoritär über partizipativ bis demokratisch), später mit Interaktionen oder systemischen Ansätzen. Wir indes sind der Überzeugung, dass es nicht den einen Führungsansatz gibt, der in allen Situationen eines Unternehmens als Blaupause herangezogen werden kann. Wir kommen vor allem aus der Praxis und haben über die Jahre sehr viele, sehr unterschiedliche Führungskräfte und Führungsstile kennen gelernt. Daher zeigt uns die Erfahrung, dass vor dem Hintergrund

- der konkreten Unternehmenssituation und des Branchenumfelds,
- des Reifegrads der Organisation und vor allem auch
- des Zusammenspiels und »Fits« der Kompetenzen innerhalb der Geschäftsführung oder des Vorstands

unterschiedliche Führungsstile – in der richtigen Situation richtig eingesetzt – eine hohe Wirksamkeit entfalten können. Kurz gesagt: Gründerjahre stellen andere Anforderungen als Transformationen und gar Krisen. Sinnvoll ist, was zweckmäßig ist und zum Erfolg führt. Ja, Sie sollten Ihre Mitarbeiterinnen und Mitarbeiter nach Möglichkeit immer »mitnehmen« – aber es gibt eben zugleich Situationen, bei denen Sie schlicht vorangehen sollten oder schnell, sogar radikal entscheiden müssen.

So gesehen fühlen wir uns der Idee der »situativen Führung« sehr verbunden, die in der zweiten Hälfte des 20. Jahrhunderts entwickelt wurde (z. B. Hersey et al. 2013, Blake/Mouton 1964). Danach sollte das Führungsverhalten je nach Aufgabe und Mitarbeiter verschiedene Formen annehmen. Es fängt an mit klaren Ansagen, Vorgaben und Kontrollen, arbeitet dann mehr mit Erklärungen, Lob und Unterstützung, geht über zu mehr Freiheiten und einer stärkeren Beteiligung an Entscheidungen oder der Entwicklung von Zielen – bis hin zu einer Situation, in der es reicht, wenn der Vorgesetzte das Ziel vorgibt und dem Untergebenen den Weg dorthin überlässt. Neuere Ansätze folgen ähnlichen Überlegungen, zum Beispiel, wenn sie Führungskräften dazu raten, je nach Situation eine von vier verschiedenen Haltungen einzunehmen: aktiv, analytisch, ausgleichend oder abwartend (Noble/Kauffman 2023).

Betrachten Sie die Herausforderung, die Kollegen, Mitarbeitenden, Ressourcen und Umstände – und wägen Sie mit Fingerspitzengefühl ab, welches Verhalten am vielversprechendsten erscheint oder erforderlich ist. Machen Sie sich stets bewusst, dass Sie flexibel führen können (und das auch sollten), statt immer nur denselben »Stiefel« durchzuziehen oder in alte Muster zu verfallen. Bedenken Sie ebenso: Welches Verhalten geboten ist, kann sich mit der Zeit verändern! Mitarbeiter entwickeln sich; und Umsetzungsvorhaben stellen je nach Phase unterschiedliche Anforderungen.

Im ersten Abschnitt dieses Unterkapitels (4.3.1) erläutern wir, auf welche **Ebenen der Führung** gerade in der Umsetzung von Transformationen, Turnarounds oder Strategien zu achten ist.

Anschließend erklären wir, woraus die **Inhalte von Führung** in solchen Situationen bestehen (4.3.2).

Im dritten Abschnitt (4.3.3) werden wir die **Führung in Krisensituationen** gesondert behandeln, da Krisen einen besonderen Fall des Umbruchs darstellen, bei dem der Erfolg in noch höherem Maß von einer Unternehmensspitze mit klaren Zielen und großer Entscheidungskraft abhängt.

Eng damit verbunden ist die Frage nach der **Governance** – nach den Regeln für das Zusammenspiel zwischen der operativen Führung, dem Kontrollgremium (ob Beirat oder Aufsichtsrat) und den Gesellschaftern. Diesem Aspekt widmen wir uns im vierten Abschnitt (4.3.4).

Ein Fallbeispiel aus unserer Praxis verdeutlicht die hohe Bedeutung von **Konsequenz** in der Führung (4.3.5).

Zum Schluss gehen wir noch auf die speziellen Anforderungen ein, die **Führung im Mittelstand** mit sich bringt, da dessen Unternehmen – verglichen mit Konzernen – häufig durch einige Eigenheiten und Restriktionen gekennzeichnet sind (4.3.6).

4.3.1 Die prozessuale Perspektive: Führung heißt orchestrieren

Die Bedeutung der richtigen Führung für das Gelingen von Umsetzungsprojekten wird stark unterschätzt. Gerade in Sondersituationen braucht es ein starkes, mutiges Topmanagement – eines, das bereit und in der Lage ist, die Richtung vorzugeben und Entscheidungen zu treffen. Zugleich muss die Führung gerade in diesen heiklen Phasen stets daran denken, die Mannschaft mit einzubinden. Dies mag auf den ersten Blick wie ein Widerspruch klingen, ist es aber nicht. Die Kunst moderner Führung besteht darin, beide Pole in Balance zu halten.

Längst reicht der einsame »Great Man« an der Spitze, der vermeintlich alles weiß und entscheidet, nicht mehr aus. »Die wichtigste Aufgabe eines Managers ist es, Menschen dazu zu bewegen, in bestmöglicher Weise zusammenzuarbeiten. Ähnlich wie Orchesterdirigenten sorgen Manager dafür, dass durch das Zusammenspiel der Talente verschiedener Spieler das gewünschte Ergebnis erzielt wird«, schrieb Managementprofessor Clayton Christensen schon vor einigen Jahren (Christensen et al. 2006). Daran anknüpfend folgen Forscher wie Praktiker heute der Idee einer systemisch geprägten Führung, die eine wirksame Führung als vergemeinschaftete Aufgabe und Leistung im sozialen System »Unternehmen« versteht. Dabei hängt der Erfolg von der Kollaborations- und Kommunikationswirkung der Führung ab. Das Konzept »Unternehmen« fußt auf der Idee der Kooperation, nicht nur auf der Addition oder Koordination von Einzelleistungen. Diese Anforderung gilt ganz besonders in Umsetzungssituationen. Zugleich wäre es aber auch eine Illusion zu glauben, dass das Unternehmen als System das »Kind schon schaukeln« wird. Nötig sind somit eine starke Belegschaft *und* ein starkes Topmanagement.

Lassen Sie uns das Bild des Dirigenten weiterspinnen: Vor einem Konzert verständigt er sich mit dem Orchester gemeinsam auf ein Werk, eine Komposition, die sie zusammen aufführen möchten. Es ist allen klar, dass sie Vivaldi geben, nicht Brahms, und von Vivaldi die *Vier Jahreszeiten*, nicht *La Stravaganza*. Zugleich ist jedem Beteiligten bewusst, dass ein klassisches Konzert viele Instrumente umfasst, somit ein komplexes, fein aufeinander abgestimmtes Ganzes bildet und nur dann, wenn alle mitziehen, den Klang erzeugt, der die Schönheit klassischer Musik ausmacht. Während des Konzerts obliegt es dem Dirigenten, Takt und Dynamik vorzugeben oder einzelne Stimmen stärker zu betonen. Dass die Geigen nach dem dramatischen Finale des »Sommers« nicht das Spielen einstellen, sondern alle bis zum Schluss dranbleiben, versteht sich von selbst. Und jeder Musiker, jeder Zuschauer wird Verständnis dafür haben, wenn der Dirigent einzelne Spieler, die seinem Takt nicht folgen oder gar doch Brahms spielen, zurechtweist. Kommt dies wiederholt vor, erscheint es legitim, wenn er Stimmen neu besetzt, um Harmonie sicherzustellen und die Aufführungen zum Erfolg zu führen.

In einem Unternehmen ist es ähnlich. Das Management und alle Umsetzungsverantwortlichen verständigen sich auf ein Konzept. Betreffend Zahlen und Tiefe geht es um umfangreiche Veränderungen. Die Führung orchestriert die Umsetzungsorganisation und die operativen Prozesse. Sie entscheidet über die Besetzung der verantwortlichen Stellen und Teams, gibt Tempo und Fokus vor, setzt Prioritäten, lässt aber auch Freiräume. Wenn Führungskräfte oder Mitarbeiter dem Transformationsvorhaben nicht die nötige Aufmerksamkeit widmen oder es gar aktiv bekämpfen, sind Versetzungen oder Kündigungen legitime, ja dringend gebotene Mittel, um den Erfolg zu sichern.

Ohne performante Führung, die das Zusammenwirken der Beteiligten orchestriert, wird eine Transformation nur sehr selten gelingen. Sie ist notwendig, um die Akteure auf dem Weg von der Einsicht über die Absicht zu den Aktionen und den Erfolgen zu begleiten. Als performant betrachten wir Führungskräfte, die sich auf drei Stufen – »Person«, »Team«, »Unternehmen« – sicher bewegen.

Wirksame Selbstführung als Basis für erfolgreiche Umsetzungsmanager

Umsetzungsverantwortliche sollten über eine ausgeprägte Fähigkeit zur Selbstführung verfügen. Dies gilt insbesondere für Turnaround-Situationen, in denen die Beteiligten häufig unter großem Druck stehen und viele Herausforderungen zu bewältigen sind. Wichtig sind vor allem drei Bausteine:

Veränderungsbereites Mindset: Erfolgreiche Umsetzungsverantwortliche zeichnen sich durch ein Denken aus, das für Wandel sehr offen ist, diesen geradezu befürwortet und aktiv betreibt. So maßen in unserer Studie (Faerber et al. 2023b) mehr als dreimal so viele High-Performer dem hohen Neuigkeitsgrad einer Veränderung einen positiven Einfluss auf den Erfolg eines Vorhabens bei, verglichen mit den Low-Performern (46 Prozent vs. 13 Prozent). Wer zukunftsgerichtet denkt und optimistisch an die Sache herangeht, dem gelingt offenbar auch mehr. Wobei die Lebenserfahrung nahelegt, dass sich beides gegenseitig verstärkt: Eine positive Sichtweise begünstigt Erfolge in Veränderungsprozessen, und Erfolge bestärken Menschen in ihrer positiven Haltung zum Wandel.

Verbindlichkeit und Verantwortung: In tiefgreifenden Veränderungen müssen viele Menschen ihre Komfortzone verlassen. Eine Führung, die verbindlich handelt und Verantwortung für ihre Entscheidungen übernimmt, hat Vorbildcharakter und strahlt Sicherheit auf andere im Unternehmen aus. Eine Kultur der Konsequenz, kombiniert mit Durchsetzungsstärke, Konfliktfähigkeit sowie klarer Kommunikation ist ein Zeichen einer starken Führung.

Professionelle Selbstorganisation: Wer seine Hauptaufgaben stets im Blick hat, mit Ergebnissen oder Hindernissen proaktiv auf andere zugeht und zur Lösung nötige oder hilfreiche Ansprechpartner im Unternehmen involviert, weiß seine Arbeit zu organisieren und Prioritäten zu setzen. Diese Anforderung gilt für die Führung und das Umsetzungsteam, aber zugleich für alle Mitarbeitenden. Im Übrigen erleichtern Pünktlichkeit, Zuverlässigkeit und professionelles Arbeiten vieles.

Wirksame Führung eines Teams mit Umsetzungsaufgaben

Verfügen auch die Mitglieder des engeren Umsetzungsteams über eine professionelle Selbstorganisation, erfüllen sie eine zentrale Anforderung an Führungskräfte, insbesondere dann, wenn sie ihrerseits ein Team mit Umsetzungsaufgaben führen sollten. Hierin folgen wir einem Gedanken von Sprenger, wonach das einzig legitime Ziel von Führung die Selbstführung ist, sprich dass Führung andere Menschen dazu ermutigen sollte, sich selbst zu führen (Sprenger 2023). Darüber hinaus helfen bei der Führung eines Teams in der Umsetzung drei Elemente:

Organisationsfähigkeit: In einer Umsetzung reden wir häufig über Teams mit Mitgliedern aus verschiedenen Abteilungen, Bereichen und Fakultäten. Der

Anspruch an Sie als Projektleiter besteht darin, Ergebnisse nicht durch Anweisung, sprich die Ausübung formaler Macht zu erreichen, sondern durch überzeugende Argumente und die Skizzierung eines Zielbildes, das von allen geteilt wird und das motiviert. Sie benötigen ausgeprägte kommunikative und moderierende Fähigkeiten. Dies gilt umso mehr, wenn sich der Austausch wie zuletzt stärker in den virtuellen Raum verlagert, mit der Folge, dass Widerstände schwerer wahrgenommen und Konflikte seltener aktiv adressiert werden können.

Steuerungskompetenz: Die Führung eines Umsetzungsteams fällt leichter, wenn der (oder die) Verantwortliche seine (ihre) Mitarbeiterinnen und Mitarbeiter gut steuern und Aufgaben effektiv priorisieren kann. Werden dann noch geeignete (digitale) Tools und Methoden genutzt, um diese Aufgaben und die Zeitschiene effizient nachzuhalten, ist viel erreicht (zur Rolle von Digitalisierung und KI im Umsetzungsmanagement siehe Kapitel 4.4).

Mitarbeiterentwicklung: Gerade Phasen des Umbruchs eröffnen große Möglichkeiten zur persönlichen und beruflichen Entwicklung: mit spannenden Aufgaben, viel Einfluss auf Veränderungen; mit der Chance, neue methodische, analytische und konzeptionelle Fähigkeiten sowie grundlegende Managementkompetenzen zu erlernen. Kommunizieren Sie dies, und pflegen Sie eine wertschätzende Fehlerkultur. Bieten Sie Schulungen an, etwa im Projektmanagement, in der Nutzung von IT-Tools oder in Fragen der Moderation und Kommunikation. Nutzen Sie auf jeden Fall die Möglichkeit, Ihren Managementnachwuchs einzubinden und durch anspruchsvolle Aufgaben zu fördern.

Wirksame Orchestrierung eines ganzheitlichen Umsetzungsprogramms

Um die Zukunftsfähigkeit des Unternehmens sicherzustellen, sollten Sie es im Idealfall vorausschauend und zielgerichtet weiterentwickeln, immer auf der Höhe der Zeit, die Kundenwünsche der Zukunft im Blick habend. Zentral dafür ist – denken Sie an das Bild des Dirigenten – die bestmögliche Orchestrierung des großen Ganzen um den richtigen Einsatz der einzelnen Gruppen und den passenden Ton. Letzteren mal leise, Aufmerksamkeit erheischend, mal lauter anschwellend und Begeisterung entfachend.

Gestaltung der Organisation und der Entscheidungsprozesse: Unter systemischen Gesichtspunkten sollten Sie das Umsetzungsvorhaben so organisieren, dass die Strukturen die richtigen Anreize setzen und gewünschte Ergebnisse begünstigen. Dies betrifft finanzielle Anreize, aber auch Vorgaben und Regeln für Entscheidungen. Prinzipiell sollte die Entscheidungskompetenz dort liegen, wo die Fachkompetenz ist. Sind Entscheidungsstrukturen und -prozesse dezentral ausgestaltet, verfügen Fachbereiche über große Befugnisse, dies in einem klar definierten Rahmen mit Freigaberegeln und Wertgrenzen. Die Erfahrung lehrt: Trifft die Leistungsfähigkeit im Sinne des Könnens mit einer hohen Leistungsmöglichkeit im Sinne des Dürfens zusammen, resultiert daraus eine hohe Leistungsbereitschaft (das Wollen).

Sicherstellung von Kommunikation und Kollaboration: Handlungen und Entscheidungen der Führung sollten sowohl transparent als auch für alle nachvollziehbar sein – und so bei allen Beteiligten und Stakeholdern Vertrauen schaffen. Dabei geht es weniger um die Vermittlung von Finanzkennzahlen als vielmehr um ein neues Narrativ, eine mitreißende Ansprache, Präsenz und Überzeugungskraft, sowie immer wieder das Ansprechen der emotionalen Ebene. Je krisenhafter die Unternehmenssituation ist, desto notwendiger ist die Ausstrahlung von Zuversicht und das Aussenden von Botschaften, die alle Beteiligten zusammenschweißen. Angesichts der demografischen Entwicklung gilt es, motivierte Talente und qualifizierte Fachkräfte auch in Krisenzeiten möglichst zu halten.

4.3.2 Die inhaltliche Perspektive: Führung heißt steuern

Schon in ruhigen Zeiten steht die Führung vor großen Herausforderungen. Nimmt das Unternehmen eine Transformation, einen Turnaround oder »nur« die Einführung einer neuen IT in Angriff, kommt vieles hinzu, was die Arbeit zusätzlich erschwert. Wir raten zu einem Fokus auf fünf Punkte.

Stören: Gerade zu Beginn eines Umsetzungsvorhabens hat die Führungsspitze eines Unternehmens das, was der Managementberater Reinhard K. Sprenger als »Störungsauftrag« bezeichnet (Sprenger 2023). Dieser besteht darin, alte Verhaltensmuster, typische Entscheidungspfade und vorhandene Beharrungsenergien zu durchbrechen. Es gilt, der Belegschaft unmissverständlich klarzumachen, dass das Vorhaben kein »Business as usual« ist und sein Erfolg davon abhängt, dass alle mit hohem Einsatz, besonderer Aufmerksamkeit und großer Hartnäckigkeit dabei sind.

Noch wirkungsvoller als klare Worte und Appelle sind meist kleine Änderungen, die den Alltag »stören« und verdeutlichen, dass künftig vieles anders laufen wird. Je nach Unternehmenskultur kann die Störung darin liegen, Entscheidungsträgern mehr Freiheit zu gewähren oder umgekehrt – etwa in einer Restrukturierung – ein Cash-Office einzuführen, das Bestellungen und Zahlungen erst freigeben muss. Andere Störungen haben vor allem Symbolcharakter, etwa wenn – ein ganz reales Beispiel – der neue CEO die Vorstandsparkplätze abschafft, weil er signalisieren will, dass die Spitze künftig weniger abgeschottet arbeiten wird und bei sich selbst anfängt. Der Gedanke: Nur wer selbst zur Veränderung bereit ist, kann auch von anderen verlangen, sich auf Veränderungen einzulassen.

Ziel vorgeben: Ein großes Umsetzungsvorhaben kann sich auf einer strategischen Ebene abspielen oder stärker auf der operativen Ebene angesiedelt sein. Klar ist nur: Es muss jedem in der Führung bewusst sein, worin das Ziel besteht. Wo geht es hin? Auf diese Frage sollte jeder ohne Umschweife eine Antwort geben können, und diese sollte möglichst übereinstimmen mit dem, was die anderen sagen. Klar ist ebenso: Es ist Sache der Führung, dieses Ziel vorzugeben. Natürlich sollten weitere Führungskräfte, Fachleute, Stakeholder und Berater bei der Vorbereitung miteinbezogen worden sein, am Ende liegt es aber allein in der Befugnis und auch Verantwortung der Führungsspitze, das Ziel des Umsetzungsvorhabens zu definieren, zentrale Parameter und Schritte festzulegen und die nötigen Ressourcen zu organisieren.

Mitarbeiter mitnehmen: Die Spitze muss die Belegschaft »mitnehmen« auf die Reise, die das Unternehmen nun beginnt, und das am besten so, dass das Gros der Beschäftigten mit Überzeugung bei der Sache ist. Eine neue Strategie, eine Transformation kann am Reißbrett noch so überzeugend sein – ohne die aktive Mitwirkung und Begeisterung der Mitarbeitenden wird sie schnell zur Makulatur. Dies gilt über die gesamte Dauer des Umsetzungsvorhabens, ganz besonders aber für den Anfang. Eine Führung, die ihre Mannschaft schon zu Beginn verliert, wird sie später kaum mehr für sich gewinnen können.

Aufmerksamkeit hochhalten: Die wahren Herausforderungen für die Führung kommen erst dann, wenn der Zauber des Anfangs verflogen ist, die Mühen der operativen Projektarbeit beginnen oder es gar Rückschläge gibt. Umsetzungsvorhaben entscheiden sich im Alltag, an der Hartnäckigkeit, dem Festhalten am Ziel auch gegen Widerstände, sowie am ständigen Messen, Nachhalten und Nachjustieren. Das ist mühsam, gewiss, aber nur, wenn alle auch nach sechs

Monaten oder einem Jahr noch wachsam und bei der Sache sind, wird es ein Erfolg werden. Überlegen Sie sich früh, wo auf der Strecke ein steiler Berg oder ein toter Punkt drohen könnten.

Schnittstellen managen: Die bereits erwähnte Zusammenarbeit über Abteilungen, Sparten, Standorte und womöglich Landesgrenzen hinweg ist herausfordernd. In Umsetzungsvorhaben treffen plötzlich Menschen aufeinander, die unterschiedliche Interessen verfolgen, unterschiedliche Hintergründe haben und unterschiedliche Sprachen sprechen. Die Risiken: Missverständnisse, Zuständigkeitskonflikte und bei Budgetfragen harte Verteilungskämpfe. Die Rollen von Sparten verändern sich, die Bedeutung von Abteilungen kann steigen oder sinken, der Stress ist noch höher als sonst. In einem solchen Umfeld können ebenso alte Streitigkeiten, Verletzungen oder Kränkungen wieder aufbrechen. Manager und Mitarbeitende gleichermaßen sind mehr als nur Funktionsträger, sie sind eben alle auch Menschen mit persönlichen Zielen, Wünschen, Eigenheiten, Emotionen, inneren Verletzungen und einem eigenen Tempo.

Eine starke Führung hat dies im Blick und weiß, dass die Erwartung, alle würden stets im Sinne der Sache konstruktiv zusammenarbeiten, naiv ist. Sie benennt daher offen Folgen und potenzielle Probleme, schaut früh, dass die Beteiligten sich nicht verhaken oder an den falschen Stellen verkämpfen, und löst dort, wo es doch zu Konflikten kommt, Widersprüche und Spannungen auf. Kurz: Sie kümmert sich um das Management der Schnittstellen und sorgt für ein möglichst reibungsloses Zusammenwirken aller.

4.3.3 Die praktische Perspektive: Führung in der Krise als Sonderfall

Die Aufgabe von Führung lautet in erster Linie, das Überleben des Unternehmens zu sichern. Nun stellen schon klassische, vor allem endogen im Unternehmen begründete Krisen die Führung vor enorme Herausforderungen: Der Zeitdruck und die Unsicherheit steigen, ebenso nimmt die Zahl an Stakeholdern zu, die ihre Interessen gefährdet sehen und Mitsprache verlangen. Geld wird knapp, das Vertrauen auch, der Handlungsspielraum des Managements schrumpft. Aktuell kommen aber noch viele äußere, in ihren Auswirkungen nicht immer zu überschauende Entwicklungen dazu: Kriege in der Ukraine und Nahost, hohe Preise, Kosten und Zinsen, der Wandel hin zur E-Mobilität, der Aufstieg von KI oder der Kampf gegen den Klimawandel. Führung in diesen Zeiten heißt vor allem, möglichst klug zu reagieren und vorausschauend zu handeln. Kommunikation ist wichtiger denn je. Betrachten wir dieses Umfeld einmal näher, um zu überlegen, ob sich die Führung verstärken sollte, um besser durch diese Zeiten zu kommen.

Das Umfeld: Geordnete, komplexe und chaotische Systeme

Eine Möglichkeit, um mit dieser – viele Routinen und Reaktionsmuster brechenden – Realität umgehen zu lernen, wollen wir im Folgenden unter Rückgriff auf die Darstellung eines Kollegen beschreiben (Michailov 2022a). Es geht darin um einen Ansatz von David J. Snowden, einem Experten und Berater für Wissens- und Komplexitätsmanagement. Dieser bietet Managern eine gute erste Basis für Entscheidungen, abhängig vom Kontext, vom Erfahrungshorizont und von ihrem Beziehungsgeflecht (Snowden/Boone 2007). Vereinfacht gesagt, unterscheidet dieser Ansatz drei Situationen, auf die wir nachstehend eingehen.

- **Geordnete Systeme:** Diese Systeme können von einfach bis kompliziert schwanken, zeichnen sich aber durch eindeutige, kausale Wenn-dann-Beziehungen aus. Die Ergebnisse von Handlungen sind klar prognostizierbar. Sie erfordern »Best Practices« oder – bei komplizierten Herausforderungen – Erfahrungswissen. Die Herausforderung für die Führung liegt hier darin, Lösungsräume zu erkennen und Lösungen effektiv auszuführen.
- **Komplexe Systeme:** Best Practices oder bewährte Rezepte helfen hier wenig. Kausale Beziehungen lassen sich, wenn überhaupt, erst ex post feststellen, da die einzelnen Elemente einander bedingen und für neue Entwicklungsmuster sorgen können. So ist zum Beispiel der Schwarzwald ein hochkomplexes Gebilde, das permanent im Wandel ist, aus vielen Variablen besteht und von Wechselwirkungen geprägt ist, weshalb das Ganze deutlich mehr ist als die Summe der Einzelteile. In solchen Systemen gibt es vieles, von dem wir noch nicht einmal wissen, dass wir es nicht wissen (im Gegensatz zu den Dingen, die wir wissen, und den Dingen, von denen wir wissen, dass wir sie nicht wissen). Führung muss in solchen Systemen ständig sondieren, iterativ dazulernen und das eigene Handeln nachjustieren. Viele Manager scheitern daran, weil sie, wie der Psychologe Dietrich Dörner ausgeführt hat, erstens ein niedriges Selbstwertgefühl haben (das sie davon abhält, das eigene Denken kritisch zu reflektieren, geschweige denn in Zweifel zu ziehen) und zweitens einen Fantasiemangel dahingehend, wie neue Wege aussehen könnten (Dörner/Meck 2022).

- **Chaotische Systeme:** In diesen Systemen fehlt jede Ordnung, es gibt keine kausalen Muster oder Einschränkungen. Eine Führung muss in diesem Fall schnell und konsequent handeln, um die Situation zu stabilisieren. Ein Großbrand in Kalifornien ist anfangs unbeherrschbar, lässt sich aber durch rasches, entschlossenes Handeln der Löschkräfte Schritt für Schritt in einen kontrollierten Zustand überführen.

Unter komplexen oder gar chaotischen Zuständen wird nur bestehen, wer offen und flexibel ist, wer neu denkt, etwas wagt und Verantwortung übernimmt. Laufen Unternehmen nicht mehr »auf Autopilot«, ist der Einzelne an der obersten Position gefragt – der Manager, der CEO, der bereit und in der Lage ist, unter Unsicherheit und ohne belastbare Erfahrungswerte Entscheidungen zu treffen sowie deren Konsequenzen zu akzeptieren. Spitzen sich Situationen zu, kann das, wie eingangs erwähnt, bedeuten, dass Sie vorangehen und schnell agieren müssen, auch ohne sich zuvor rundum der Zustimmung aller versichert zu haben. Radikale Zeiten erfordern eine radikale Führung, ganz im Sinne Sprengers (Sprenger 2023).

In Zeiten von Umbrüchen und Krisen können ein allzu langes Abwägen und die mangelnde Fähigkeit, zur Not auch einmal einsame Entscheidungen zu treffen, Unternehmen teuer zu stehen kommen. Die multiplen Krisen der jüngsten Zeit haben uns wieder klar vor Augen geführt, dass es im Zweifel eben doch die eine Person braucht, die unverzüglich und mutig entscheidet. Zugleich muss es das oberste Ziel von Managerinnen und Managern bleiben, dass ihr Team durch die komplementären Stärken seiner Mitglieder sowie Selbstvertrauen möglichst gar keine Führung benötigt. Eine entscheidungsstarke Führungskraft will auch andere in die Lage versetzen, Entscheidungen zu treffen, denn wer in tumultartigen Zeiten immer erst einmal die Hierarchie hoch- und wieder herunterklettern muss, bis eine Entscheidung gefällt wird, ist zu langsam.

Die Handelnden: Unterstützung durch einen CRO

Henry Mintzberg, einer der Pioniere der Managementforschung, unterschied in einer berühmt gewordenen Studie einst zehn Rollen, die CEOs im Alltag übernehmen. Aufbauend auf einer Beobachtung von fünf Chefs, sah er CEOs zum Beispiel mal als Vernetzer und Vorgesetzte, mal als Vermittler, mal als Verhandler und Problemlöser (Mintzberg 1973). Klar ist, dass Manager nicht alle Rollen gleichzeitig ausfüllen können, sondern ständig zwischen ihnen hin und her wechseln, je nach Situation – eine anspruchsvolle Aufgabe.

Nun haben wir gelernt: In Krisensituationen sind die Ansprüche an die Führung nochmals um einiges höher. Es kann daher ein schwerer Irrtum sein zu glauben, dass die Führung auch unter diesen Umständen noch all ihre Rollen ausfüllen kann (zumal in der Krise einige Rollen massiv an Bedeutung gewinnen). Selbst der Tag eines noch so kundigen Vorstands hat nur 24 Stunden. Hinzu kommt die Frage, ob das Topmanagement tatsächlich über die Kompetenzen und Erfahrungen im Umgang mit solchen Situationen verfügt. Es kann sinnvoll sein, ein zusätzliches – wenngleich zeitlich befristetes – Ressort in der Geschäftsführung einzurichten und mit einem CTO (Chief Transformation Officer) oder CRO (Chief Restructuring Officer) zu besetzen. Dieser ist typischerweise umfassend für die Transformation respektive Restrukturierung verantwortlich, somit obliegt es primär ihm, die nötigen Entscheidungen herbeizuführen, Projekte intern durchzusetzen und zum Erfolg zu führen.

Worin genau die Rolle und die Anforderungen an einen CTO oder CRO bestehen, haben unsere Kollegin Monika Dussen sowie Marc-René Faerber in einem Interview für die Fachpublikation *Boardreport* sehr treffend erläutert (Mehler 2022). Darin skizzieren sie zunächst die Welt von heute, die eine rasante, vielschichtige Transformation durchläuft und den Unternehmen ein extrem hohes Maß an Flexibilität in Organisation und Mindset abverlangt. Danach beschreiben sie CRO und CTO als Situationsexperten, die über die nötige Erfahrung und die Managementmethoden im Umgang mit komplexen oder gar chaotischen Systemen verfügen. Nachstehend folgt ein Auszug (den wir mit freundlicher Genehmigung des Verlags wiedergeben):

Viele Unternehmen haben ihre klassischen Vorstandsressorts und das damit verbundene Management um sogenannte CRO und CTO erweitert. Reicht das Ihren Erfahrungen zufolge aus?

Dussen: Die Notwendigkeit der Installation eines CRO resultiert nach unseren Erfahrungen in der Regel aus einer Unternehmenskrise und sehr häufig auch aus einer Vertrauenskrise im Stakeholder-Umfeld. Dessen Aufgabe ist es, die Restrukturierung und das Stakeholder-Management in der Restrukturierungsphase maßgeblich zu steuern. Ein CRO sollte dabei auch die Aufgaben eines Chief Transformation Officer innehaben. Entscheidend für einen Restrukturierungserfolg ist, dass ein CRO auf Augenhöhe von seinen Vorstandskollegen notwendige Maßnahmen einfordern und diese auch durchsetzen kann.

Welche Rolle sollte ein CRO in einem Unternehmen konkret einnehmen?

Faerber: Klarheit schaffen über die Unternehmenssituation und über das Restrukturierungskonzept auf allen Führungsebenen steht an allererster Stelle. Auf dieser Grundlage leiten sich die konkreten Aufgaben des CRO und dessen Rollenbild in einer Organisation ab. Hinzu kommen die klassischen Aufgaben wie etwa die Kommunikation mit den Stakeholdern und dem Aufsichtsrat sowie die Sicherstellung der Realisierung der Restrukturierungs- und Transformationsprojekte. In Extremsituationen kann ein CRO den CEO und CFO unterstützen beziehungsweise deren Aufgaben auch temporär übernehmen.

Welche Qualifikationen sollte Ihren Erfahrungen zufolge ein CRO mitbringen?

Faerber: Ein guter CRO ist ein Situationsexperte, der die Regeln einer Restrukturierung kennt. Dies beinhaltet das Verhältnis zu den Stakeholdern und den Banken. Er versteht es, zielorientiert zu handeln, die Stakeholder und Beiräte in diesem Restrukturierungsprozess mitzunehmen und den Mitarbeitern im Unternehmen die positiven Effekte von Maßnahmen zu kommunizieren und sie dafür zu begeistern.

Dussen: Er beherrscht das Handwerk einer Konsolidierung und denkt unternehmenswertsteigernd, also auch wachstumsorientiert. Und er muss fähig sein, eine Organisation dahin zu treiben, Entscheidungen zu treffen und durchzusetzen, die für die Restrukturierung notwendig sind. Denn nicht er selbst, sondern die Organisation muss die Restrukturierung bewerkstelligen und dabei auch tradierte Vorgehensweisen über Bord werfen.

Wie lange dauert Ihren Erfahrungen zufolge ein Restrukturierungsprozess?

Dussen: Die gängige Erwartung ist, dass eine Restrukturierung innerhalb von zwei bis zweieinhalb Jahren erfolgreich abgeschlossen ist. Abhängig vom Geschäftsmodell und bei langlaufenden Projekten können Restrukturierungen auch mehr Zeit in Anspruch nehmen. Zudem können sich daraus längerfristige Transformationsprojekte ergeben, die dann vom CEO oder einem Chief Transformation Officer geführt werden.

CRO greifen in bestehende Strukturen, Prozesse und fachliche Ressorts ein. Konkurriert der CRO folglich mit den Kompetenzen und Aufgaben des CEO?

Faerber: Der CRO hat die Gesamtverantwortung für die Restrukturierung. Die Mittelfrist- und Langfrist-Strategie sowie das operative Tagesgeschäft liegen in der Verantwortung des CEO. Ohne Restrukturierung lässt sich letzteres allerdings nicht erfolgversprechend realisieren. Ein konstruktives Miteinander auf Augenhöhe ist erfahrungsgemäß die beste Basis.

Dussen: Wichtig ist, dass alle Erwartungen seitens des CRO und des Managements am Anfang eines Restrukturierungsprozesses offen und unmissverständlich ausgesprochen werden. Geschieht dies nicht, entstehen Risse, die eine Restrukturierung erschweren.

Mittelständische Unternehmen können sich in der Regel solche zusätzlichen Ressorts nicht leisten. Was empfehlen Sie diesen Unternehmen?

Faerber: In solchen Fällen kann auch ein auf die Restrukturierung ausgerichtetes Beratungsmandat empfehlenswert sein. Der Berater arbeitet projektbezogen, versteht sich als Sparringspartner für das Management und hat dabei die Interessen der Gesellschafter und Beiräte sowie die wirtschaftliche Situation stets im Blick. Auch hierbei gilt: Am Anfang die Situation gemeinsam offen und transparent besprechen, die sich daraus ergebenden Prozesse fixieren und sich gemeinsam auf eine konsequente Realisierung der Restrukturierung verständigen.

Dussen: Wir unterstützen Unternehmen in diesen Prozessen – von der Situationsanalyse über die Auswahl eines passenden CRO bis hin zur Erfolgskontrolle. Unser Anspruch ist sicherzustellen, dass die Restrukturierung im Sinne aller Stakeholder und Beiräte realisiert wird.

Wo entstehen aus Ihren Projekten und Erfahrungen heraus die größten Spannungsfelder und Hürden im Rahmen einer Restrukturierung?

Faerber: Am Anfang einer Restrukturierung stehen nicht nur Zahlen und Fakten auf der Agenda. Eine mentale Hürde ist die Erkenntnis des Managements, dass die jetzige Lage eine Restrukturierung erfordert. Und die Einsicht, dass dabei auch Entscheidungen, die das Management in der Vergangenheit getroffen hat, kritisch hinterfragt werden müssen. Dabei treffen unterschiedliche Mindsets aufeinander, die es zu verbinden gilt – mit dem

Ziel eines gemeinsamen Verständnisses. Restrukturierung heißt auch Loslassen von Bewährtem.

Wie und wann lässt sich der Erfolg eines CRO messen?

Dussen: Das sind die Zahlen, Fakten und Daten, die in einem Restrukturierungsplan festgehalten wurden. Diese lassen sich in der Regel nach den ersten sechs Monaten messen. Der langfristige Erfolg einer Restrukturierung lässt sich nach drei Jahren feststellen – wenn erkennbar ist, dass das Unternehmen wirtschaftlich stabil und bereit für neues Wachstum ist.

Was passiert, wenn ein CRO seine Mission erfüllt hat?

Dussen: Er übernimmt dann neue Restrukturierungsmandate in anderen Unternehmen.

Faerber: Integraler Bestandteil seiner Aufgabe ist es schließlich, ein sehr gutes Managementteam zu hinterlassen.

4.3.4 Die organisatorische Perspektive: Führung in guter Governance

Es klang im vorigen Interview bereits an: Strategisch notwendige Veränderungen sollten mit der Zustimmung, besser noch mit der vollen Unterstützung des Aufsichtsrats (oder Beirats) sowie der Gesellschafter erfolgen. Womit wir bei einer zentralen Frage angelangt sind, die Sie möglichst zu Beginn einer Transformation klären sollten: Wer hat in diesem Prozess welche Verpflichtungen und welche Rechte? Anders gesagt: Verfügt das Unternehmen, verfügen seine Gremien und die handelnden Personen über die Governance, um diese Herausforderung erfolgreich zu meistern? Oder muss das Miteinander womöglich angepasst werden? Es bedarf gewisser Regeln, um große Transformationen – Restrukturierungen und Turnarounds zumal – geordnet umsetzen zu können. Und mitunter erfordert es auch neue Regeln!

Vor allem, wenn ein Unternehmen in schwere Fahrwasser gerät, tut das Topmanagement gut daran, früh zu prüfen, wie es um das Zusammenspiel von Vorstand (oder Geschäftsführung), Aufsichtsrat (oder Beirat) und Eigentümern bestellt ist. Dabei geht es um teils heikle Aspekte:

- Wie gut, wie offen ist das Verhältnis der Gremien und Beteiligten untereinander? Wie ist vor allem das Verhältnis zwischen CEO und dem (oder der) Aufsichtsratsvorsitzenden?
- Wie transparent ist die operative Führung gegenüber dem Kontrollgremium, sprich wie gut oder weniger gut ist dieses im Bilde, was die Lage des Unternehmens betrifft?
- Glich das Kontrollgremium bisher einem »Kaffeekränzchen«, oder versteht es sich als aktiver Sparringspartner der operativen Führung? Was begegnet der operativen Führung an Verhaltensweisen – und was würde sie sich wünschen?
- Verfügt der Aufsichtsrat (oder Beirat) über die für Sondersituationen nötige Expertise, oder sollte er Experten an Bord holen (respektive als Berater hinzuziehen)? Gibt es »Altlasten«?
- Sind formelle Veränderungen vonnöten, zum Beispiel in der Zusammensetzung oder Geschäftsverteilung des Vorstands; in der Frage, welche Geschäfte der Zustimmung des Kontrollgremiums (oder der Gesellschafter) bedürfen; oder sogar dahingehend, dass die Gesellschafter in bestimmten Fällen auf Rechte verzichten sollten?

Wird die Lage für das Unternehmen kritisch, wird die operative Führung sich in aller Regel zunächst Juristen und Unternehmensberater an die Seite holen, später womöglich Sanierungsexperten. Spätestens jedoch, wenn das Topmanagement den Führungskreis um einen CRO/CTO erweitern will, braucht es einen konstruktiven Umgang mit seinem Kontrollgremium, denn nur dieses kann einen solchen ernennen. Der Aufsichtsrat (oder Beirat) muss daher überzeugt werden, ganz grundsätzlich, vor allem aber in der Frage, wie dieser Posten konkret ausgestaltet wird: Bekommt der CRO/CTO nur begrenzte Rechte – oder eine weitreichende Vollmacht, um in bisherige Strukturen, Prozesse und Zuständigkeiten einzugreifen? Geht das vielleicht so weit, dass das Kontrollgremium auf bestimmte Rechte (zeitweise) verzichtet, um der Führung den Spielraum zu geben, radikal und schnell zu entscheiden? In einer Krise hängt vieles von der Geschwindigkeit ab, mit der die Führung agiert.

Oder nehmen wir den umgekehrten Fall: Der Aufsichtsrat traut dem Management nur noch bedingt zu, der Probleme Herr zu werden, und plant, einen »starken« CRO/CTO zu berufen. Was, wenn der Vorstand sich angegriffen fühlt, die Idee abblockt und höchstens einen »Frühstücksdirektor« ohne Einfluss akzeptieren will? Wird der Konflikt zur Machtprobe, oder lässt er sich lösen, ohne dass das Unternehmen Schaden nimmt? Solche Fälle sind eher selten, aber sie kommen vor.

Ähnlich ist es bei Geschäften, die für das Gelingen der Transformation entscheidend, aber von hoher Brisanz sind – und zustimmungspflichtig! Ein Beispiel: Die Geschäftsführung möchte, um den Konzern auf das Kerngeschäft zu konzentrieren, eine Sparte abstoßen, selbst wenn der Preis unter Wert liegen und der Verkauf deutliche Bremsspuren in der Bilanz hinterlassen sollte. Aus seiner Sicht ist dieser Schritt notwendig, um das Unternehmen fit für die Zukunft zu machen. Was aber, wenn der Beirat die Auswirkungen auf die Zahlen (oder das Ansehen) fürchtet – und die Zustimmung verweigert?

Natürlich haben alle Beteiligten das Ziel, die Zukunft des Unternehmens zu sichern und die Transformation zum Erfolg zu führen, aber alle haben auch eigene Interessen – die unterschiedlich ausfallen, ja sogar im Widerspruch stehen können. Um sich das vor Augen zu führen, hilft es, sich kurz in die Rolle eines CRO/CTO zu versetzen, der nach möglichen Sollbruchstellen sucht (wobei sich die folgenden Überlegungen leicht auf jeden regulären Vorstand oder Geschäftsführer übertragen lassen). So muss er in aller Regel mit einem Vorstand umgehen, der seine Machtposition sichern, jegliches Haftungsrisiko vermeiden und Leistungsträger binden will. Dann hat er einen Aufsichtsrat über sich, der ebenfalls jedes Haftungsrisiko vermeiden und sich deshalb keine mangelhaften Kontrollen in der Vergangenheit vorwerfen lassen will. Ebenso sind da noch die Gesellschafter, die ihr Eigentum schützen wollen, aber möglichst kein Kapital nachschießen oder gar Mitspracherechte abtreten möchten. Und über die Banken haben wir da noch gar nicht geredet.

Für einen CRO/CTO besteht der erste Schritt zur Vorbeugung möglicher Konflikte darin, sich die verschiedenen Interessen klarzumachen, Bruchlinien ins Auge zu fassen und die eigenen rechtlichen Pflichten zu kennen. Der zweite Schritt besteht darin, umgehend mit allen das Gespräch zu suchen, ihre Ziele, Motive und Befindlichkeiten besser kennen zu lernen und nach Anknüpfungspunkten zu suchen. Dafür braucht es viele Einzelgespräche, und dies häufiger als zu »normalen« Zeiten, ebenso bedarf es eines offenen Austauschs, der Probleme nicht ausspart. Umsetzungsverantwortliche dürfen dabei nicht nur an die offiziellen Gremien denken, sie müssen auch wissen, was »hinter den Kulissen« verhandelt wird oder was »graue Eminenzen« denken, die vielleicht kein Amt mehr haben, aber immer noch viel Einfluss ausüben. Sie brauchen Verbündete und Unterstützer. Ferner benötigen sie Ideen, wie sie Konflikte vermeiden, moderieren oder lösen können. Der dritte Schritt ist immer ein aktives Reporting in erhöhter Frequenz. Die Menschen wollen eingebunden werden. Beschleicht sie das Gefühl, kritische Informationen zu spät oder erst gar nicht zu erhalten oder dass jemand parteiisch agiert, weckt das nur unnötiges

Misstrauen. Im Übrigen reduziert, wer ständig aktiv Meldung macht, sein eigenes Haftungsrisiko.

Je schwerer eine Transformation ist, desto leichter fällt es Verantwortlichen, Unterstützung einzufordern und zu erhalten. Diese kann von nützlichen Diskussionen über hilfreiche Personalien bis zu sehr substanziellen Veränderungen oder Ergänzungen reichen – etwa in der Geschäftsordnung des Vorstands, im Geschäftsverteilungsplan oder in der Satzung des Unternehmens, die Rechte und Pflichten der Gesellschafter definiert. Es gilt, vernünftige Rahmenbedingungen zu schaffen – und wenn dies erfordert, die Regeln für Zustimmungen oder das Zusammenspiel der Beteiligten an die besondere Situation anzupassen, darf das kein Tabu sein. Dies gilt umso mehr in einer GmbH, wo das Verhältnis von Geschäftsführung und Beirat meist weniger formalisiert ist als in einer Aktiengesellschaft mit Vorstand und Aufsichtsrat. Solche Änderungen können in ihrer gravierendsten Form so weit gehen, dass der Beirat oder die Gesellschafter auf Weisungsbefugnisse verzichten, eine Beschränkung ihrer Rechte akzeptieren oder vom CRO/CTO überstimmt werden können. Gut beraten ist, wer solche Fälle schon vorsorglich regelt, doch häufig ist es erst die Kraft des Faktischen, die solche Veränderungen ermöglicht. Ist der Handlungsdruck für alle unübersehbar, treten selbst die Machtambition Einzelner oder ein Zwist in der Gesellschafterfamilie in den Hintergrund.

Wechseln wir für einen Moment die Perspektive und schlüpfen in die Rolle eines Beirats, Aufsichtsrats, Gesellschafters oder Beraters. Ging es bei der Frage nach der Governance um den strukturellen Rahmen, geht es nun um das konkrete Handeln in der Umsetzung. Steht das Unternehmen vor einer tiefgreifenden Transformation, sollten Sie sich in dieser Rolle aktiv(er) einbringen, die Kontrolldichte erhöhen und sich – wenn nötig – zusätzliche Expertise ins Haus holen. Seien Sie bereit, neu zu denken, Und seien Sie auch im eigenen Zuständigkeitsbereich offen für Veränderungen wie die erwähnten. Vor allem empfiehlt sich vorab eine systematische Beurteilung des Führungssystems. Darunter verstehen wir das Personal an der Spitze, dessen Zusammenspiel sowie die Entscheidungsfindungsprozesse. Verschaffen Sie sich insbesondere als Beirat oder Aufsichtsrat vor dem Start in die Umsetzung ein klares Bild, ob der Führungskreis objektiv und unter Berücksichtigung der in diesem Kapitel dargestellten Aspekte willens und in der Lage ist, die Transformation zu steuern. Bewerten Sie dabei ausdrücklich nicht die handelnden Personen isoliert im Sinne eines klassischen Management-Assessments, sondern stärker das Zusammenwirken der obersten Führungskräfte sowie den Fit der in diesem Kreis vorhandenen Stärken und Schwächen.

In der Praxis hat sich für die Einschätzung des Führungssystems aus Sicht eines Beirats oder Aufsichtsrats (aber auch in anderen Rollen) ein methodisches Vorgehen zum Abgleich des Selbst- und Fremdbilds des Führungskreises entlang zentraler Kriterien wirksamer Führung bewährt. Mit einer einfachen optischen Darstellung lassen sich schnell Differenzen zwischen Binnen- und Außensicht identifizieren – und Erkenntnisse darüber gewinnen, ob das Unternehmen bereits über das richtige Team verfügt oder ob für das Meistern des Vorhabens personelle Veränderungen zu erwägen sind (Abbildung 29):

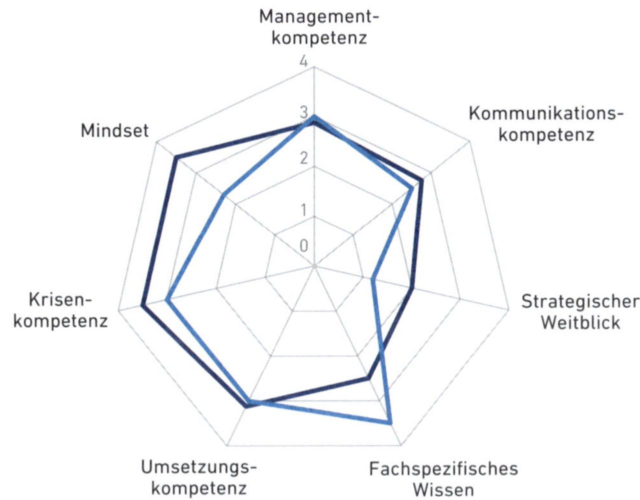

Abbildung 29: Führungssystem im Realitätscheck.

Große Umsetzungsprojekte erfordern Führungsteams, die viele Kompetenzen bündeln, die kreativ und konstruktiv zusammenarbeiten und an einem Strang ziehen. Zur Not sollten die zuständigen Gremien – im Falle der Ebenen eins oder zwei unter der Spitze auch die Führung selbst – bereit sein, sich von Mitgliedern zu trennen, die nicht wollen oder nicht können und nur noch querschießen. Phasen großer Veränderungen sind eine Chance zur Entfaltung, aber auch eine Chance zum Gehen.

Klar: Die ideale Führungskraft, die sich für alle Situationen eignet, gibt es nicht. Und längst nicht für alle Kriterien taugt eine Rangfolge im Sinne von »besser« oder »schlechter«. So wie unterschiedliche Situationen unterschiedliche Maßnahmen erfordern, können auch Manager für Umsetzungsvorhaben unterschiedlich gut geeignet sein, ohne dass dies bedeutet, dass sie schlechte Manager wären. Womöglich sind sie in Phasen des Wachstums zum Beispiel ganz hervorragend. Aus diesem Grund ordnen wir Mitglieder des Topmanagements auch danach ein, ob sie eher über die Mentalität eines Strukturierers und Optimierers oder über die eines Gründers oder Pioniers verfügen.

Unsere Empfehlung: Schließen Sie als Beirat, Aufsichtsrat oder Berater in Ihre Analyse unbedingt die Kompetenzen des Managements auf der zweiten Führungsebene sowie die Interaktion zwischen ihr und der ersten Ebene mit ein. Nachstehend finden Sie ein paar beispielhafte Checkfragen, die Sie auf Basis des beobachtbaren Verhaltens im Managementalltag dokumentieren und zur Einschätzung der Führungskräfte, ihres Zusammenspiels und der Entscheidungsprozesse einwerten können:

- Welche Kultur wird in **Meetings** gepflegt? Wie strukturiert und diszipliniert laufen Treffen ab? Gibt es eine Agenda, die allen bekannt ist und auch eingehalten wird? Werden Protokolle angefertigt, wenn ja, wie systematisch und akkurat? Wird bei offen gebliebenen Themen später nachgehalten?
- Wie sieht die **Diskussionskultur** aus? Wie offen und kontrovers, aber auch wie verbindlich und konstruktiv werden Themen diskutiert? Wie treten die Teilnehmer in Meetings auf, wie verhalten sie sich untereinander, während und vielleicht auch nach den Diskussionen?
- Wie steht es um die **Entscheidungsfindung**? Wie werden in der Führung Entscheidungen getroffen, welchen Prozessen und welcher Dynamik folgen sie? Wie transparent werden Entscheidungen gefällt? Gibt es neben sichtbaren Gremien und Abläufen auch weniger sichtbare Runden oder Faktoren, die Entscheidungen in relevanter Weise beeinflussen? Wie – und wie konsequent – werden einmal getroffene Entscheidungen kommuniziert und umgesetzt? Wie werden beschlossene Maßnahmen nachgehalten und durchgesetzt?
- Wie verläuft die **Kommunikation**? Wie werden Themen im obersten Führungskreis vermittelt, auf welchen Wegen, in welchem Ton und in welcher Haltung? Wie gestaltet sich der Austausch zwischen dem obersten Führungskreis und der zweiten Führungsebene? Herrscht Klarheit über Ziele und Vorhaben, oder kommt es zu Missverständnissen? Warum?

Schließen möchten wir diesen Abschnitt mit der systemtheoretischen Erkenntnis, dass Unternehmen um Konflikte herum gebaut sind. Konflikte sind normal und – natürlich unter Wahrung der gegenseitigen Wertschätzung – wichtig. Ein gutes Konfliktmanagement (im Sinne eines konstruktiven »Herstellens« und »Lösens« von Konflikten) ist deshalb auch eine der Basiskompetenzen guter

Führung. Dieser Anspruch an die Konfliktfähigkeit der Führung gilt besonders für Familienunternehmen, denn diese bestehen mit dem Familien-, Unternehmens- und Eigentumssystem aus drei Sphären, die zum Teil einer unterschiedlichen Logik folgen. Somit sind dort nicht nur Konflikte, sondern auch Paradoxien strukturell angelegt.

Im Rückblick auf mehrere Jahrzehnte Beratung in Transformations- und Restrukturierungssituationen ist das Defizit, das wir in Chefetagen am häufigsten beobachten, die Konfliktvermeidung und Inkonsequenz. Und wir wissen, wovon wir reden, wenn wir betonen: Inkonsequenz rächt sich immer!

4.3.5 Die realistische Perspektive: Führung im Fallbeispiel

Zur Illustration, welche Grenzen selbst die beste Methodik hat und wie wichtig die Personen an der Spitze eines Unternehmens, aber eben auch die Akteure in ihrem Umfeld sind, möchten wir Ihnen exemplarisch ein lebensnahes Beispiel aus unserer Praxis etwas ausführlicher schildern. Hier soll es um die Druckguss GmbH gehen (die in Wahrheit selbstverständlich anders heißt), ein traditionsreiches Familienunternehmen, das Produkte auf Basis zweier Materialien erzeugt. Es handelt sich um einen typischen innovationsstarken Mittelständler mit drei Werken in Süddeutschland, Kunden aus der Automobilindustrie und rund 100 Millionen Euro Umsatz im Jahr.

Die Firmengruppe hatte im Jahr 2019 sinkende Umsätze zu verzeichnen. Die Strukturen waren jedoch auf Wachstum ausgelegt. Als die Corona-Pandemie über die Welt hereinbrach, führten die temporären Werkschließungen der OEM zu einem weiteren Umsatzrückgang. Die Geschäftsführung hatte bereits umfassende Maßnahmen zur Liquiditätssicherung erarbeitet, zudem einen 3-Stufen-Plan inklusive Kurzarbeit und struktureller Anpassungen. Die Ziele bestanden darin, die Folgen der Pandemie zu bewältigen, die Schwelle zum Break-even signifikant zu senken, das Produktportfolio und das Produktionsnetzwerk zu optimieren sowie das Unternehmen an die neuen Marktgegebenheiten anzupassen. Es galt, die Zukunftsfähigkeit des Unternehmens zu sichern.

Als wir im Sommer 2020 den Anruf des geschäftsführenden Gesellschafters mit der Bitte um Unterstützung erhielten, wurde rasch klar, dass er die Lage realistisch sah, viel Selbstreflexion an den Tag legte und die Entscheidungsstärke des Führungskreises als schwierig beurteilte. Letzterer war geprägt von Vertrauen und Zusammenarbeit, aber auch von viel Harmoniestreben.

Gemeinsam erstellten wir ein Konzept, das ein Outsourcing des überdimensionierten Werkzeugbaus und eine Optimierung kaufmännischer Prozesse vorsah, vor allem aber die Schließung des Segments »Material Z«. In der Analyse hatte sich herausgestellt, dass dieses unter Vollkosten einen signifikanten Verlust einfuhr. Zugleich trug es nur 10 Prozent zum Umsatz bei, Abnehmer war im Wesentlichen ein Kunde, und das Entwicklungspotenzial war überschaubar. Mit einer Schließung könnte die Gruppe ihren Vertrieb und ihre Entwicklung künftig auf das Segment »Material A« konzentrieren, einen Markt mit vielen Wachstumschancen. Die Fakten lagen auf dem Tisch – trotzdem sollten sich unerwartete Probleme ergeben.

Zunächst lief alles wie im Lehrbuch. Nach Verabschiedung des Konzepts begann das Unternehmen, ein Umsetzungsmanagement aufzusetzen, das alle Dimensionen des Dreiklangs berücksichtigte. An Strukturen wurde ein Lenkungsausschuss eingerichtet, der im Vier-Wochen-Rhythmus tagte, es gab ein aktives PMO und engagierte Projektleiter. Die Menschen wurden gewonnen, indem zum Beispiel jedes Projekt ein selbst gezeichnetes Logo erhielt, oder auch, indem der Gesellschafter – ein sehr offener, kreativer Charakter – seine Führungsaufgabe der Kommunikation sehr ernst nahm und höchstpersönlich Mitarbeitende über Ziele und Fortschritte informierte. Für die Performance wurde ein quantitatives und qualitatives Maßnahmen-Controlling auf den Weg gebracht.

Doch dann, als es ernst werden sollte, kamen plötzlich die Emotionen ins Spiel. Auf einmal begann der geschäftsführende Gesellschafter, der bei der Analyse und der abstrakten Entscheidung, das Segment »Material Z« zu schließen, noch sehr entschlossen gewirkt hatte, zu zögern. Das Segment sei zum einen vor mehr als 60 Jahren das erste Geschäftsfeld gewesen, es stelle die Wurzel der heutigen Gruppe dar. Der Gesellschafter erinnerte sich an den Großvater, der damit das Unternehmen gegründet hatte, und ließ innere Widerstände erkennen: »Das können wir doch jetzt nicht einfach schließen!« Zum anderen arbeiteten in dem Segment etliche Führungskräfte und Mitarbeitende, die dem Unternehmen schon sehr lange verbunden waren. Es bestand eine starke innerliche Bindung, und so schwanden der Mut und der Wille der Führung, die schwierige Entscheidung in die Tat umzusetzen.

Dann begann der Gesellschafter erneut zu rechnen und nach Alternativen zu suchen. Und überhaupt, waren die Fakten tatsächlich so eindeutig? Doch, ja, das waren sie. Immer wieder mussten wir Zweifler im Unternehmen von der Notwendigkeit der schmerzhaften, aber zur Stabilisierung des Geschäftsmodells sinnvollen Maßnahme überzeugen, hierbei auch manchmal gegen Widerstand ankämpfen. Daher banden wir ebenso den Beirat eng mit ein, um die Entscheidung über die Schließung herbeizuführen. Gerade in dieser Zeit erwies sich die Führung, die Konflikte bis dato eher gescheut hatte, als sehr professionell, denn auch wenn unsere Anstöße für sie manchmal in der Sache unangenehm sein konnten, stand unsere Rolle als Performance-orientierter Antreiber, inhaltlicher Sparringspartner und methodischer Coach nie infrage.

Am Ende konnten der Beirat und wir den geschäftsführenden Gesellschafter überzeugen. Flankierende Taten halfen dabei: So wurde die Schließung ergänzt um mittel- und langfristige Maßnahmen, um das Kerngeschäft weiterzuentwickeln, etwa durch die Einrichtung eines Technikums zur Forcierung der Produktentwicklung, welches teils durch Technologen des geschlossenen Bereichs besetzt wurde. Zudem erhielten die Beteiligten in dieser schwierigen Phase vom Unternehmen, das eine sehr wertschätzende Kultur pflegte, Unterstützung in Form von Weiterbildung, Coaching oder auch Hilfe beim Outplacement. Im Übrigen steuerte das PMO maßgeblich die Verhandlung über die Auslaufpreise mit dem von der Schließung des Segments »Material Z« betroffenen Kunden – und realisierte damit einen siebenstelligen Euro-Betrag!

Die erfolgreiche Umsetzung des Konzepts bei der Druckguss GmbH half, im ersten Geschäftsjahr nach der akuten Krise das geplante Ergebnis deutlich zu übertreffen und die Quote des operativen EBIT um 4,2 Prozentpunkte zu steigern. Das PMO wurde dauerhaft installiert und mit einer durchsetzungsstarken Managerin besetzt, Entscheidungen wurden konsequenter auf Basis von Zahlen, Daten und Fakten getroffen, und das Controlling entwickeltet sich von einer internen Service-Abteilung für Ex-post-Analysen zum Sparrings- und Businesspartner für die Fachbereiche. Nicht zuletzt trugen eine bewusste Verstärkung der zweiten Führungsebene mittels neuer Kräfte sowie neue strukturelle Verantwortlichkeiten dazu bei, die Umsetzung zu beschleunigen. Am Ende der Umsetzung stand damit ein starkes Managementteam.

Im Rückblick bleibt zum einen die Erkenntnis, dass es richtig war, Randsortimente zu schließen, Geschäftsfelder zu bereinigen und den Fokus auf das profitable Kerngeschäft zu legen. Zum anderen zeigte der Fall aber auch, dass die beste, mustergültig angewandte Methodik nicht hilft, wenn die zentrale Entscheidung durch die Führung nicht umgesetzt wird. Sie können den Lenkungsausschuss 100-mal tagen und noch so professionell debattieren lassen – am Ende hängt alles an einer Führung, die auch vor konsequenten und zwingend erforderlichen Maßnahmen nicht zurückschreckt.

4.3.6 Die mittelständische Perspektive: Führung im Alltag

Der Mittelstand zeichnet sich neben den formellen Charakteristika wie Mitarbeiterzahl, Umsatz, Einheit von Eigentum und Leitung oder Unabhängigkeit meist durch verschiedene, für ihn spezifische Eigenschaften aus, die jeder Umsetzungsverantwortliche berücksichtigen sollte:

- eine ausgeprägte Stärke bei Produktinnovationen (daher die vielen Hidden Champions);
- eine vielfach gelebte Hands-on-Mentalität, die ein hohes Tempo der Umsetzung und ein hohes Maß an Konsequenz begünstigt; aber eben auch
- eine geringe Führungstiefe, weshalb meist alle Führungskräfte auch operative Aufgaben übernehmen und sich selten allein auf strategische Aufgaben konzentrieren können;
- geringere Personalkapazitäten in den indirekten Bereichen, weshalb Projekt- und Strategieaufgaben auch von den Mitarbeitern häufig parallel zum Tagesgeschäft bearbeitet werden müssen; sowie eher
- geringere finanzielle Kapazitäten, was sich gegebenenfalls zum Beispiel negativ auf die Frage auswirkt, ob ein Unternehmen digitale Tools nutzen oder externe Berater zur Umsetzung heranziehen kann.

All das hat spezifische Anforderungen an die Methodik und Praxis einer Umsetzung im Mittelstand zur Folge, die sich von denen in Konzernen unterscheiden.

Das **erste Kriterium** ist ein sehr hoher Anspruch an die Effizienz. Wenn die finanziellen und personellen Ressourcen überschaubar sind und Projektarbeit von den meisten Verantwortlichen zumindest teilweise parallel zum Tagesgeschäft bewältigt werden muss, darf eine Methodik nicht überdimensioniert oder zu komplex sein. So sagt der Berater und Autor Matthias Kolbusa, dass es in Umsetzungssituationen ein Optimum für den Einsatz von Methoden gibt und dass ein »Zuviel« auch zur Fehlallokation von Kapazitäten führen kann (Kolbusa 2013). Um das Optimum zu treffen, bedarf es insbesondere im Mittelstand eines hohen Maßes an Erfahrungswissen und einer individuell ans Unternehmen angepassten Methodentiefe.

Ein Schlüssel zum Erfolg von mittelständischen Unternehmen liegt – neben ihrem Fokus auf die langfristige Entwicklung und die Menschen – häufig in kleinen, flexiblen und sich selbst organisierenden Einheiten (Kübler/Siebel 2016). Für Umsetzungsvorhaben heißt das, dass crossfunktionale Teams mit großer

Kunden- und Prozessnähe gegenüber hierarchischen Strukturen zu bevorzugen sind. Mehr Selbstorganisation erhöht die Effektivität, Effizienz und Sicherheit.

Als weiteren Erfolgsfaktor nennen Kübler/Siebel die Klarheit und Machbarkeit der strategischen Stoßrichtungen. Um dies zu gewährleisten, empfehlen sie klare Projektpläne, jährliche Ziele und quantitativ messbare mittelfristige Meilensteine. Entlang eines Praxisbeispiels bei einem mittelständischen Automobilzulieferer listen sie folgende Fragen für die regelmäßige gemeinsame Reflexion im Führungsteam auf, die für einen Erfolg wichtig sind:

- Sind die Prioritäten richtig?
- Wie sehen die Fortschritte aus?
- Müssen Projekte beim Verfehlen eines Meilensteins gestoppt werden?
- Wie hoch ist die Belastung der Mannschaft erstens durch das Tagesgeschäft und zweitens durch das zusätzliche »Veränderungsgeschäft«?
- Sind die Jahresziele richtig gesetzt?
- Gibt es zu wenige oder zu viele Ziele?

Die begrenzten Ressourcen des Mittelstands bedeuten, dass die Gewichtung und finanzielle Ausstattung von Maßnahmen regelmäßig zu prüfen sind. Zugleich lassen sich daraus Erwartungen an die Umsetzungsverantwortlichen ableiten, gerade auch auf den Ebenen direkt unter der Geschäftsführung oder dem Vorstand. Diese Verantwortlichen, die Impulsgeber und Sparringspartner der Führung sein sollten, zeichnen sich idealerweise aus durch

- eine hohe Wachsamkeit für Aufwand und Nutzen einzelner Umsetzungswerkzeuge;
- eine pragmatische Arbeitsweise und Lösungsfindung; somit auch
- wenig hierarchisches Denken sowie
- die Kompetenz, die Inhalte der Umsetzung zu bestimmen;
- gepaart mit der Bereitschaft und Fähigkeit, dann auch methodische Aufgaben bei der Umsetzung dieser Inhalte zu übernehmen (etwa im Project Management Office, PMO).

Das **zweite Kriterium** für eine an den Mittelstand angepasste Methodik besteht darin, Schwächen zu Stärken zu machen und als Umsetzungsverantwortliche einen integrativen Ansatz zu verfolgen. So eignen sich Umsetzungsprojekte zum Beispiel hervorragend dazu, junge Talente und potenzielle Führungskräfte des Unternehmens in die Projekte zu integrieren und in einer steuernden Rolle außerhalb der Linie weiterzuentwickeln. So erwerben sie zusätzlich zu ihren operativen Kenntnissen neue Kompetenzen im Management und in modernen Methoden. Dieser Punkt der praxisorientierten Mitarbeiterentwicklung sollte bei der Ausgestaltung der Umsetzung stets besonders berücksichtigt werden, denn die Herausforderung, sehr gut ausgebildete Fach- und Führungskräfte für sich zu gewinnen, ist für den Mittelstand größer als etwa für Konzerne. Umgekehrt dürfte die Aussicht, direkt Verantwortung übernehmen und an vorderster Front in komplexen Projekten mitwirken zu können, vor allem solche Kräfte locken, die tatendurstig sind und die starke Hierarchie in Konzernen mit Skepsis sehen.

Das **dritte Kriterium** im Mittelstand mit Implikationen für die Umsetzungsmethodik ist die hohe Zahl von Familienunternehmen. Daraus resultiert eine noch größere Bedeutung des Stakeholder-Managements, speziell mit Blick auf die Eigentümerfamilie, die Zusammensetzung des Beirats und potenzielle Nachfolgethemen. Dies erfordert einen noch höheren Fokus der Verantwortlichen auf die Kommunikation, das Erwartungsmanagement, die inoffiziellen Kommunikationsstränge und unausgesprochenen Regeln sowie – wie bereits angesprochen – die Governance.

Natürlich haben diese Anforderungen auch in größeren Unternehmen und internationalen Konzernen ihre Berechtigung. Im Mittelstand ist ihre Bedeutung jedoch höher.

AUF EINEN BLICK

Kein Dreiklang ohne Führung! Aber auch: Keine Führung ohne Dreiklang! Erst in der Schnittmenge der drei Dimensionen wird Führungsarbeit als Werttreiber voll wirksam. Dies gilt vor allem im Mittelstand. Da der Dreiklang in der Arbeit mit mittelständischen Unternehmen entwickelt wurde, erfüllt er deren Anforderungen an Effizienz, Einbindung und Pragmatismus in besonderer Weise.

Strukturen: Selbstführung und Selbstorganisation, aber auch Priorisierung, Organisation und Verantwortlichkeiten adressieren die erste Dimension. Die begrenzten Ressourcen im Mittelstand erfordern, die Strukturen und Prozesse eines Umsetzungsvorhabens schlank zu halten. Umgekehrt erlaubt die geringere Führungstiefe einen direkteren Zugriff. Eine Unterstützung des Topmanagements durch einen in Sondersituationen erfahrenen CTO/CRO kann Unternehmen aller Größen helfen. Insbesondere in Krisenfällen ist die Vereinbarung klarer Regeln und häufig auch eine Anpassung der Governance – des Zusammenspiels von Führung, Kontrollgremium und Gesellschaftern – geboten.

Menschen: Führung soll Kommunikation und Kollaboration sicherstellen. Dafür muss sie das Handeln aller so orchestrieren, dass ein harmonisches Ganzes entsteht. Zu Beginn kann es nötig sein, die Beteiligten durch bewusste »Störungen« aufzurütteln, später geht es darum, alle mitzunehmen, sie zu befähigen und die Aufmerksamkeit hochzuhalten. Achten Sie darauf, die Beteiligten nicht zu überfordern. Nutzen Sie die Hands-on-Mentalität, und setzen Sie auf klare Botschaften, verständliche Erklärungen und regelmäßigen Austausch. Im Mittelstand ist die Bindung ans und die Identifikation mit dem Unternehmen häufig groß – das kann, richtig adressiert, stark zum Erfolg beitragen.

Performance: Führung hat das Überleben des Unternehmens sicherzustellen. Dafür braucht es Veränderungsbereitschaft, Verbindlichkeit und in wichtigen Fragen stets auch den Mut der Spitze zu konsequenten Entscheidungen. Im Mittelstand ist Performance noch wichtiger als ohnehin schon, größere Projekte müssen meist auf Anhieb sitzen. Diesen Unternehmen mangelt es meist an den finanziellen Ressourcen, um (mehrere) massive Fehlschläge ohne Weiteres absorbieren zu können. Wägen Sie somit gut ab, welche KPIs mit vertretbarem Aufwand zu messen sind (mit Folgen für die Strukturen). Umgekehrt sind die Effekte der Umsetzung meist direkter zu sehen. Nutzen Sie das unbedingt (in der Kommunikation mit den Menschen).

4.4 Die Digitalisierung des Dreiklangs: Wie Sie die Wirksamkeit eines Umsetzungsvorhabens durch neue Tools und KI steigern

Wir bezeichneten es als das »Dilemma der Führung« – die Diskrepanz zwischen dem Zeitanteil, der Managerinnen und Managern notwendig erscheint, um bei einem Umsetzungsvorhaben zufriedenstellende Erfolge zu erzielen, und dem Zeitanteil, den das dringliche Tagesgeschäft ihnen tatsächlich dafür lässt. Nur um sich die Dimension nochmal klarzumachen: In unserer Studie von 2021 standen einem Zeitanteil von 40,9 Prozent, den die Befragten durchschnittlich für nötig erachteten, ein tatsächlicher Zeitanteil von 24,3 Prozent gegenüber – also nur rund 60 Prozent dessen, was die Teilnehmer selbst für sinnvoll hielten (siehe Kapitel 4.1.2.6).

Umso dringlicher ist die Frage: Wie sollten Umsetzungsverantwortliche ihre knappe Zeit priorisieren?

Klar ist: Formale Aufgaben im Umsetzungsmanagement wie das Maßnahmen-Controlling, das Fortschritts-Tracking und die Nachverfolgung operativer KPIs sind sehr wichtig. Im Jahr 2024 muss der Rat aber zwingend lauten: Bilden Sie die Prozesse so schlank wie möglich ab, effizient und ressourcenschonend, und nutzen Sie die Potenziale der Digitalisierung! So schätzten in der Studie »#Shifthappens« (Nordantech 2022) 68 Prozent der Befragten die digitale Unterstützung in der Umsetzungsphase einer Transformation als sehr wichtig ein, weitere 29 Prozent hielten sie immer noch für wichtig. Kein Umsetzungsmanager, der sich noch erinnern kann, wie turbulent Abstimmungen zur Feststellung des aktuellen Umsetzungsstatus vor Einführung von digitalen Tools abliefen, dürfte von diesem Ergebnis überrascht sein.

Im ersten Abschnitt dieses Unterkapitels (4.4.1) möchten wir Ihnen die Vorteile erläutern, die bereits existierende **digitale Tools** für die Steuerung von Umsetzungsvorhaben (das Projektmanagement) sowie für die Kollaboration (die Zusammenarbeit der Beteiligten) bieten.

Im zweiten Abschnitt (4.4.2) geben wir Ihnen einen Ausblick, welche Potenziale und Chancen sich in der Zukunft durch die Nutzung **künstlicher Intelligenz** in Umsetzungsvorhaben eröffnen.

4.4.1 Nutzen der Digitalisierung in der Umsetzung

Im Grunde sind alle Verantwortlichen von Unternehmen daran interessiert, in Echtzeit über den Stand aller Initiativen informiert zu sein. Für größere Umsetzungsvorhaben gilt dies in noch höherem Maße. Diesen Anspruch zu erfüllen, wird nicht nur durch die Komplexität der VUCA-Welt von heute erschwert, sondern auch durch die gestiegene Komplexität in den Unternehmen selbst.

Im gehobenen Mittelstand sind Unternehmen, die eine Produktgruppe an einem Standort produzieren und sich auf Deutschland als Absatzmarkt beschränken, längst die absolute Ausnahme. Viele bestehen aus mehreren Produktsparten und mehreren Standorten, bis hin zu Fabriken und Niederlassungen im Ausland. Die Zahl ihrer Beschäftigten geht leicht in die Hunderte oder gar Tausende, ihre Arbeitsprozesse sind komplex und umfassen mehrere Abteilungen oder Werke. In einer solchen Umgebung eine Transformation oder ein anderes größeres Umsetzungsvorhaben anzugehen und zu steuern, ist mit den Mitteln der Vergangenheit allein – einer Betriebsversammlung, Aushängen und persönlichen Gesprächen vor Ort – nicht mehr zu meistern. Gut, dass die modernen digitalen Tools hier Abhilfe schaffen, um dieser Komplexität Herr zu werden und die knappe Zeit effizient zu nutzen.

Einsatz von Projektmanagementtools

Prozesse schneller, effizienter, sicherer, eindeutiger und weniger fehleranfällig zu machen – darin liegen die großen Chancen der Prozessdigitalisierung. Diese bietet zudem Vorteile wie kurze Implementierungs- und Amortisationszeiten. Das gilt auch bei der digitalen Abbildung von Umsetzungsprozessen. Mit Projektmanagementtools sind alle Themen- und Aufgabenfelder zu jeder Zeit für alle Beteiligten präsent und können ortsunabhängig bearbeitet werden. Mit ihrer Hilfe wird eine effiziente virtuelle Zusammenarbeit möglich, ein digitales, flexibles und effektives Team kann entstehen, die Arbeit wird agil. Und das über Standorte oder Landesgrenzen hinweg.

Aus all diesen Überlegungen heraus hat Struktur Management Partner schon sehr früh in die Entwicklung eines eigenen Projektmanagementtools investiert und dies kontinuierlich zu einem führenden Werkzeug für Umsetzungsprojekte weiterentwickelt. Sein Name: ProChange. Seine Elemente und Funktionalitäten berücksichtigen die Erfahrungen aus Restrukturierungen und Turnarounds von mehr als 800 Unternehmen aus fast allen Branchen. Inzwischen ist das Tool seit mehr als 15 Jahren erfolgreich im Einsatz. Daneben gibt es am Markt weitere Tools mit ähnlichem Use-Case wie Nordantech Falcon oder Valuedesk. Während ProChange und Falcon die Informationen nach oben hin immer weiter verdichten, sodass Topmanagement oder Lenkungsausschuss stets schnell einen Überblick über aktuelle Fortschritte, Chancen und Hindernisse erhalten, stellt Valuedesk stärker auf die Identifikation und Umsetzung von Wertpotenzialen in der Supply-Chain ab.

Abzugrenzen sind Projektmanagementtools von digitalen Tools zur Steuerung von Aufgaben der täglichen Arbeit wie Asana, Trello, Jira oder dem Planner in Microsoft Teams. Diese sind zwar hervorragend geeignet zur Verwaltung von detaillierten Workflows und für das dynamische Aufgabenmanagement innerhalb einzelner Projekte. Die Aggregation eines Projektstatus auf Projekt- und Programmebene, gerade auch als Informationstool fürs Management und Mittel der Projektsteuerung, ist dort jedoch nur eingeschränkt vorgesehen (Abbildung 30)

Um an einem Beispiel deutlicher zu machen, was wir damit meinen, wollen wir kurz auf Funktionen und Nutzen von ProChange eingehen. Dieses Tool zeichnet sich durch eine sehr intuitive Softwarearchitektur und eine Fokussierung auf die wesentlichen, erfolgskritischen Funktionen aus – was einen einfachen Start sowie ein schnelles Onboarding von Projektleitern und Mitarbeitern in der Initialisierungs- und Implementierungsphase erlaubt. Damit eignet es sich bestens für alle Transformations- und Turnaroundprojekte im Mittelstand,

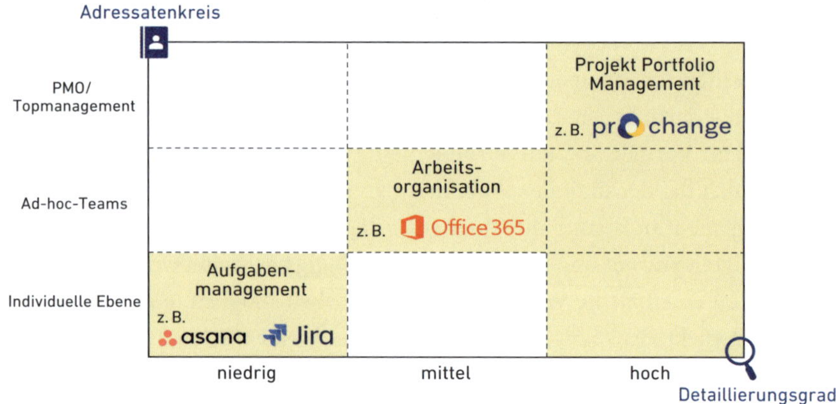

Abbildung 30: Einsatzgebiete digitaler Tools.

insbesondere dann, wenn der Zeitplan eng und eine schnelle, wirksame Initialisierung gefragt ist oder wenn die personellen Kapazitäten knapp sind.

Das webbasierte Projektmanagementtool erlaubt

- eine einfache, standardisierte Operationalisierung von Projekten über die Erstellung einzelner Projektbäume und das klassische Herunterbrechen des Projekts in Teilprojekte, Aufgabenpakete und Aufgaben;
- eine ständige Aktualisierung des Status, unterschieden nach diesen vier Ebenen (Projekt, Teilprojekt, Aufgabenpaket, Aufgabe), alles mithilfe eines automatisierten Ampelsystems zur schnellen Übersicht aus der Managementperspektive;
- eine leicht verständliche Übersicht über Ziele, Maßnahmenfortschritt sowie monetäre Effekte und KPI-Effekte in Form aussagekräftiger Dashboards;
- allseits Transparenz über den Projekterfolg und damit einen Single-Point-of-Truth;
- eine digitale, verbindliche Terminsteuerung;
- mehr Konsequenz und damit erhebliche Effizienzsteigerungen sowie
- mehr Fokus der Verantwortlichen auf das Wesentliche, zum Beispiel auf die Zusammenarbeit in den Teams, auf Problemlösungen und die Erarbeitung von Maßnahmen (statt Zeit zu verschwenden auf ein kleinteiliges, händisches und deshalb womöglich sogar lückenhaftes Tracking des Projektfortschritts).

Ein digitales Tool wie ProChange fördert eine systematische, für jeden nachvollziehbare Strukturierung der Projekte und erlaubt, auf jeder Ebene den aktuellen

Status, Chancen und Hindernisse sowie die nächsten Schritte empfängergerecht aufzubereiten. Es reduziert zum einen den Aufwand massiv, gerade auch bei länger laufenden Umsetzungsvorhaben, bei denen viele Daten auflaufen, personelle Veränderungen auftreten und Entwicklungen sich gern einmal verselbstständigen. Zum anderen dient es als Sammelbecken für alle Informationen, als Referenzpunkt für alle Beteiligten und damit auch als ein wichtiges Mittel der internen Kommunikation. Es schafft Überblick, Transparenz und eine gemeinsame Basis für den Austausch untereinander (Abbildung 31):

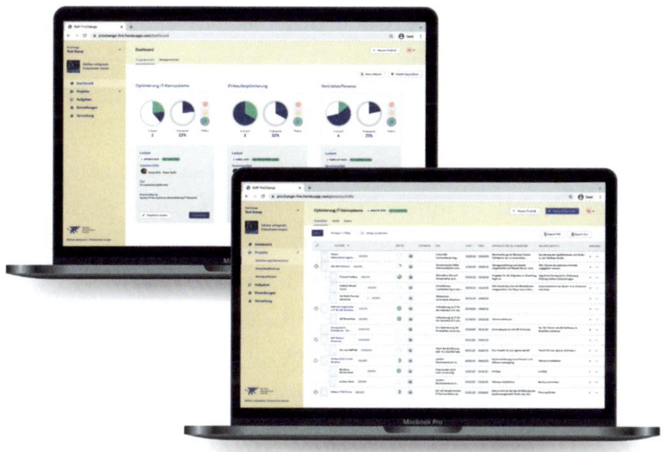

Abbildung 31: Projektmanagementtool ProChange.

Die gute alte Allzweckwaffe Excel hat zumindest in der Steuerung von Umsetzungsvorhaben längst ausgedient. Ist die Zeit knapp und der Erwartungsdruck an den inhaltlichen Fortschritt groß, sind Diskussionen, was denn nun der aktuelle Stand der Umsetzung sei, zermürbend. Haben Sie schon einmal das Chaos erlebt, wenn Sie als Manager mühsam Spreadsheets, E-Mails und Meetingprotokolle nebeneinanderlegen müssen, um einen Eindruck über das aktuelle Geschehen zu bekommen?

Mit einem professionellen digitalen Projektmanagementtool sind Projekte nie wieder in verschiedenen Listen, E-Mails und Berichten verstreut. Deshalb sprechen wir auch vom Single-Point-of-Truth, der insbesondere bei Umsetzungsprogrammen mit mehreren Standorten und Werken sehr wertvoll ist. So arbeiten die Teams entspannt, in Echtzeit und von überall aus, während Sie als Topmanager das große Ganze im Auge behalten und jederzeit aussagefähig sind, da das Tool Zeitpläne, monetäre Effekte, operative KPIs und Statusreports automatisch aggregiert.

Der Einsatz solch eines Tools verstärkt auch die Motivation und Kommunikation. Eine regelmäßige Vergemeinschaftung der erreichten Ziele, Hindernisse und nächsten Schritte im Projektteam und Führungskreis erzeugt sozialen Druck, denn natürlich möchte kein Projektleiter geringe Fortschritte präsentieren. Nach dem Verständnis der Systemtheorie ist es nicht ratsam, Menschen zu einem veränderten Verhalten zu erziehen und selbst Appelle zu kommunizieren. Es ist jedoch sehr wirksam, das System zu stören, zu irritieren und damit den Kontext für das Verhalten der Beteiligten zu ändern. So ist das Besprechen der Fortschritte im Lenkungsausschuss auf Basis objektiver Daten eine sehr wirksame Irritation des Systems, die schnell zu wahrnehmbaren Veränderungen führt und hinderliche Verhaltensmuster wie fehlende Verbindlichkeit oder Termintreue beenden hilft – glauben Sie uns!

Darüber hinaus stimuliert die Kommunikation der Projekte im Führungsteam den Austausch und die innere Bindung der Beteiligten. Sie schafft eine konstruktive Atmosphäre. Häufig werden aus dem Plenum heraus weitere Ideen und Vorschläge zur Überwindung von Hindernissen entwickelt. Das Umsetzungsziel entwickelt sich von einem individuellen Ziel zum Ziel aller Beteiligten; ein positives Feedback des Topmanagements spornt zu einer weiteren gemeinsamen Anstrengung an. In diesem Sinne ist ein Projektmanagementtool zugleich auch ein Kollaborationstool.

Einsatz von Kollaborationstools

Neben Projektmanagementtools können moderne digitale Kollaborationstools helfen, Datensilos zu vermeiden, Informationen über Organisationseinheiten hinweg zu tauschen und Prozesse transparenter zu machen. Sie ermöglichen es, ebenso in größeren Gruppen Orientierung zu finden: Wer arbeitet woran, was machen die anderen gerade? Einige Tools verfügen über die Funktion, Onlinefragebögen mit einer Live-Auswertung der Ergebnisse in Meetings zu kombinieren. Hierzu zählen Produkte wie wooclap oder Lamapoll.

Der Einsatz solcher Tools führt zu einer noch stärkeren Einbindung von Führungskräften der zweiten oder dritten Ebene in Führungs-, Entscheidungs- und Feedbackprozesse. Die Anwendung für kurze Impulsabfragen, die Erhebung von Stimmungsparametern sowie für Feedbackrunden nach dem Lenkungsausschuss oder nach Townhall-Meetings zeigen in der Praxis eine hohe Wirksamkeit, um die Zufriedenheit der Beteiligten zu steigern und Verbesserungsideen abzuleiten.

4.4.2 Potenziale der KI in der Umsetzung

Auch wenn die technischen Entwicklungen im Bereich der künstlichen Intelligenz (KI) derzeit nahezu unüberschaubar und schwer zu prognostizieren sind, wollen wir einen Ausblick wagen, wie sich die Innovationen im Kontext der KI auf das Umsetzungsmanagement auswirken werden.

Die These, dass die Entwicklung und Lernrate von KI exponentiell verlaufe (Wagner 2019), dürfte spätestens durch die medial stark begleitete und von einer schnellen Durchdringung gekennzeichnete kostenfreie Einführung des Chatbots ChatGPT im November 2022 bestätigt worden sein. Insgesamt meldeten sich in den ersten fünf Tagen eine Million Nutzer an, und schon nach rund zwei Monaten erreichte der Dienst die Marke von mehr als 100 Millionen Nutzern weltweit. Damit war das zu diesem Zeitpunkt die mit Abstand am schnellsten wachsende Verbraucheranwendung weltweit (Hu 2023, Schnabel 2022). Auch im Managementalltag stieg ihre Präsenz in den folgenden Monaten signifikant, wenngleich die Anwendungen häufig eher experimenteller Natur waren.

Denken wir diese Entwicklung und unsere eigenen Erfahrungen mit ChatGPT weiter, ergeben sich neben Use-Cases für Management und Umsetzungsvorhaben im Mittelstand drei wesentliche Thesen.

These 1 – *Analysen werden künftig schneller, effizienter und günstiger:* In der Vergangenheit bestand der Arbeitsalltag im Umsetzungsmanagement und in Transformationsprozessen zu einem wesentlichen Anteil aus der Analyse der in Zahlen gemessenen Performance des Unternehmens, der Überprüfung der Wirksamkeit von Maßnahmen sowie der Erarbeitung von Dashboards und Managementcockpits zur optimierten Steuerung. Je niedriger die kaufmännische Transparenz und Etablierung von Controllingprozessen vorher war, desto mehr Zeit musste bislang auf diese Basisarbeit ver(sch)wendet werden – und dass es an aussagefähigen Reports respektive eindeutigen Daten etwa zu Deckungsbeiträgen oder Profitabilität hapert, haben wir in der Praxis immer wieder erlebt. Künftig dürfte KI hier große Effizienzvorteile bieten.

Stellen Sie sich vor, Sie stellen Ihrem KI-Chatbot folgende, Ihnen sicher nicht unbekannte Frage, und Sie erhalten unmittelbar richtige Antworten darauf: »*Was sind die Produkte mit den höchsten Umsätzen in den letzten zwölf Monaten und welches sind die mit der höchsten Veränderung zum Vorjahr, positiv wie negativ?*«

Oder stellen Sie sich vor, die in Outlook eingebundene KI entwirft Ihnen automatisch Vorschläge für Antworten auf E-Mails, die Sie nur noch inhaltlich prüfen und redaktionell schärfen müssen – und das selbst für komplexere Sachverhalte.

Sofern intern Daten strukturiert und digital vorliegen, werden Software-basierte Anwendungen die Erarbeitung von Dashboards und Ad-hoc-Analysen übernehmen. Wir erwarten, dass der bisherige Mehrwert der Excel-Magie, die speziell in Beratungen oder Controlling-Abteilungen häufig anzutreffen ist, sinken oder gar verloren gehen wird. Die Aufgabe der Menschen wird künftig stärker darin liegen, die Datenkonsistenz sicherzustellen, der KI die richtigen Fragen zu stellen sowie die Ergebnisse von Analysen klug zu hinterfragen. Außerdem liegt der Mehrwert der Beteiligten in der dahingehenden kreativen Lösungsfindung, wie sich die Performance steigern lässt und wie Kollaboration respektive Kooperation sicherzustellen sind. KI-Modelle werden immer besser und erlauben schon heute die Simulation der Zukunft. Stellen Sie sich vor, Sie könnten perspektivisch womöglich die Auswirkungen Ihrer Umsetzungsmaßnahmen bereits vor deren Implementierung simulieren und das Ergebnis gezielt adjustieren. Diese »Visualisierung« der Zukunft dürfte auch Skeptiker der geplanten Veränderung nicht unbeeindruckt lassen und so manchen Widerstand direkt am Anfang überwinden helfen.

These 2 – *Welche Plattformen sich im Mittelstand durchsetzen, hängt maßgeblich am Datenschutz:* Schon heute fragen sich einige IT-Security-Experten, wie sie ihre Mitarbeiter davon abhalten können, Interna und vertrauliche Daten in ChatGPT zu posten, um sie für Geschäftsprozesse zu verarbeiten. Gerade im Mittelstand wird es vor dem Hintergrund begrenzter Kapazitäten zunehmend zur Herausforderung, mit dem Tempo der technischen Entwicklung einerseits sowie den Anforderungen des Datenschutzes und der IT-Cybersicherheit andererseits Schritt zu halten – und für jedes neue Programm entsprechende Regelungen zu treffen respektive durchzusetzen.

Aus diesem Grund werden sich, davon sind wir fest überzeugt, mutmaßlich jene KI-Anwendungen und Plattformen durchsetzen, die in bereits etablierte Office-Pakete integriert werden. So ist es heute beispielsweise mit hohen Sicherheitsstandards gängige Praxis, Daten und Informationen in unterschiedlichen Anwendungen von Microsoft Office zu nutzen. Entscheidend dafür ist, dass dafür keine Daten von einer Plattform zur anderen übertragen werden müssen. Vereinfacht ausgedrückt: Gelten in Abhängigkeit des Serverstandorts die Daten in Outlook als gesichert, dürfen diese zum Beispiel auch in Microsoft Teams genutzt werden. Vor diesem Hintergrund sehen wir in den KI-Anwendungen von Microsoft Office (wie etwa Microsoft Copilot) ein sehr hohes Potenzial, um eine große Marktdurchdringung zu erreichen.

These 3 – *Mitarbeiter müssen ihr »Skillset« ändern und Unternehmen ihr »Upskilling« fördern:* Einige Berufsbilder werden mit den Innovationssprüngen durch die KI an Bedeutung verlieren, etwa Controllingtätigkeiten, die sich bislang auf die Analyse und Aufbereitung von Daten oder die Erarbeitung von Vorstandsvorlagen fokussierten. Die Frage wird sein: Welche Tätigkeiten fallen weg – und welche sind auch in Zukunft noch wertsteigernde Aktivitäten? Was eine weitere Frage nach sich zieht: Über welche Fähigkeiten müssen Mitarbeiter künftig verfügen, um diese wertsteigernden Aufgaben ausüben zu können? Und: Wie können die Unternehmen ihre Mitarbeiter dahingehend qualifizieren?

Um im Beispiel des Controllings zu bleiben: Wir können mit Sicherheit davon ausgehen, dass repetitive Aufgaben wie die monatliche Budgeterstellung künftig durch KI (effizienter) ausgeführt werden. Selbst Optimierungsvorschläge zur Anpassung von Arbeitsabläufen können heute schon von der KI stammen, die den Nutzern dazu lediglich virtuell über die Schulter schauen muss.

Entsprechend wird in Zukunft derjenige Verantwortliche einen Wertbeitrag leisten, der die Informationen in den Unternehmenskontext stellt und daraus erforderliche Handlungen ableitet sowie umsetzt. In Zukunft lautet der Grundsatz, das Wesentliche granularer zu messen, vor allem aber zu verstehen, welche Treiber für die bisherige und weitere Entwicklung ursächlich sind und wie diese verändert werden können. Deshalb wird es in Zukunft mehr denn je auf die Umsetzung ankommen.

Vor diesem Hintergrund sollte die Befähigung der Mitarbeiterinnen und Mitarbeiter künftig insbesondere folgende zwei Bausteine berücksichtigen:

- Entwicklung des Verständnisses, wann den Ergebnissen der KI zu vertrauen ist und wann Qualitätssicherungs- und Plausibilisierungschecks angebracht sind. Basis dafür sind Fähigkeiten im »Computational Thinking«, ein Verständnis, wie Algorithmen funktionieren, und »Critical Thinking«, die Plausibilisierung mithilfe von Branchen- und Fachkenntnissen.
- Entwicklung einer holistischen Problemlösungskompetenz, sprich der Fähigkeit, die richtigen Fragen zu stellen.

Zu welchem Grad das heutige Schul- und Universitätswesen diese künftigen Kernkompetenzen lehren kann, bleibt offen. Auf jeden Fall besteht ein enormer »Upskilling«-Bedarf. Der Umsetzungsmanager übernimmt die Rolle des »Enablers« und Sparringspartners, wenn Führungskräfte und Verantwortliche sich die nötige Methodenkompetenz aneignen. Die Weiterbildung von Mitarbeiterinnen und Mitarbeitern ist angesichts des Fachkräftemangels als Chance zu sehen, die – bisher begrenzte – Zahl von Kompetenzträgern im Unternehmen zu halten und regelmäßig weiter zu befähigen.

Digitale Lösungen weiterzuentwickeln, wird ein dynamischer Prozess bleiben. Für ambitionierte Umsetzungsmanager empfiehlt es sich, Innovationen aufmerksam zu verfolgen und zu schauen, welche neuen Werkzeuge einen agilen Change-Prozess auf der strukturellen, ökonomischen oder sozialen Ebene verstärken. Schon in naher Zukunft dürften die nächsten Versionen textbasierter Dialogsysteme den Kapazitätsbedarf in Umsetzungsvorhaben für Schriftverkehr, Mailings, Dokumentationsaufwand oder Protokollierung von Gesprächen stark reduzieren – und im gleichen Maß Chancen bieten, dass sich Umsetzungsmanager stärker auf Kreativarbeit, Kommunikation, Inspiration und Zusammenarbeit mit den Umsetzungsteams fokussieren können. Trotz aller Innovationen im Bereich KI gilt weiter: KI ist nur ein »Mittel zum Zweck« und Veränderungen betreffen Veränderungen im Verhalten von Menschen.

AUF EINEN BLICK

Berücksichtigen Sie auch bei der Auswahl von Projektmanagement- und Kollaborationstools den Dreiklang. Die Nutzung von KI bietet hier angesichts ihrer enormen Fortschritte große Chancen.

Strukturen: In der Initialisierung werden Projektbäume entwickelt, die sich im Projektmanagementtool klar abbilden lassen. Wer KI einsetzt, wird sich über stärker automatisierte Analysen und neue, schnellere Formen der Visualisierung freuen, zugleich aber verstärkt Fragen zu Datenschutz und Cybersicherheit klären müssen.

Menschen: Aus der Anwendung digitaler Tools resultieren Effizienzvorteile. Umsetzungsmanager können ihre verfügbare Zeit stärker für die kreativen Prozesse und für Aufbau, Motivation und Leitung der Teams nutzen. Außerdem fördern die Tools neue Verhaltensmuster durch die gemeinsame Durchsprache des Projektstatus mit der Führung und den operativ Beteiligten. Sie erhöhen Verbindlichkeit, Dynamik und Anspruchshaltung. Die Nutzung von KI wird die Arbeit verändern, daher müssen die Menschen selbst ihr »Skillset« erweitern und die Unternehmen ein »Upskilling« fördern.

Performance: Wählen Sie ein Projektmanagementtool, das monetäre Effekte, operative KPIs und Fortschrittsgrade visualisiert und die Messung der Performance effizient gestaltet. Der Einsatz von KI verspricht hier Sprünge, will aber in Ertrag und (finanziellem, zeitlichem) Aufwand abgewogen sein.

Kapitel 5

Der Dreiklang in der Praxis: Tipps und Tools für Führungskräfte mit Umsetzungsverantwortung

Wir haben Ihnen bereits dargelegt, warum die erfolgreiche Umsetzung von Transformationen, Turnarounds und Strategien so etwas wie der »blinde Fleck« des Managements ist (Kapitel 1), wie sich aus der Forschung zu den Erfolgsfaktoren der Dreiklang »Strukturen-Menschen-Performance« ableiten lässt (Kapitel 2), wie weit bekannte Methoden des Umsetzungsmanagements diesen Dreiklang bisher berücksichtigen (Kapitel 3) und welches methodische Vorgehen wir in der Zusammenschau von Wissenschaft und Praxis empfehlen, um ihn in Unternehmen anzuwenden (Kapitel 4).

Ihnen als Führungskraft mit Umsetzungsverantwortung möchten wir zum Ende dieses Buches helfen, die gewonnenen Erkenntnisse in Ihren Alltag zu übersetzen. Dafür bündeln wir zum einen zentrale Gedanken zur Umsetzung im Mittelstand in **zehn Handlungsempfehlungen** (Unterkapitel 5.1).

Zum anderen geben wir Ihnen eine »Toolbox« mit **sieben Werkzeugen** (samt Templates) an die Hand, dies als eine Art Pflichtenheft zur Anwendung des Dreiklangs in Ihrem Umsetzungsprojekt, aber auch als Konzentrat unserer ganzheitlichen Umsetzungsmethodik (Unterkapitel 5.2).

5.1 Ihr Reminder: Zehn Handlungsempfehlungen

Das »Was« und das »Wie« sind in erfolgreichen Transformationen zwei Seiten einer Medaille. Denken Sie daran, dass die Grundlagen für den Erfolg in der Umsetzung schon in der Analyse- und Konzeptphase gelegt werden. Entwickeln Sie mit Ihrem Führungsteam ein klares, verbindliches Zielbild, und sichern Sie die Zielerreichung über ein hohes Commitment aller Beteiligten ab. Fragen Sie sich nicht nur: Haben wir eine Strategie? Sondern auch: Haben wir eine Strategie für die Umsetzung? Nutzen Sie gängige Umsetzungsmethoden. Legen Sie bei der Auswahl Wert auf ein hohes Maß an Operationalisierbarkeit sowie (gerade auch im Mittelstand) auf eine pragmatische Ausgestaltung.

Seien Sie offen für Veränderungen und Neues. Treiben Sie den Wandel voran, statt vom Wandel getrieben zu werden. Eine positive Sicht auf die Zukunft und auf Innovationen begünstigt Erfolge. Unsere zentrale These, die sich über die Zeit immer weiter erhärtet: Ohne eine veränderungsbereite und starke Führung gelingt keine Transformation.

Widmen Sie als Führung dem Vorhaben **ausreichend Zeit und Aufmerksamkeit.** Lassen Sie sich vom stets ach so dringlichen Tagesgeschäft nicht ablenken.

Stellen Sie sicher, dass Sie als Führungsteam ein gemeinsames Verständnis über die angestrebten Veränderungen haben. Gehen Sie bitte nicht davon aus, dass alle das Gleiche verstanden haben wie Sie.

Trade-off-Entscheidungen sind für eine erfolgreiche Umsetzung unverzichtbar. Der Misserfolgsfaktor Nr. 1 bei Umsetzungsvorhaben ist, wie die Ergebnisse unserer Mittelstandsstudie zeigen, eine unzureichende **Priorisierung** der Initiativen und Maßnahmen.

Managen Sie den Dreiklang einer erfolgreichen Umsetzung – **Strukturen, Menschen, Performance** – in seiner Gesamtheit. Seine Wirksamkeit entsteht aus der Beherrschung jeder Dimension, aber vor allem aus dem bewussten, zielgerichteten Zusammenspiel.

Geben Sie dem Umsetzungsteam Zeit für die **Initialisierungsphase**. Die Erfahrung zeigt: 80 Prozent des späteren Umsetzungserfolgs wird durch eine Mindestinvestition von 20 Prozent am Anfang eines Projekts bestimmt. Die Initialisierung entlang der ROADMAP hat sich in der Praxis als systematisches, strukturiertes Vorgehen bewährt.

Betrachten Sie **Kommunikation** als Schlüsselfaktor. Dabei gilt, dass Sie als Führungskraft nicht zu viel kommunizieren können, aber wahrscheinlich – aus Ihrer subjektiven Sicht heraus – zu viel kommunizieren müssen. Achten Sie darauf, dass Sie den Aufwand für automatisierbare Aufgaben wie Maßnahmen-Controlling, Nachverfolgung offener Punkte und PMO-Aufgaben minimieren durch digitale Tools und KI-Anwendungen, sodass Sie die wertvolle Zeit des Topmanagements maßgeblich für Führungsfragen und Kommunikation nutzen können.

Investieren Sie in die **Befähigung Ihrer Mitarbeiter und Teams**. Schulen Sie Projektteams und Mitarbeitende in der Anwendung weniger, einfacher Methoden des Projekt- und Moderationsmanagements. Der ROI kommt schneller, als Sie denken. Gestalten Sie Ihre Anreiz- und Feedbackmechanismen derart, dass die Teams ein »Growth Mindset« entwickeln. Unterscheiden Sie bei den Verantwortlichen zwischen »Können« und »Wollen«. Agieren Sie konsequent, sollten Mitglieder des Kernteams wie Widerstandskämpfer agieren.

Die **Steuerung und das Monitoring des Umsetzungsfortschritts** ist Aufgabe des Projektteams, nicht des Controllings. Legen Sie Wert auf ein quantitatives und qualitatives Maßnahmen-Controlling, welches aus Euro-Effekten, operativen KPIs und der Einhaltung von zuvor klar definierten Meilensteinen besteht. Investieren Sie in die Aufbereitung der Fortschritts- und Messgrößen sowie in deren Kommunikation und gemeinsame Reflexion.

Unser letzter Rat: **Aufmerksamkeit, Disziplin und Hartnäckigkeit** entscheiden über den Erfolg. Einen Umsetzungsprozess auf hohem und wirksamem

Niveau aufrechtzuerhalten, den Fokus nicht zu verlieren, ist ein zähes, mühevolles Unterfangen und ähnelt eher einem Marathon als einem Sprint. Die meisten kennen wohl die Wendung von »Blut, Schweiß und Tränen«, die auf eine Rede von Winston Churchill vor dem britischen Unterhaus im Kriegsjahr 1940 zurückgeht, doch nur wenige wissen, dass der Premierminister noch ein viertes Element erwähnte, die »Mühsal« (wortwörtlich sprach Churchill von »Blut, Mühsal, Tränen und Schweiß«; Churchill 1940). Kurzum, machen Sie sich nichts vor: Jedes Umsetzungsvorhaben wird fast zwangsläufig unerwartete Rückschläge, Hindernisse und zum Teil emotionale Konflikte durchlaufen. Wollen Sie diese erfolgreich meistern, dürfen Sie Ihre Rolle und Ihre Vorbildfunktion als Führungskraft nicht unterschätzten. Alles was Sie sagen und tun (bzw. alles, was Sie nicht sagen und nicht tun) hat Signalwirkung für die gesamte Organisation. Positiv ausgedrückt: Fokus, Leidenschaft und Wille zum Erfolg erfordern zwar ein hohes Maß an Stresstoleranz und Empathie, doch dafür stecken sie auch an. Bleiben Sie als Führungskraft daher fokussiert, lösungsorientiert und stets gelassen. Oder, angelehnt an Doppler: Bleiben Sie besonnen heiter – aber auch heiter besessen.

5.2 Ihre Toolbox: Sieben Werkzeuge

Wer seine Umsetzungspraxis signifikant verbessern will, dies zum einen mit Blick auf die eigenen Fähigkeiten, aber auch auf die quantifizierte Zielerreichung, dem legen wir die sieben wichtigsten Werkzeuge für ein wirksames Umsetzungsmanagement gemäß unserer Methodik nahe. Diese Vorlagen eignen sich sehr gut als Lernmaterialien für Übungen oder direkt für den Praxiseinsatz im Unternehmen. Unserem zirkulären Modell folgend (siehe Kapitel 1, Abbildung 3), haben wir die sieben Werkzeuge den drei großen, übergeordneten Phasen des Transformationsmanagements zugeordnet:

1. Analyse und Konzepterstellung (Werkzeuge 1, 2 und 3),
2. Initialisierung der Umsetzung (Werkzeuge 4 und 5),
3. Implementierung der Umsetzung (Werkzeuge 6 und 7).

Betrachten wir nun im Folgenden die sieben Werkzeuge nacheinander.

Phase 1: Analyse und Konzepterstellung

Will die Führung ermitteln, wie es um die Umsetzungskompetenz im eigenen Unternehmen bestellt ist, kann schon eine kurze, gemeinschaftliche Bestandsaufnahme vieles bewirken. Sie hilft dabei, den Status quo zu reflektieren, erste Ideen für Veränderungen zusammenzutragen und das Umsetzungsmanagement in einfacher Weise deutlich zu verbessern.

Zu diesem Zweck sollte der (erweiterte) Führungskreis einen Impulsworkshop von etwa drei Stunden Dauer abhalten. Dieser lässt sich anhand von drei

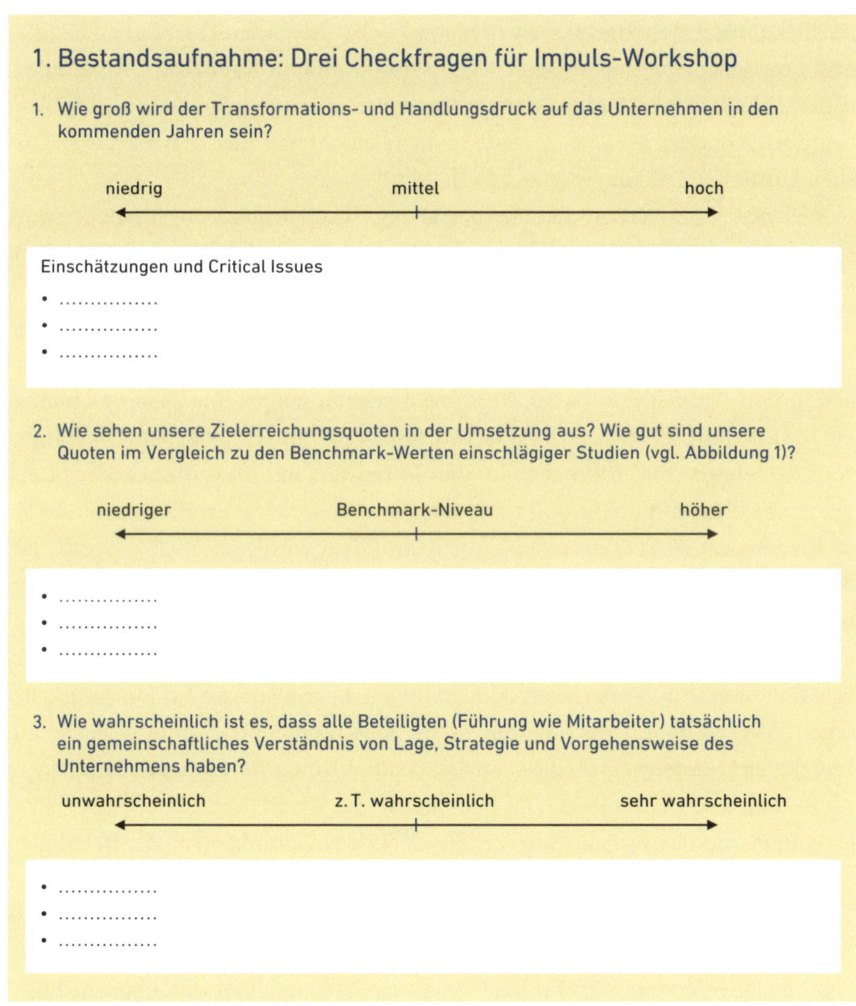

Abbildung 32: Drei Checkfragen zur Bestandsaufnahme im Impuls-Workshop (Werkzeug 1).

Fragen strukturieren: **Werkzeug 1** fasst diese drei Fragen zusammen, verbunden mit einer einfachen Skala für die Bewertung sowie mit freien Feldern für persönliche Einschätzungen oder Themen, die Ihrer Ansicht nach über Erfolg und Misserfolg entscheiden (Template in Abbildung 32). Füllen Sie das Template (wie auch die folgenden) erst jeder für sich, dann alle gemeinsam im Führungskreis aus (und gehen Sie bei den folgenden ähnlich vor).

Die Runde sollte offen diskutieren, wo Stärken und wo Schwächen der bisherigen Umsetzungsroutine liegen und wie die Teilnehmer die Antworten entlang der Skala einschätzen. Bei der Einschätzung der Erfolgsquoten hilft schon ein einfaches Scoring wie im Template, Sie können aber auch einen Vergleich mit bekannten Benchmarks vornehmen (siehe die Daten für High-, Middle- und Low-Performer aus unserer Mittelstandsstudie in Kapitel 1, Abbildung 1). Unterschiedliche Ansichten oder gar Kontroversen sollten Sie nicht als Problem begreifen, sondern als Chance, eine ehrliche, nüchterne Einschätzung des aktuellen Umsetzungsmanagements zu erhalten.

Welches Potenzial in der Verbesserung Ihres Umsetzungsmanagements steckt, illustriert ein Vergleich mit den High-Performern: Diese kommen im Durchschnitt auf 81 Prozent Zielerreichungsquote. Wer sich selbst im Bereich von 50 bis 70 Prozent verortet (im Kreis der Middle-Performer) und es mithilfe eines systematischeren, konsequenteren Vorgehens entlang unserer Empfehlungen in den Bereich von 70 bis 90 Prozent schafft, kann seine Zielerreichungsquote um rund 20 Prozentpunkte verbessern (wenn wir über eine Erhöhung vom Mittelwert mit 60 Prozent auf den Mittelwert mit 80 Prozent reden) oder gar um 30 Prozentpunkte und mehr (wenn wir über eine Erhöhung von 50 bis 60 Prozent auf 90 Prozent reden). Solch ein Effekt wird sich spürbar positiv auf die Leistung des Unternehmens, seinen finanziellen Erfolg und das Vertrauen von internen wie externen Stakeholdern auswirken.

Haben Sie eine vergemeinschaftete Einschätzung der mit Ihren Konzeptbausteinen verbundenen Herausforderungen formuliert und die erfolgskritischen Themen identifiziert, sollten Sie Ihr Maßnahmenprogramm in Form von Projektsteckbriefen verschriftlichen – dabei hilft Ihnen **Werkzeug 2** (Template in Abbildung 33). Die namentliche Benennung des jeweils verantwortlichen Projektleiters und des Projektteams erhöht dabei das Commitment der Beteiligten zu den Projektzielen signifikant.

Beschreiben Sie die Maßnahmen so konkret und präzise wie möglich, sodass eine Einschätzung, ob die Ziele erfolgreich erreicht wurden, stets möglich ist. Fixieren Sie operative KPIs für die Planjahre. Wir empfehlen zudem (siehe Kapitel 4.1.1) die Quantifizierung der Maßnahmen in Form der erwarteten Effekte

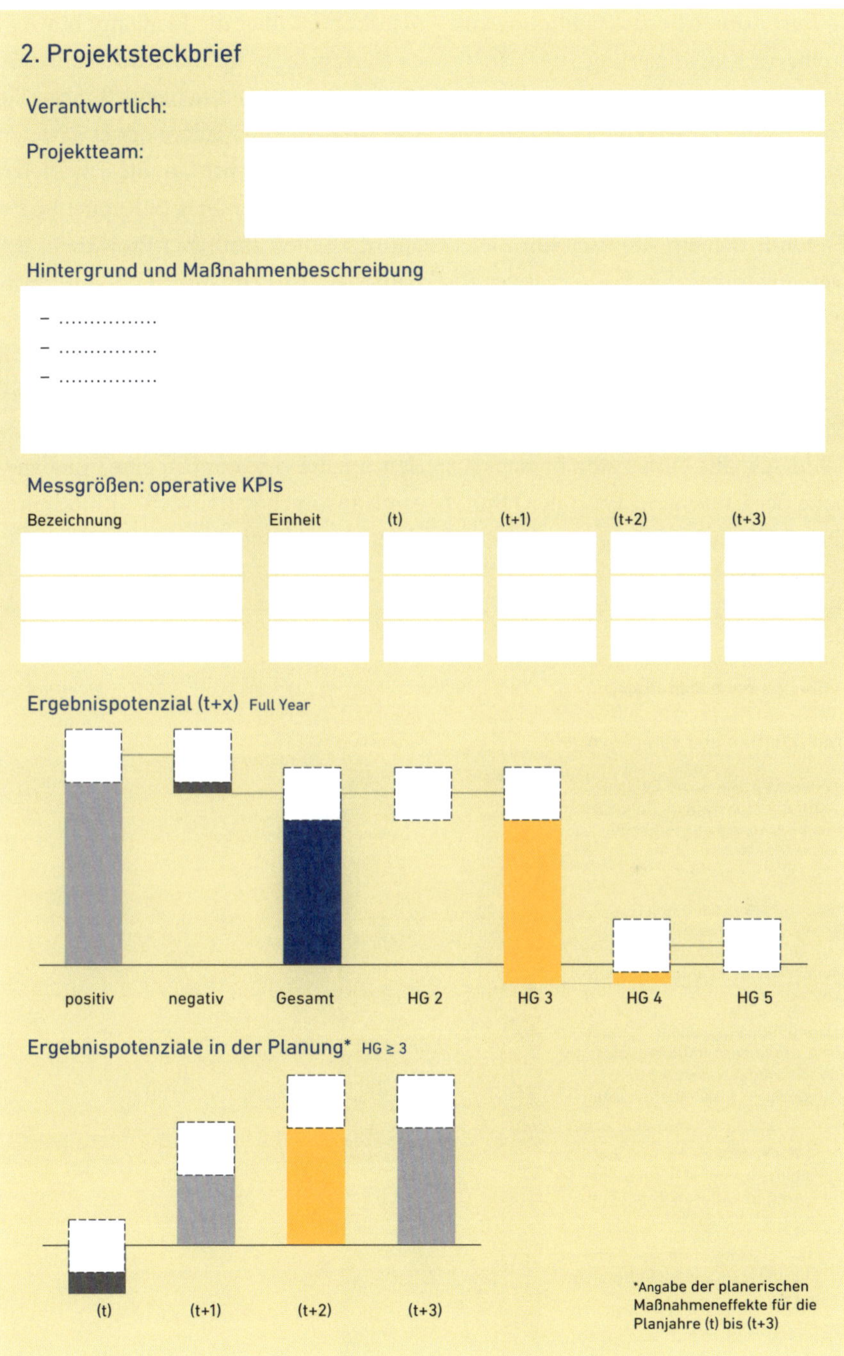

Abbildung 33: Erstellung Maßnahmen- und Projektsteckbrief (Werkzeug 2).

in Euro (unter Berücksichtigung von Anlaufkurven über die Planjahre hinweg) sowie die Klassifizierung ihrer Effekte nach Härtegraden (unter Berücksichtigung des konzeptionellen Reifegrads und der Erfolgswahrscheinlichkeit). Fragen Sie sich: Ist die Entwicklung der KPIs laut Plan mit dem Hochlaufen der erwarteten Maßnahmeneffekte konsistent? Haben Sie Hürden bedacht? Um die erwarteten Effekte nicht zu überschätzen (siehe den Overconfidence-Bias in Kapitel 1 bzw. 2), lohnt sich ein Abgleich mit Zielerreichungsquoten ähnlicher Projekte in der Vergangenheit. Ein konservativer Risikoabschlag ist kein Ausdruck von Pessimismus, sondern von Realismus.

Leichter wird die Ableitung von Handlungsschwerpunkten, wenn Sie sich an den drei Dimensionen einer erfolgreichen Umsetzung orientieren: Strukturen, Menschen und Performance. Ein einfacher Selbsttest – unser **Werkzeug 3** – schlüsselt jede Dimension in sechs Kriterien auf, die viele der (für eine Initialisierung der Umsetzung zentralen) Punkte vorab ansprechen und sich mithilfe einer Dreier-Skala rasch bewerten lassen (Template in Abbildung 34).

3. Selbsttest

Erfolgskriterien nach Dimension	Status			Stärken	Handlungsfelder	Maßnahmen
Strukturen schaffen und verankern	nicht gegeben	bedingt gegeben	gegeben			
Das Organisationsdesign (zum Beispiel PMO-Struktur, Abläufe, Regeln, Aufgaben, Rechte, Pflichten, Verantwortlichkeiten, Eskalationsmechanismen) ist mit den Verantwortlichen klar vereinbart.						
Umsetzungsprojekte starten und strukturieren wir mit einer Initialisierungsphase, in der Projekte, Maßnahmen und die Steuerungskennzahlen operationalisiert werden.						
Der Umsetzungsfahrplan, unsere Umsetzungsziele sowie unsere Aktionspläne sind aus der Strategie abgeleitet und werden vom gesamten Managementteam getragen.						
Regeltermine für Projektteams und zur Steuerung sind in unserer Managementagenda mit klaren Strukturen (Frequenz, Dauer, Formate) fest verankert.						
Ein übersichtliches Monitoringsystem misst den Fortschritt und wird von allen Beteiligten aktiv genutzt.						
Zwischen Anreizsystemen zur Würdigung von Performance und Umsetzungszielen bestehen keine Zielkonflikte.						

Erfolgskriterien nach Dimension	Status			Stärken	Handlungsfelder	Maßnahmen
Menschen einbinden und befähigen	nicht gegeben	bedingt gegeben	gegeben			
Unsere Realisierungsteams sind schlagkräftig und interdisziplinär zusammengestellt. Ressourcen sind gesichert. Wir binden Talente und Nachwuchskräfte ein und fördern sie.						
Die Teams haben Hintergrund und Beitrag ihres Projekts für den Gesamterfolg verstanden. Sie haben sich zur Erreichung der Ziele und Meilensteine verpflichtet.						
Die Geschäftsführung zeigt Commitment, spricht eine Sprache und richtet den Fokus auf die Umsetzungsziele.						
Sie etabliert Mechanismen, um die Aufmerksamkeit für den Umsetzungsprozess hochzuhalten.						
Führungskräfte kommunizieren regelmäßig und offen über Sinn, Ziele und Projektfortschritte (High- und Lowlights) der Umsetzung.						
Mitarbeitende erhalten regelmäßige Schulungen in Projektmanagement und Moderationsmethoden, um sie fit für die Projektarbeit zu machen.						
In unseren Performance-Reviews herrscht ein konstruktives Mit- und Füreinander, das zum Bessermachen stimuliert.						
Performance messen und steuern						
Zieleffekte sind bewertet und vereinbart (quantitativ in Euro, qualitativ in Meilensteinen mit messbaren Zwischenschritten); ihre Messung durch die Projektteams ist sichergestellt.						
Topmanagement und Projektteams legen im Dialog ambitionierte Ziele und Meilensteine fest.						
Die Projektteams stellen die Messung der Projektfortschritte und Kennzahlen sicher. Das Controlling unterstützt das Team.						
Topmanagement und Projektverantwortliche monitoren und steuern die Umsetzungsperformance in regelmäßigen Meetings.						
Die Berichtsformate sind standardisiert und ausgewogen, sie ermöglichen ein transparentes Reporting über Fortschritte, Probleme und Ausblicke der Umsetzung.						
Feedbackmechanismen wie Sounding Boards setzen Impulse für eine kontinuierliche Verbesserung des Umsetzungsprozesses.						

Abbildung 34: Selbsttest wirksamer Umsetzung (Werkzeug 3).

Für die Antworten gilt das gleiche Prinzip wie beim Robustheitstest am Ende der Initialisierungsphase: Liegt die Mehrzahl Ihrer Kreuze im roten oder gelben Bereich, gibt es noch viel zu überlegen, wie Sie die Bedingungen für eine hohe Wirksamkeit verbessern. Liegen Ihre Kreuze mehrheitlich im grünen und gelben Bereich, ist die Basis gut, Nachjustierungen sind jedoch empfehlenswert. Allerdings kann schon ein Kreuz im roten Bereich auf Hindernisse hindeuten, die das gesamte Vorhaben gefährden (zum Beispiel, wenn das Commitment des Topmanagements fehlt)! Das wirksame Zusammenspiel aller drei Dimensionen entscheidet über den Erfolg.

Wer gleich loslegen will: Eine Onlineversion dieses Selbsttests (samt Auswertung) steht auf der Website von Struktur Management Partner bereit.

Phase 2: Initialisierung der Umsetzung

Sobald das Konzept verabschiedet ist und Ihr Umsetzungsmanagement den Selbsttest bestanden hat, startet die Initialisierung der Umsetzung. Gehen Sie dabei entlang der ROADMAP-Methodik vor (siehe Kapitel 4.1.2). Das Realisierungsteam haben Sie bereits auf dem Maßnahmensteckbrief definiert, aber checken Sie noch einmal, ob dieses vollständig ist, ob es alle nötigen Kompetenzen und Funktionen abdeckt und ob allen Beteiligten ihre Rollen klar sind. Das Commitment jedes Mitglieds sollte vorhanden sein.

Im nächsten Schritt erfolgt die Operationalisierung der Maßnahmen in Form von Aktionsplänen. Strukturieren Sie Projekte am besten entlang eines Projektbaums – und das ist unser **Werkzeug 4**. Hier hat sich in der Praxis eine Staffelung nach vier Ebenen – bestehend aus Projekten, Teilprojekten, Aufgabenpaketen und Aufgaben – bewährt (Template in Abbildung 35). Stellen Sie sicher, dass Sie die einzelnen Aufgabenpakete präzise und klar bezeichnen. Denken Sie zudem daran, dass die Elemente überschneidungsfrei und vollständig sind (MECE-Kriterien).

Mit den Projektbäumen stehen die Aktionspläne. Als Nächstes erfolgt die Zuordnung von Deadlines. Versehen Sie daher alle Elemente des Projektbaums mit Zielterminen und hinterlegen dabei die jeweiligen Verantwortlichkeiten aus dem Projektteam. Die kombinierte Erfassung von Projektbäumen, Zielterminen und Verantwortlichkeiten gelingt am besten mithilfe digitaler Projektmanagementtools wie ProChange (oder ähnlicher Lösungen). Deren Einsatz erhöht die Effizienz der Zielverfolgung und erlaubt eine automatische Aufbereitung des Status quo für das Management zur Durchführung von Projektmeetings und Lenkungsausschusstreffen (siehe Kapitel 4.4.1.1).

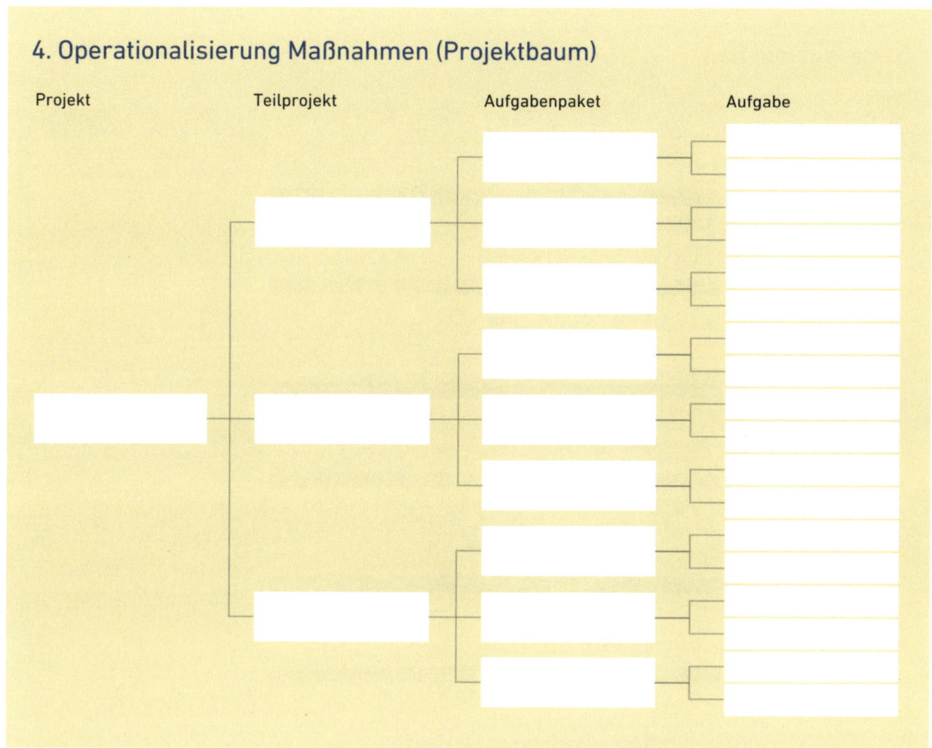

Abbildung 35: Operationalisierung der Maßnahmen entlang des Projektbaums (Werkzeug 4).

Ein weiteres hilfreiches Werkzeug – **Werkzeug 5** – ist ein Maßnahmenfahrplan, der nach den definierten Teilprojekten strukturiert ist (Template in Abbildung 36). Dabei geht es im nächsten Schritt der Operationalisierung (nach Festlegung des Start- und Endtermins jedes Teilprojekts) um zentrale Meilensteine für jedes Teilprojekt. Diese Meilensteine können Must-win-Battles umfassen, motivierende Quick Wins enthalten oder einfach wichtige Punkte auf der Zeitleiste darstellen, entlang derer Sie Erfolge beim Umsetzungsfortschritt feststellen und Verfehlungen nachhalten können. Als Daumenregel empfehlen wir, mindestens einen Meilenstein je Quartal festzuschreiben. Für die spätere Implementierungsphase empfehlen wir dann, die Meilensteine selbst nach klassischen Projektmanagementmethoden zu steuern und die Aufgaben zwischen den Meilensteinen mithilfe von agilen Sprints anzugehen. Schlussendlich ist es ratsam, auch noch die Zielwerte zu dokumentieren, anhand derer überprüft werden kann, ob das Teilprojekt zum definierten Endtermin erfolgreich abgeschlossen wurde.

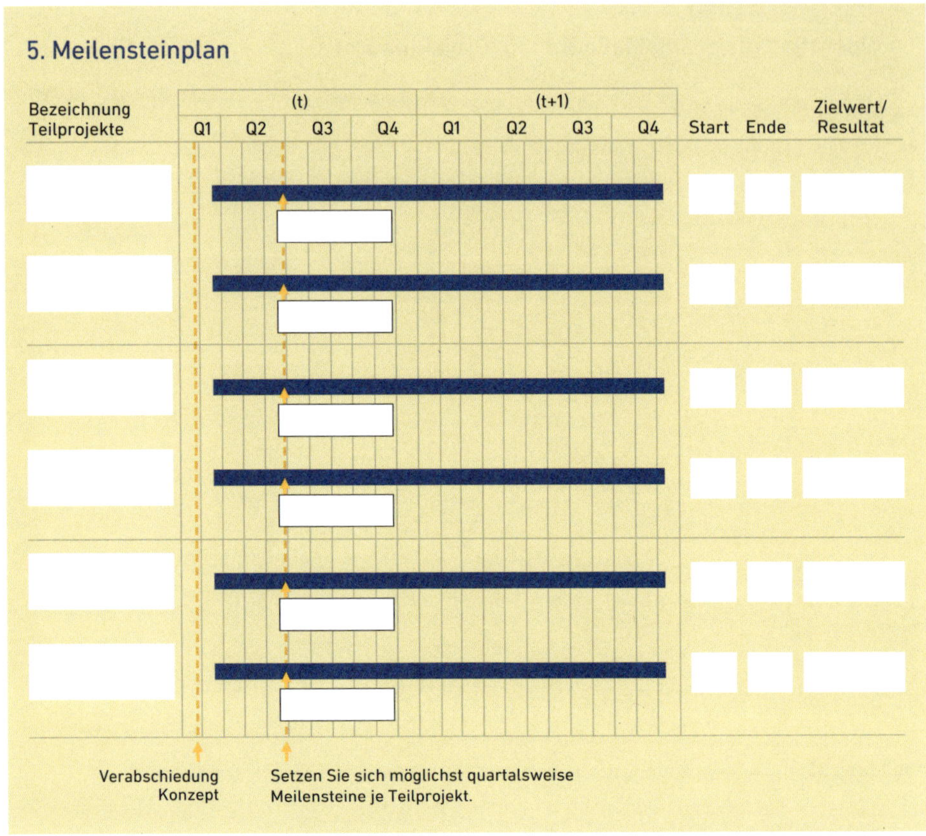

Abbildung 36: Meilensteinplan (Werkzeug 5).

Weitere ROADMAP-Elemente – Organisationsdesign, Maßnahmen-Controlling, Aufmerksamkeit und Praxistauglichkeit – finden sich im Selbsttest (Werkzeug 3) sowie in den zwei folgenden Werkzeugen wieder: der Gestaltung des Lenkungsausschusses und der Erarbeitung eines Kommunikationskonzepts.

Denken Sie unbedingt dran: Am Ende der Initialisierungsphase steht für jedes Projekt der Robustheitstest an (siehe Kapitel 4.1.2.8, Abbildung 21). Erst wenn dieser Check entlang der gesamten ROADMAP durch die Projektteams positiv ausfällt, geht das Projekt in die Implementierungsphase über. Sofern Sie keine wesentlichen Hindernisse mehr sehen, können Sie mit einer inspirierenden Kick-off-Veranstaltung deren Start einläuten (siehe Kapitel 4.1.2.8).

Phase 3: Implementierung der Umsetzung

Das zentrale Format dieser Phase, in der die Projektteams die geplanten Maßnahmen inhaltlich aktiv umsetzen, ist nach unserer Methodik die regelmäßige Zusammenkunft des Lenkungsausschusses. Dafür hat sich in der Praxis eine Frequenz von einem Treffen im Monat bewährt. In diesem Format kann die Geschäftsführung die aktuelle Unternehmensentwicklung darlegen und Updates zu zentralen Fragen geben, zum anderen können Fortschritte und Hindernisse in den Projekten durch die jeweiligen Verantwortlichen vorgestellt und vergemeinschaftet werden. Neue Prioritäten werden gesetzt, Entscheidungen getroffen und kommuniziert (siehe Kapitel 4.1.2.2).

Zur Vorstellung der Projektfortschritte hat sich der Einsatz einer standardisierten Übersicht etabliert – unser **Werkzeug 6**. Diese Übersicht (Template in Abbildung 37) besteht aus den folgenden Elementen:

- einer **Ampel** zur Zusammenfassung, bezogen auf monetäre wie auch auf qualitative Ziele – rote Ampeln sind akzeptabel (und bearbeitbar), wenn sie rechtzeitig angezeigt werden;
- einer verbalen **Zusammenfassung der Fortschritte**, wobei sich die Projektteams an den Zielen messen lassen müssen, die sie sich selbst zu diesem Termin vorgenommen haben;
- Angaben zu Herausforderungen und Entscheidungsbedarf;
- Angaben zu den wesentlichen **Zielen bis zur nächsten Sitzung** des Lenkungsausschusses; definieren Sie die Ziele realistisch und machbar, konzentrieren Sie sich auf Prioritäten, und formulieren Sie die Ziele auch messbar, sodass beim folgenden Lenkungsausschuss eindeutig bewertet werden kann, ob sie erreicht wurden oder nicht;
- Angaben zum **messbaren Projektfortschritt** (ein zentrales Element), wobei eine Kombination aus der Darstellung sowohl der monetären Effekte als auch der operativen KPIs eine besonders hohe Steuerungswirkung entfaltet (was die Einführung eines systematischen Maßnahmen-Controllings voraussetzt, siehe Kapitel 4.1.2.5);
- **Highlights und Lowlights** des Projekts, eine Kategorie, die sich als sehr zielführend erwiesen hat, um im Lenkungsausschuss neben Zahlen, Daten und Fakten ebenso weiche Seiten einer Umsetzung (Veränderungsbereitschaft, Widerstände, Teamstimmung) zu beachten;
- **Projektimpressionen** – nutzen Sie dieses Feld zur Aufnahme von Fotos aus Workshops oder zur Visualisierung von Projektergebnissen, dies mit dem Zweck der weiteren Emotionalisierung.

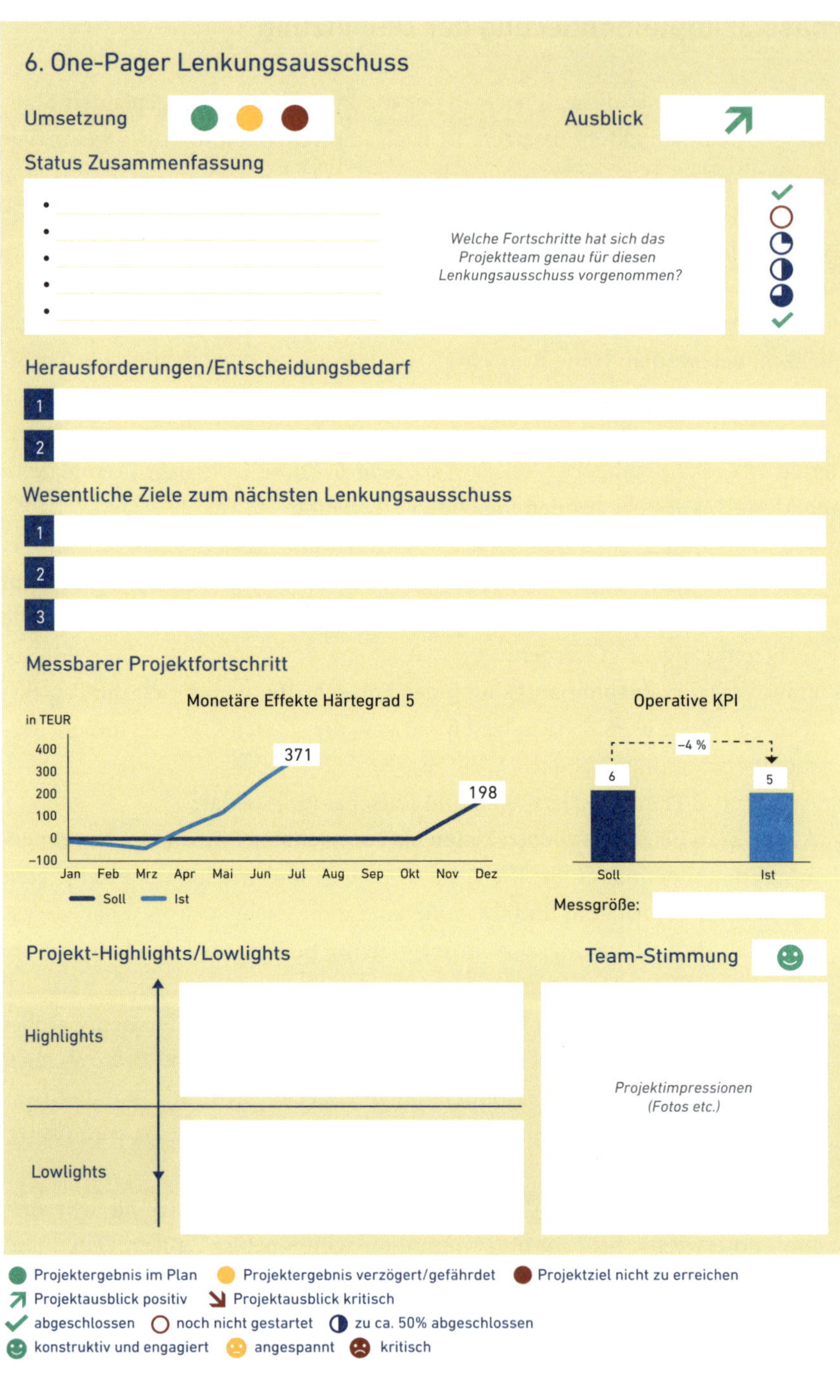

Abbildung 37: One-Pager »Umsetzungsfortschritt für Lenkungsausschuss« (Werkzeug 6).

7. Kommunikationskonzept

1 Strategische/formelle Kommunikation

▸ *Top-down*-Kommunikation mit klaren Regeln

	Frequenz	Inhaltlicher Fokus	Verantwortliche
• Mitarbeiterversammlung			
• Townhall-Meeting (Präsenz oder digital)			
• Videobotschaften/Audio-Snippets			
• Rundmail/Management-Letter			
• Roadshow			
• Lenkungsausschuss			

2 Organisationale Kommunikation

▸ Wechselseitige Kommunikation und Dialogformat

• Mitarbeiterbefragung			
• KVP-Prozess			
• Open-Space-Workshops und Sounding Boards			
• World-Café			
• Robustheitstest Umsetzungsinitiative			
• Kurzbefragung nach Lenkungsausschuss			

3 Informelle Kommunikation

▸ Soziale Kommunikation und Flurfunk

• Benennung Aktivisten/Change-Agents zur Unterstützung der informellen Kommunikation	
• Team-Veranstaltungen	
• Verantwortliche für Social Media	
• Formate zum Feiern von Erfolgen	

Abbildung 38: Konfiguration des Kommunikationskonzepts (Werkzeug 7).

Wollen Sie zusätzliche Inhalte, Aspekte und Ergebnisse vorstellen, können Sie dafür (über den »One-Pager« hinaus) natürlich auch eine weitere, individuell auf Ihr Projekt oder Teilprojekt zugeschnittene Seite nutzen.

Zum Abschluss haben wir Ihnen – mit **Werkzeug 7** – eine »Longlist« aufbereitet, die Sie für die Konfiguration Ihres ganz persönlichen Kommunikationskonzepts nutzen und um weitere Punkte ergänzen können (Template in Abbildung 38). Kommunikationsmaßnahmen sollten im Idealfall über die gesamte Implementierungsphase hinweg eingesetzt werden, die gesamte Organisation über den Stand der Umsetzung informieren und alle Mitarbeiterinnen und Mitarbeiter einbinden, was weitere Veränderungen angeht. Grundsätzlich unterscheiden wir zwischen der formellen »Top-down«-Kommunikation, der organisationalen Kommunikation im Dialogformat und der Berücksichtigung der informellen Kommunikation. Für diese drei Ebenen der Kommunikation setzen wir in der Praxis unterschiedliche Formate ein (siehe Kapitel 4.2).

Denken Sie dran: Gelingende Kommunikation ist eher die Ausnahme als die Regel. Sie sollten daher immer wieder bewusst reflektieren, ob Sie womöglich typische Fehler wie den Hauptsitz-Zentrismus begehen (siehe Kapitel 4.1.2.6). Holen Sie sich Feedback dazu ein!

Schlussbemerkungen und Ausblick

In diesem Managementhandbuch haben wir aus der Literatur und unseren Praxiserfahrungen einen akademisch gestützten Modellrahmen abgeleitet, in dessen Zentrum ein Dreiklang steht, bestehend aus den drei Dimensionen Strukturen, Menschen und Performance sowie deren Zusammenspiel. Dieser Dreiklang dient als Framework für erfolgreiche Umsetzungen. Wir haben dann unsere Umsetzungsmethodik für Führungskräfte (vor allem entlang der ROADMAP und des Performance-Radars) ausführlich entwickelt sowie Tools und Templates für die Praxis bereitgestellt. Mit seinen sehr konkreten Anleitungen und Fallbeispielen ist das Buch – so hoffen wir – ein unverzichtbares Werk für alle, die in ihren Organisationen nachhaltige Veränderungen bewirken möchten.

Sicher scheint: Der Veränderungsbedarf und die damit verbundenen Herausforderungen werden sowohl in der Wirtschaft im Besonderen als auch in der Gesellschaft im Allgemeinen in den nächsten Jahren weiter zunehmen. Denken Sie nur an die technologischen Entwicklungen rund um die KI, die Transformation der Automobilindustrie hin zur E-Mobilität sowie die Anforderungen zur Bekämpfung des Klimawandels – um nur eine kleine Auswahl zu nennen.

Diese Veränderungen haben größtenteils disruptiven Charakter. Sie stellen Fragen nach der Anpassungsfähigkeit, der Finanzierbarkeit von Transformationen, der Neuverteilung monetärer Mittel und vereinzelt wahrscheinlich sogar nach Verzicht. Bei der Suche nach Antworten werden Unternehmen eine wichtige Rolle spielen. Umsetzungskompetenzen und Veränderungsbereitschaft stellen nicht nur für Führungskräfte, sondern auch für jeden Einzelnen wichtige Fähigkeiten dar, und zwar schon heute. Deshalb wollen wir unseren Beitrag zu einem wirksamen Umsetzungsmanagement leisten und jeden Leser motivieren, nicht aus Angst vor den bevorstehenden Veränderungen in Passivität zu verfallen, sondern die gesellschaftliche, ökonomische und ökologische Transformation mit Offenheit und methodischer Kompetenz aktiv mitzugestalten.

Neben einem steigenden Veränderungs- und Umsetzungsbedarf werden sich auch die künftigen Erwartungen an Methodensets und »Skillsets« seitens Umsetzungsverantwortlicher weiterentwickeln. Ursache und Treiber dafür sind insbesondere die zu erwartenden Innovationen durch Digitalisierung und KI. Dabei sehen wir diesen Wandel klar als ermutigend an. Repetitive und analytische Aufgaben dürften stärker automatisiert werden, was wiederum Umsetzungsverantwortlichen mehr Raum für kreatives Denken und menschenzentrierte Tätigkeiten gibt.

Betrachten wir etwa den Automatisierungsrisikoindex, kurz ARI genannt. Mit seiner Hilfe untersuchten Schweizer Robotiker und Ökonomen erstmals systematisch das Automatisierungs- und Digitalisierungsrisiko von fast 1000 Berufsprofilen in den USA. Ihre Ergebnisse, die sie 2022 veröffentlichten (Paolillo 2022, Nosengo 2022), fielen sehr erstaunlich aus. So fiel der Risikoindex niedrig aus einerseits für Berufe, in denen der persönliche Umgang mit Menschen zentral und Empathie sehr wichtig ist (wie im Bildungs-, Pflege- und Krankensystem), andererseits für Berufsbilder mit komplizierten Aufgaben (wie im Projektmanagement). So wird der Mensch dort sicher assistierende Systeme nutzen, selbst aber weiter eine wesentliche Rolle spielen, wenn es um Kreativität und Problemlösung geht. Gleichen wir diese Erkenntnis mit unserem Framework, dem Dreiklang »Strukturen-Menschen-Performance« ab, so sehen wir, dass in der Dimension Menschen der Aspekt der Empathie und in der Dimension Strukturen der Aspekt komplexer Aufgaben von großer Bedeutung ist. Unser Schluss: Erfahrene, erfolgreiche, aber eben auch zugängliche Umsetzungsverantwortliche werden gerade in der Kombination ihrer Herausforderungen und Fähigkeiten auch in Zukunft gefragt sein.

Selbstverständlich bleibt es unerlässlich, die Chancen von Digitalisierung und KI-Werkzeugen zu nutzen. Es gilt, die neuen Technologien intensiv daraufhin zu prüfen, wie sie die Effizienz und Wirkung des Umsetzungsmanagements steigern können, sowie die Umsetzungsmethodik dahingehend laufend weiterzuentwickeln. Eine weitere Untersuchung der erwähnten fast 1000 Berufsprofile kam zu dem Schluss, dass viele Tätigkeiten zwar künftig durch KI gefährdet seien (bei 19 Prozent der Arbeitnehmerinnen und Arbeitnehmer in den USA gehe es gar um mehr als die Hälfte ihrer Tätigkeiten) – dies müsse aber keineswegs heißen, dass ihre Stellen überflüssig würden, sondern dass der Einsatz von KI die Menschen produktiver und kreativer mache (McAfee et al. 2024). Dies wird gemäß unserer Erwartung vor allem die Dimension der Performance betreffen. So dürfte zum Beispiel die Erhebung, Auswertung und Kommunikation einmal definierter Messgrößen künftig automatisiert ablaufen, etwa indem Sie eine KI mit einem Prompt oder Ihrer Stimme um die Daten bitten, die Sie benötigen, und binnen kurzer Zeit eine umfassende Analyse erhalten. Sie selbst werden sich dann stärker auf die Interpretation und Bewertung, auf Schlussfolgerungen, die nötigen Entscheidungen und das Setzen von Prioritäten konzentrieren.

Welchen Einfluss haben alle diese Entwicklungen auf das Management von Transformationen und deren Umsetzung? Wir kommen zu dem Schluss: Führungskräfte, die ihr Unternehmen durch diese stürmischen Zeiten steuern und es so transformieren wollen, dass es zukunftsfähig bleibt, kommen nicht umhin, bestehende Annahmen über das Geschäft zu hinterfragen, robuste Konzepte und Maßnahmen zu entwickeln – und diese wirksam umzusetzen. Rechtzeitig relevante Trends aufzuspüren und gute Ideen zu entwickeln, sind zweifellos wichtige Kompetenzen einer Unternehmensführung, aber aus unserer Sicht sind es die Fähigkeiten der Umsetzung, die die Gewinner von den Verlierern unterscheiden werden.

Nun hilft das Lesen von Büchern zwar, die eigenen Umsetzungskompetenzen systematischer zu stärken. Ohne Anwendung in der Praxis und ohne professionelle Anleitung wird allerdings niemand zu einem wirklich guten Umsetzungsverantwortlichen werden. Daher wünschen wir Ihnen, dass Sie Herausforderungen erfolgreich meisten und damit bestehende Kompetenzen steigern, neue Fähigkeiten aufbauen und insgesamt an Erfahrung und Professionalität gewinnen können. Durch ein besseres Umsetzungsmanagement werden Sie dem Wandel mit mehr Zuversicht begegnen können. Die erwarteten Umbrüche dürften die Wahrscheinlichkeit signifikant erhöhen, dass Transformations- und Umsetzungsprojekte in der Wirtschaft in Zahl, Frequenz und Komplexität zunehmen. Veränderung wird zum Dauerzustand.

Oder, um ein Bonmot aus dem Fußball abzuwandeln: Nach der Umsetzung ist vor der Umsetzung!

Danksagung

Ein solches Buch, das die Essenz aus vielen Jahren Arbeit enthält, ist nie das Werk allein der Autoren. In seine Entstehung ist der Austausch mit vielen Kolleginnen und Kollegen aus Beratung wie Wissenschaft eingeflossen, ebenso der mit Kunden und Partnern. Wir möchten uns daher an dieser Stelle bei einigen Menschen bedanken, ohne die dieses Buch nicht möglich gewesen wäre.

Bei Struktur Management Partner danken wir Monika Dussen für ihren Beitrag zu Führung und Governance in der Krise (der insbesondere auf ihrer Praxiserfahrung als mehrfache CRO im Mittelstand basiert), Philippe Haslanger für die Module zu langfristigen Umsetzungsvorhaben (die er aus seinen eigenen Umsetzungsprojekten heraus entwickelt hat), Oliver Krumm für seine Expertise zu systemischem Change (die unser Umsetzungsverständnis ganzheitlich geprägt hat) und Jonas Wagener für seine tatkräftige Unterstützung bei der Recherche und Aufarbeitung der 20 etablierten Ansätze im Umsetzungsmanagement.

Erik Strauß möchte sich bei der Dr. Werner Jackstädt-Stiftung für die jahrelange Unterstützung seiner Arbeit bedanken. Ganz besonders hervorzuheben sind Michaela Steffens, Dr. Marc Kanzler und Rolf-Peter Rosenthal, die ihn stets ermutigt haben, den Transfer von der Theorie in die Praxis zu forcieren.

Darüber hinaus gilt unser Dank den Teilnehmerinnen und Teilnehmern unserer Gemeinschaftsstudie zu Umsetzung im Mittelstand. Dank geht zudem an alle, die zur Auswertung und Präsentation der Resultate beigetragen haben. Patrik Ludwig vom Campus Verlag, der dieses Buchprojekt von der ersten Idee bis zum Druck begleitet hat, danken wir für seine Begeisterung, Ausdauer und die konstruktive Zusammenarbeit. Und bei Arne Storn bedanken wir uns für die sehr wertvolle Redaktion des Manuskripts, die neben der Arbeit an der Sprache auch immer ein Tüfteln an der Struktur und ein Sparring in der Sache war. Dass das Buch tatsächlich fertig geworden und am Ende so ausgefallen ist, wie wir es uns einst vorgestellt haben, geht vor allem auf seinen unermüdlichen Einsatz zurück.

Last, but not least danken wir unseren Familien, die uns stets unterstützt haben, selbst wenn wir mal wieder einen Abend oder ein Wochenende mit Schreiben verbrachten (statt mit ihnen). Wir hoffen, dass sie verstehen, warum – nun, da sie das Ergebnis unserer Mühen in Händen halten.

Im Übrigen gilt natürlich: Sollten sich doch noch Fehler auffinden lassen, so liegt die Verantwortung dafür allein bei uns.

Literatur

Anand, N./Barsoux, J.-L. (2017): What Everyone Gets Wrong About Change Management. *Harvard Business Review*.

Basford, T./Schaninger, B. (2016): The four building blocks of change. *McKinsey Quarterly*, McKinsey & Company.

Beck, H. (2022): Ergebnisse treiben Mitarbeiter an – nicht der Purpose. *WirtschaftsWoche* (11.06.2022).

Beer, M. (2022): »Developing a Substainable High Commitment. High Performance System of Organizing, Managing, and Leading: An Actionable Systems Theory of Change and Development.« Harvard Business School Working Paper (23).

Bird, A./Lichtenau, T./Michels, D. (2016): Das Was, Wer und Wie von Change Management. Bain & Company (09.02.2016).

Birshan, M./Seth, I./Sternfels, B. (2022): Strategic courage in an age of volatility. *McKinsey Quarterly*, McKinsey & Company.

Blake, R. R./Mouton, J. S. (1964): *The Managerial Grid. The Key to Leadership Excellence*, Gulf Publishing.

Bossidy, L./Charan, R. (2002): *Execution. The Discipline of Getting Things Done*, Crown Business.

Bradley, C./Hirt, M./Smit, S. (2018): *Strategy Beyond the Hockey Stick. People, Probabilities, and Big Moves to beat the Odds*, Wiley.

Bridges Business Consultancy (2020): 20-Year Results From Surveying Strategy Implementation.

Brightline (2017): Closing the Gap. Designing and Delivering a Strategy that Works.

Brightline (2020a): Strategic Transformation. Mastering Strategy in Transformative Times.

Brightline (2020b): Strategic Transformation. Mastering Strategy in Transformative Times, Appendix.

Büchel, B. (2016): Execution and Change Fieldbook, IMD.

Büchel, B./Agamis, C./Khan, M. (2023): *Strategy Execution Playbook*, IMD International.

Bucy, M./Finlayson, A./Kelly, G./Moye, C. (2016): The »how« of transformation. McKinsey & Company (09.05.2016).

Bucy, M./Schaninger, B./VanAkin, K./Weddle, B. (2021): Losing from day one. Why even successful transformations fall short. McKinsey & Company.

Bungay, S. (2011): Strategien optimal umsetzen. *Harvard Business manager*.

Bungay, S. (2021): *The Art of Action. How Leaders Close the Gaps Between Plans, Actions and Results*, Nicholas Brealey Publishing.

Burke, W. W. (2017): *Organization Change. Theory and Practice*, Sage Publications.

Burns, B. (2020): »The Origins of Lewin's Three-Step Model of Change.« *The Journal of Applied Behavioral Science* (56): 32–59.

Cameron, E./Green, M. (2020): *Making Sense of Change Management. A Complete Guide to the Models, Tools and Techniques of Organizational Change*, Kogan Page.

Carucci, R./Lancefield, D. (2023): Wenn Chefs zum Risikofaktor werden. *Harvard Business manager.*

Christensen, C. M./Marx, M./Stevenson, H. H. (2006): The Tools of Cooperation and Change. *Harvard Business Review.*

Collins, J. (2001): *Good to Great. Why Some Companies Make the Leap … and Others Don't*, Random House.

Commerzbank (2017): Unternehmensperspektiven. Next Generation: Neues Denken für die Wirtschaft, Commerzbank.

CPMC/SMP (2023): Auf- und Umsetzung sowie Steuerung von Transformationsvorhaben in Unternehmen, Frankfurt School of Finance & Management/Struktur Management Partner.

Cummings, S./Bridgman, T./Brown, K. G. (2016): »Unfreezing change as three steps. Rethinking Kurt Lewin's legacy for change management.« *Human Relations* (69): 33–60.

Darling, M./Parry, C./Moore, J. (2005): Learning the Thick of It. *Harvard Business Review.*

Destatis (2024a): Statistik für kleine und mittlere Unternehmen, in: Unternehmen, Tätige Personen, Umsatz und weitere betriebs- und volkswirtschaftliche Kennzahlen: Deutschland, Jahre, Unternehmensgröße.

Destatis (2024b): Anteile kleiner und mittlerer Unternehmen an ausgewählten Merkmalen 2022 nach Größenklassen in %.

Dhar, J./Rafiq, S./Reeves, M./O'Dea, A. (2022): Familiar Yet Fatal. 10 Common Pathologies of Failed Change Efforts BCG Henderson Institute (01.06.2022).

Doerr, J. (2018): *OKR. Objectives & Key Results: Wie Sie Ziele, auf die es wirklich ankommt, entwickeln, messen und umsetzen*, Vahlen.

Doppler, K. (2017): *Change. Wie Wandel gelingt*, Campus.

Doppler, K./Lauterburg, C. (2019): *Change Management. Den Unternehmenswandel gestalten*, Campus.

Doppler, K./Voigt, B. (2018): *Feel the Change! Wie erfolgreiche Change Manager Emotionen steuern*, Campus.

Dörner, D. (2003): *Die Logik des Misslingens. Strategisches Denken in komplexen Situationen*, Rowohlt.

Dörner, D./Meck, U. (2022): »The Red Trousers. About Confirmative Thinking and Conceptual Defense in Complex and Uncertain Domains of Reality.« *Journal of Dynamic Decision Making* (8): 1–14.

Drucker, P. F. (1986): *Management. Tasks, Responsibilities, Practices*, Truman Talley Books.

Drucker, P. F. (2004): Das Geheimnis Effizienter Führung. *Harvard Business manager.*

Duck, J. D. (2001): *The Change Monster. The Human Forces that Fuel or Foil Corporate Transformation and Change*, Crown.

Duck, J. D. (2008): Lessons from My Three Decades with the Change Monster. BCG Perspectives, Boston Consulting Group.

Dweck, C. S. (2006): *Mindset. The New Psychology of Success. How We Can Learn to Fulfill Our Potential*, Random House.

Eisenhower, D. D. (1954): Address at the Second Assembly of the World Council of Churches, Evanston, Illinois, 19. August 1954, zitiert und übersetzt nach: The American Presidency Project UC Santa Barbara.

Faerber, M.-R./Grabow, H.-J./Niethammer, B./Strauß, E. (2023a): So gelingt Veränderung im Mittelstand. *Harvard Business manager*.

Faerber, M.-R./Grabow, H.-J./Niethammer, B./Strauß, E. (2023b): Insights: Umsetzung – Stärke des Mittelstands? Struktur Management Partner GmbH/Universität Witten/Herdecke.

Faulhaber, P./Landwehr, N./Grabow, H.-J. (2009): *Turnaround-Management in der Praxis. Umbruchphasen nutzen – neue Stärken entwickeln*, Campus.

Fels, M./Suprinovič, O./Schlömer-Laufen, N./Kay, R. (2021): Unternehmensnachfolgen in Deutschland Daten und Fakten Nr. 27, IfM – Institut für Mittelstandsforschung, Bonn.

Flynn, F. J./Lide, C. R. (2023): »Communication Miscalibration. The Price Leaders Pay For Not Sharing Enough.« *Academy of Management Journal* (66): 1102–1122.

Gleich, R./Wald, A./Kowatz, U. (2023): Die Weiterentwicklung des Performance Measurements. *Controlling & Management Review*.

Grabow, H.-J./Fröhlich, K./Hagemann, C. (2015): Szenen einer Ehe. Über Vertrauen, falsche Erwartungen und sehr viel Psychologie. Unternehmer-Finanzierer-Kommunikation in der Praxis, Struktur Management Partner GmbH.

Grabow, H.-J. (2017): Wie Unternehmen/r in ihre Zukunft kommen – oder auch nicht? RKW Kompetenzzentrum.

Grabow, H.-J./Judt, H. (2022). Unternehmenssteuerung und Forecasting in der VUCA-Welt mit der KEPs-Steuerung. Ein diskurs- und simuationsorientierter Ansatz für die Praxis, in: Gleich, R./Kappes, M./Kirchmann, M. (2022): *Planung und Forecasting. State-of-the-art-Prozesse, Werkzeuge, Best-Practice-Beispiele*, Haufe: 191–212.

Haas, O./North, K./Pakleppa, C.-B./Zaitseva, N. (2022): *Transformation. Tiefgreifende Veränderungen verstehen, ermöglichen und gestalten*, Vahlen.

Hamel, G./Välikangas, L. (2003): The Questline for Resilience. *Harvard Business Review*.

Hammer, M./Champy, J. (2006): *Reengineering the Corporation. A Manifesto for Business Revolution*, HarperCollins.

Hauer, A./Ahrens, J.-P. (2022): Die TOP 500 Familienunternehmen in Deutschland nach Umsatz und Beschäftigung, Studie für die Stiftung der Familienunternehmen (München), erstellt durch das Institut für Mittelstandsforschung der Universität Mannheim, Stiftung Familienunternehmen.

Hayes, J. (2018): *The Theory and Practice of Change Management*, Bloomsbury Academic.

Hemerling, J./Bhalla, V./Dosik, D./Hurder, S. (2016): Building Capabilities for Transformation That Lasts. Boston Consulting Group (07.06.2016).

Hemerling, J./Kilmann, J./Matthews, D. (2018): The Head, Heart and Hands of Transformation. Boston Consulting Group.

Henderson, S./Litrè, P./Wegener, R./Capeless, M. (2023): Spotting Your Transformation's Value Destroyers. Bain & Company (18.10.2023).

Hersey, P. H./Blanchard, K. H./Johnson, D. E. (2013): *Management of Organizational Behaviour. Leading Human Resources*, Pearson.

Hiatt, J. M./Creasey, T. J. (2003): *Change Management. The people side of change*, Prosci.

Hillenbrand, P./Kiewell, D./Miller-Cheevers, R./Ostojic, I./Springer, G. (2019): Traditional company, new businesses. The pairing that can ensure an incumbant's survival. McKinsey & Company.

Hipp, R./Bellm, E./Geck, T. (2018): The success formula of winning corporate transformations, Porsche Consulting.

Hollister, R./Watkins, M. D. (2018): Too Many Projects. How to deal with initiative overload. *Harvard Business Review.*

Hu, K. (2023): ChatGPT sets record for fastest growing user base – analyst note. Reuters (02.02.2023).

Hückel, M. (2019): So gelingt der Weg an die Weltspitze. Ex-Topmanager von Red Bull verrät seine Erfolgsformel. *manager magazin.*

Huy, Q. N. (2001): »Time, temporal capability, and planned change.« *Academy of management Review* 26 (4): 601–623.

Huy, Q. N. (2013): An Emotional Approach to Strategy Execution. INSEAD Knowledge (16.12.2013).

S. Karabell (2011): Can your business plan survive this stress test? Interview mit Huy, Q. N./Jarrett, M., INSEAD.

Huy, Q. N./Kanitz, R./Backmann, J./Hoegl, M. (2021): How to Reduce the Risk of Colliding Change Initiatives. *MIT Sloan Management Review.*

IfM – Institut für Mittelstandsforschung (2022): Gründungen und Unternehmensschließungen. Überlebensrate von Unternehmen.

IfM – Institut für Mittelstandsforschung (2024a): Mittelstandsdefinition des IfM Bonn.

IfM – Institut für Mittelstandsforschung (2024b): Definitionen.

Jacquemont, D./Maor, D./Reich, A. (2015): How to beat the transformation odds, McKinsey & Company.

Jahn, J./Messenböck, R./Dhar, J./Schneider, S./Rüther, L. (2021): How Companies Implement Successful Transformation. Boston Consulting Group (09.12.2021).

Jahn, J./Messenböck, R./Luiz, M./Werner, R. (2020): Are You Ready to Transform? Boston Consulting Group (06.01.2020).

Johnson, G./Whittington, R./Scholes, K./Angwin, D./Regner, P. (2017): *Exploring Strategy. Text and Cases*, Pearson Education.

Kahneman, D. (2012): *Schnelles Denken, langsames Denken*, Siedler.

Kaplan, R. S./Norton, D. P. (1992): The Balanced Scorecard. Measures that drive performance, *Harvard Business Review.*

Kaplan, R. S./Norton, D. P. (1996): *The Balanced Scorecard. Translating Strategy into Action*, Harvard Business Review Press.

Kaplan, R. S./Norton, D. P. (2008): *The Execution Premium. Linking Strategy to Operations for Competitive Advantage*, Harvard Business Review Press.

Keenan, P./Bickford, J. K./Doust, A./Tankersley, J./Johnson, C./McCaffrey, J./Dolfi, J./Shah, G. (2013): Strategic Initiative Management. The PMO Imperative. Boston Consulting Group (11.11.2013).

Keenan, P./Powell, K./Kurstjens, H./Shanahan, M./Lewis, M./Busetti, M. (2012): Changing Change Management. A Blueprint That Takes Hold. Boston Consulting Group (19.12.2012).

Kegan, R./Lahey, L. (2001): The Real Reason People Won't Change. *Harvard Business Review.*

Keller, S./Schaninger, B. (2019): *Beyond Performance 2.0. A Proven Approach to Leading Large-Scale Change*, Wiley.

Kets de Vries, M. F. R. (2006): *The Leadership Mystique. Leading Behaviour in the Human Enterprise*, Pearson Education.

Kets de Vries, M. F. R. (2011a): *Reflections on Groups and Organizations. On the Couch With Manfred Kets de Vries*, Jossey-Bass.

Kets de Vries, M. F. R. (2011b): *The Hedgehog Effect. The Secrets of Building High Performance Teams*, Jossey-Bass.

Killing, P./Malnight, T./Keys, T. (2006): *Must-Win Battles. Lessons from Successful and Failed Journeys*, Wharton School Publishing.

Kolbusa, M. (2013): *Umsetzungsmanagement. Wieso aus guten Strategien und Veränderungen häufig nichts wird*, Springer Gabler.

Kolbusa, M./Martin, C. (2021): Transformieren, aber richtig. *Harvard Business manager*.

Kottbauer, M./Müller-Pellet, P. (2023): Erfolgreiche Strategieumsetzung. Gründe des Scheiterns und Empfehlungen, dies zu verhindern. *Controller Magazin*.

Kotter, J. P. (1995): Leading Change. Why Transformation Efforts Fail. *Harvard Business Review*.

Kotter, J. P. (2008): *A Sense of Urgency*, Harvard Business Review Press.

Kotter, J. P. (2011): *Leading Change. Wie Sie Ihr Unternehmen in acht Schritten erfolgreich verändern*, Vahlen.

Kotter, J. P./Akhtar, V./Gupta, G. (2021): *Change. How Organizations Achieve Hard-to-Imagine Results in Uncertain and Volatile Times*, Wiley.

Kotter, J. P./Cohen, D. S. (2012): *Heart of Change. Real-Life Stories of How People Change Their Organizations*, Harvard Business Review Press.

Kübler, H./Siebel, C. A. (2016): *Mittelstand ist eine Haltung. Die stillen Treiber der deutschen Wirtschaft*, Econ.

Kudernatsch, D. (2019): *Hoshin Kanri. Policy Deployment durch agile Strategieumsetzung*, Schäffer-Poeschel.

Leinwand, P./Mainardi, C./Kleiner, A. (2015): 5 Ways to Close the Strategy-to-Execution Gap. *Harvard Business Review*.

Lewin, K. (1947a): »Frontiers in Group Dynamics. Concept, Method and Reality in Social Science; Social Equilibria and Social Change.« *Human Relations* (1): 5–41.

Lewin, K. (1947b): »Frontiers in Group Dynamics: II. Channels of Group Life. Social Planning and Action Research.« *Human Relations* (1): 143-153.

Litré, P./Michels, D./Walter, S./Burke, M. (2018): Soul Searching. True Transformations Start Within, Bain & Company.

Lombriser, R./Abplanalp, P. A. (2023): *Strategisches Management. Strategien entwickeln und umsetzen in einer digital-vernetzten Welt*, Versus.

McAfee, A./Rock, D./Brynjolfsson, E. (2024): Der ultimative Leitfaden für KI-Pioniere. *Harvard Business manager*.

McChesney, C./Covey, S./Huling, J. (2022): *The 4 Disciplines of Execution. Achieving Your Wildly Important Goals*, Simon & Schuster Paperbacks.

McGrath, R. G. (2019): *Seeing Around Corners. How to Spot Inflection Points in Business Before They Happen*, Harper Business.

Mehler, K. (2022): Mut zur Konsequenz, Transparenz und geistigen Agilität. Interview mit Monika Dussen und Marc-René Faerber, Boardreport.

Messenböck, R./Jahn, J./Collie, B./Malby, A./Schuler, F./Schneider, S. (2020): Learn from the Best in Organizational Transformation. Boston Consulting Group (05.11.2020).

Messenböck, R./Jahn, J./Dhar, J./Werner, R./Urani, D./Schneider, S./Rüther, L. (2023): Five Steps to Success for Leaders Igniting Transformation. Boston Consulting Group (04.01.2023).

Michailov, G. (2022a): Thoughts for Leaders. Radikal führen in radikalen Zeiten. Struktur Management Partner GmbH (15.06.2022).

Michailov, G. (2022b): Thoughts for Leaders. Das einzig wahre Persönlichkeitsmodell. Struktur Management Partner GmbH (06.10.2022).

Michailov, G. (2022c): Thoughts for Leaders. Unfassbare Erfolge, fassbar erklärt. Struktur Management Partner GmbH (20.10.2022).

Michailov, G. (2023): Thoughts for Leaders. Von Erkenntnisriesen und Umsetzungszwergen. Struktur Management Partner GmbH (05.10.2023).

Michailov, G./Düsberg, V. (2021): *Geschäftsmodelle richtig bewerten. Wertsteigerungspotenziale in 5 Schritten erkennen. Ein Arbeitsbuch*, Campus.

Michailov, G./Grabow, H.-J. (2020): So bleiben Sie am Leben. *Harvard Business manager.*

Michailov, G./Stange, J. (2022): *Geschäftsmodell Redesign. Dimensionen bewerten – Werthebel identifizieren – Transformationen gestalten. Ein Praxisbuch*, Campus.

Michels, D. (2017): Red Is Good. Why Smart Leaders Question the Green in Performance Dashboards. Managing Change Blog.

Michels, D./Murphy, K. (2021): How Good Is Your Company at Change? *Harvard Business Review.*

Mintzberg, H. (1973): *The Nature of Managerial Work*, Harper and Row.

Moshagen, M./Hilbig, B. E./Zettler, I. (2018): »The dark core of personality.« *Psychological review* (125): 656–688.

Mutaree GmbH (2020/2021): Change-Fitness-Studie 2020/2021, Mutaree GmbH.

Mutaree GmbH (2022): Das Forschungsprojekt Change Evolution 2020, in: Unternehmenspräsentation. M. GmbH.

Nagel, R./Wimmer, R. (2014): *Systemische Strategieentwicklung. Modelle und Instrumente für Berater und Entscheider*, Schäffer-Poeschel.

Neyer, F. J./Asendorpf, J. B. (2024): *Psychologie der Persönlichkeit*, Springer.

Nieto-Rodriguez, A. (2018): Das Geheimnis erfolgreicher Projekte. *Harvard Business manager.*

Nieto-Rodriguez, A. (2021): *Harvard Business Review Project Management Handbook. How to Launch, Lead, and Sponsor Successful Projects*, Harvard Business Review Press.

Nieto-Rodriguez, A. (2022): Das Zeitalter der Projekte. *Harvard Business manager.*

Noble, D./Kauffman, C. (2023): Welcher Typ sind Sie? *Harvard Business manager.*

Nohria, N./Beer, M. (2000): Cracking the Code of Change. *Harvard Business Review.*

Nordantech Solutions (2022): #SHIFTHAPPENS 2022. A Nordantech Study, Nordantech Solutions.

Nordantech Solutions (2023): #SHIFTHAPPENS 2023. A Nordantech Study, Nordantech Solutions.

Nosengo, N. (2022): Im Wettstreit mit Robotern. EPFL (14.04.2022).

Paolillo, A./Colella, F./Nosengo, N./Schiano, F./Stewart, W./Zambrano, D./Chappuis, I./Lalive, R./Floreano, D. (2022): »How to compete with robots by assessing job automation risks and resilient alternatives.« *Science Robotics* (7).

Pryor, M. G./Anderson, D./Toombs, L. A./Humphreys, J. H. (2007): »Strategic Implementation as a Core Competency. The 5P's Model.« *Journal of Management Research* (7).

Ramming, M. (2019): *Neuro Change. Antworten der Hirnforschung auf den Wandel im Management*, Haufe.

Reeves, M./Deimler, M. (2011): Adaptability. The New Competitive Advantage. *Harvard Business Review*.

Schnabel, U. (2022): Das kann sie auch!, *DIE ZEIT*.

Schwaber, K. (2004): *Agile Project Development with Scrum*, Microsoft Press.

Schwaber, K./Beedle, M. (2001): *Agile Software Development with Scrum*, Pearson.

Sears, G. J./Rowe, P. M. (2003): »A personality-based similar-to-me effect in the employment interview. Conscientiousness, affect-versus competence-mediated interpretations, and the role of job relevance « *Canadian Journal of Behavioural Science/Revue canadienne des sciences du comportement* (35): 13–24.

Simons, R. (2010): *Seven Strategy Questions. A Simple Approach for Better Execution*, Harvard Business Review Press.

Sirkin, H. L./Keenan, P./Jackson, A. (2005): The Hard Side of Change Management. *Harvard Business Review*.

Smet, A. D./Gagnon, C./Mygatt, E. (2021): Organizing for the future: Nine keys to becoming a future-ready company. McKinsey & Company (11.01.2021).

Snowden, D. J./Boone, M. E. (2007): A Leader's Framework for Decision Making. *Harvard Business Review*.

Speculand, R./Nieto-Rodriguez, A. (2022): *Strategy Implementation Playbook. A Step-by-Step Guide,* Strategy Implementation Institute.

Sprenger, R. K. (2023): *Radikal führen*, Campus.

Stalk, G. (2007): The Turnaround Man's Last Speech. BCG Perspectives, Boston Consulting Group.

Stöger, R. (2017): Change-Management für kleine und mittlere Unternehmen. RKW Kompetenzzentrum.

Strasser, J./Schmidt-Sibeth, A. PMO – Warum ein PMO? Definitionen, Vorteile, und Mehrwert eines Projektmanagement Office. The Project Group.

Streich, R. K. (2016): *Fit for Leadership. Führungserfolg durch Führungspersönlichkeit*, Springer Gabler.

Sull, D. N. (1999): Why Good Companies Go Bad. *Harvard Business Review*.

Sull, D. N. (2007): Closing the gap between strategy and execution. *MIT Sloan Management Review*.

Sull, D. N./Homkes, R./Sull, C. (2015): Why Strategy Execution Unravels – and What to Do About It. *Harvard Business Review*.

Sull, D. N./Turconi, S./Sull, C./Yoder, J. (2017): Turning stragey into results. *MIT Sloan Management Review*.

Tawse, A./Tabesh, P. (2021): »Strategy implementation. A review and an introductory framework.« *European Management Journal* (39): 22–33.

ten Have, S./ten Have, W./Huijsmans, A.-B./Otto, M. (2016): *Reconsidering change management. Applying evidence-based insights in change management practice*, Routledge.

Thaler, R.H./Sunstein, C.R. (2022): *Nudge. Wie man kluge Entscheidungen anstößt*, Econ.

Urner, M. (2021): *Mit dem Denken von morgen die Probleme von heute lösen*, Droemer.

Viguerie, S.P./Calder, N./Hindo, B. (2021): 2021 Corporate Longevity Forecast, Innosight.

von der Reith, F./Wimmer, R. (2015). Organisationsentwicklung und Change-Management, in: Wimmer, R./Meissner, J.O./Wolf, P. (2015): *Praktische Organisationswissenschaft. Lehrbuch für Studium und Beruf*, Carl-Auer.

Wagner, D.N. (2019): Co-Creationen mit KI. Exponentiell denken! zukunftsInstitut.

Welge, M.K./Al-Laham, A./Eulerich, M. (2017): *Strategisches Management. Grundlagen – Prozess – Implementierung*, Springer Gabler.

Wimmer, R. (2011): Die Zukunft des Change Management. *OrganisationsEntwicklung*.

Wimmer, R. (2017): OSB/I.-Reader. Führung und Change Management als Grundlage einer dauerhaften Wettbewerbsfähigkeit, OSB.

Wimmer, R./Glatzel, K./Lieckweg, T. (2015): *Beratung im Dritten Modus. Die Kunst, Komplexität zu nutzen*, Carl-Auer.

Wright, T./Zuhri, K. (2022): Strategy Report. You're doomed or you adapt, Cascade.

Zacherl, M./Freibichler, W./Beger, N./Christiansen, N. (2022): Change Management Compass 2023, Porsche Consulting.

Zacherl, M./Freibichler, W./Christiansen, N./Wegener, J. (2021): Strategic Change Management. How executives transform large organizations with the five forces of change, Porsche Consulting.

Zacherl, M./Freibichler, W./Pannes, S./Dersch, N. (2020): Change Management Kompass 2020, Porsche Consulting.

Über die Autoren

Marc-René Faerber ist seit 2004 Managing Partner bei Struktur Management Partner, nachdem er zuvor Geschäftsführer im Maschinenbau war. Seine Schwerpunkte sind das operative Turnaround- und Wachstumsmanagement sowie das Umsetzungsmanagement in Unternehmen des gehobenen Mittelstands mit internationaler Ausrichtung. Dabei ist er auch immer wieder als Interims-Geschäftsführer oder -Manager tätig.
m.faerber@struktur-management-partner.com

Dr. Hans-Joachim Grabow ist Senior Advisor bei Struktur Management Partner und hat als Berater über einen Zeitraum von rund 30 Jahren mehr als 140 Unternehmen in Fragen des Umbruchs, der Strategie und ihrer Umsetzung begleitet. Seine Erfahrungen gibt er heute als Dozent für Performance- und Transformationsmanagement weiter. Er ist Co-Autor des Standardwerks *Turnaround-Management in der Praxis* (4. Auflage 2009).
h.grabow@struktur-management-partner.com

Benjamin Niethammer ist Principal bei Struktur Management Partner und betreut seit rund 15 Jahren mittelständische Unternehmen in Umbruchsituationen. Zudem leitet er dort das Competence Center Umsetzungsmanagement und entwickelt in dieser Rolle die Methodik zur Maximierung der Wirksamkeit von Umsetzungsinitiativen kontinuierlich weiter.
b.niethammer@struktur-management-partner.com

Prof. Dr. Erik Strauß ist Inhaber des Dr. Werner Jackstädt-Stiftungslehrstuhls für Controlling und Unternehmenssteuerung an der privaten Universität Witten/Herdecke. Seine Forschungsschwerpunkte sind der Einfluss neuer Technologien auf die Unternehmenssteuerung, das Change-Management der Finanzfunktion und aktuelle Entwicklungen in der Rolle des Controllers.
erik.strauss@uni-wh.de